KB171220

Saber Toothed Tigers

신생대 최강의 포식자

검치호랑이

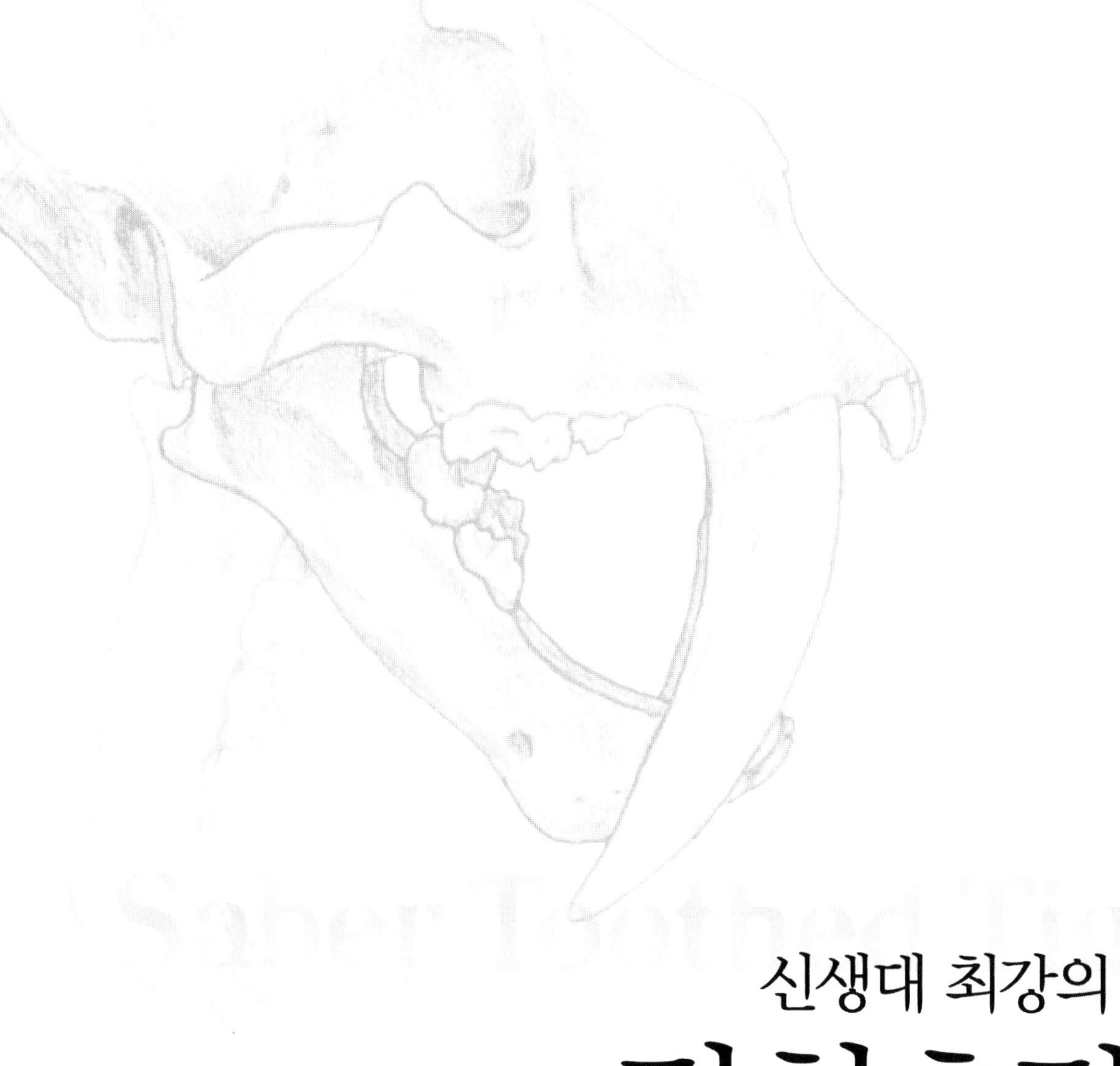

신생대 최강의 포식자

검치호랑이

글 · 일러스트레이션 **송지영**

Σ 시그마프레스

신생대 최강의 포식자 검치호랑이

발행일 | 2007년 1월 20일 1쇄 발행
2007년 12월 20일 2쇄 발행

저자 | 송지영
발행인 | 강학경
발행처 | (주) 시그마프레스
편집 | 김수미
교정 · 교열 | 박민정

등록번호 | 제10-2642호
주소 | 서울특별시 마포구 성산동 210-13 한성빌딩 5층
전자우편 | sigma@spress.co.kr
홈페이지 | http://www.sigmapress.co.kr
전화 | (02)323-4845~7(영업부), (02)323-0658~9(편집부)
팩스 | (02)323-4197

인쇄 | 백산인쇄 제본 | 동신제책

ISBN | 978-89-5832-291-7
가격 | 18,000원

머리말

저자는 2003년 〈화석, 지구 46억 년의 비밀〉을 집필하면서 크게 두 가지 아쉬움을 느꼈다. 책의 성격상 고생물학이나 화석과 관련된 전반적인 내용을 언급하지 않을 수 없었는데, 그렇다 보니 결과적으로 각 항목을 심도 있게 다룰 수가 없었다. 또한 저자가 그린 그림이나 직접 촬영한 사진이 적지 않았음에도 불구하고 그림 자료의 상당 부분을 외지에서 발췌할 수밖에 없었다는 것은 또다른 아쉬움으로 남는다.

검치호랑이는 참으로 매력적인 동물이다. 현생 사자나 호랑이에서 볼 수 없는 긴 송곳니와 늠름한 체구는 보는 이들을 매료시키기에 부족함이 없다. 저자는 앞선 책의 아쉬움을 보완함과 동시에 검치호랑이의 매력을 많은 분들과 공유하고 싶었다.

공룡을 모르는 사람은 없다. 특히 어린 학생 중에는 공룡에 대해서 거침없이 이야기할 수 있는 마니아도 적지 않다. 그러나 공룡의 신상 명세(?)를 줄줄이 외우고 복원도를 통해 표현된 공룡의 특징들에 익숙해져 있다는 것이 그리 긍정적으로만 보이지는 않는다. 오히려 볼품없는 작은 화석 표본 한 점을 통해 멸종된 고생물을 이해해 나가려는 태도가 보다 바람직하지 않을까 하는 생각이다. 검치호랑이에 있어서 어린 독자들에게 이런 부정적인 영향을 미치고 싶지 않았다. 따라서 복원도를 통해 검치호랑이의 멋진 모습만을 소개한다거나 일부 학자들이 주장하는 가설 단계의 내용을 마치 검증된 사실인 것처럼 표현하는 일은 가급적 피하였다.

이 책에 수록된 그림은 모두 저자가 직접 그린 것이다. 화석 표본이나 복제 모형, 논문 자료, 현생 고양이과 동물의 골격에 근거하여 가급적 작위적인 면을 배제하고자 노력하였다. 화석 표본의 해부학적인 특징과 현생 고양이과 동물에 대한 이해를 토대로 검치호랑이에 대해 쉬우면서도 심도 있게 접근해 가고자 나름대로 노력하였지만, 독자들에게 어떤 평가를 받게 될지 두려움이 앞선다.

지면을 통해 시카고 자연사박물관의 연구원으로 근무하는 Velizar Simeonovski에게 심심한 사의를 표한다. 그는 검치호랑이에 대하여 대화를 나눌 수 있는 저자의 유일한 벗이었다. 그를 통해 얻은 많은 참고문헌이 없었다면 이 책을 완성할 수 없었을 것이다. 추천의 글을 주신 이융남 박사님과 임종덕 박사님께도 깊은 감사를 전

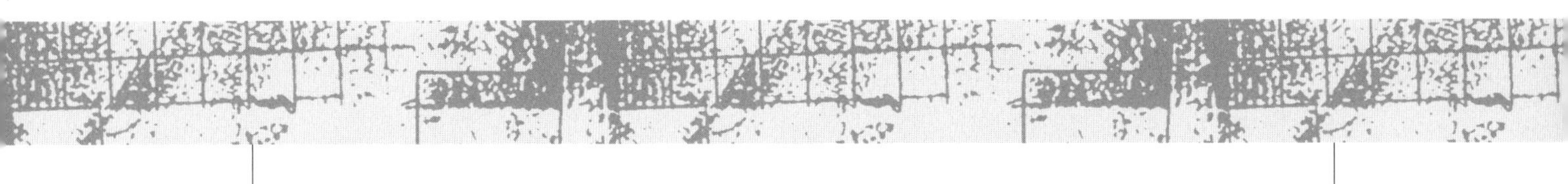

한다. 두 분은 공룡과 척추고생물학에 있어서 국내 최고의 권위자로, 개인적으로도 깊이 존경하는 분들이다. 저자가 원했던 바는 척추고생물학의 얕은 저변에도 불구하고 국내에도 두 분과 같은 훌륭한 학자들이 있다는 것과 또한 학자들 간의 학문적인 교류가 있다는 사실을 독자들에게 전하려는 것이었는데, 본의 아니게 과분한 칭찬의 말씀을 듣게 되어 송구할 따름이다.

마지막으로 독자들에게 한 가지 당부의 말을 전하고 싶다. 아직까지 국내에서는 검치호랑이의 화석이 발견된 바 없다. 그렇다면 검치호랑이는 우리 관심의 대상이 될 수 없는 것일까? 결코 아니다. 앞으로 이 책을 읽는 독자 중에서 한반도를 벗어나 전세계를 대상으로 하는, 검치호랑이의 최고 권위자가 나오게 되기를 바란다.

2006년 12월

송 지 영

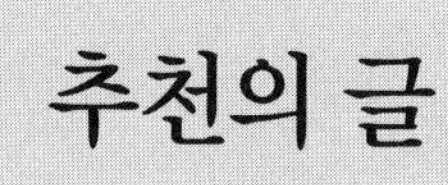

추천의 글

성형외과 전문의인 송지영 박사는 화석에 대해 관심이 무척 많은 분이다. 이미 2003년 〈화석, 지구 46억 년의 비밀〉이라는 책을 출판하여 그의 고생물학에 대한 열정을 표출한 바 있다. 한국고생물학회 회원으로 가입하여 바쁜 와중에도 학회에서 열심히 활동하는 분이다. 2005년에는 한국고생물학회지에 '검치의 기능학적 분석'이라는 논문을 발표하기도 하였다. 포유류 화석에 대한 연구가 거의 전무한 우리나라에서, 특히 검치호랑이 화석이 단 한 점도 발견되지 않은 상황에서 외국의 문헌 자료를 조사해 가며 해부학적 해석을 시도한 의학 박사다운 논문이었다.

검치호랑이에 대한 그의 열정은 금번에 출판되는 〈신생대 최강의 포식자 검치호랑이〉에서 더욱 전문적으로 나타난다. 화석과 지질 시대에 대한 설명과 더불어 고양이과 동물들에 대한 해부학적 내용으로 채워져 있다. 골격 및 근육, 기능 형태뿐 아니라 분류에 이르기까지 그의 의학 박사로서의 해박한 지식을 화석에 잘 적용하고 있다. 야외 조사를 통해 화석을 발견하고 처리한 후 화석 자체를 기술하고 분류하며, 또한 새로운 이름을 부여하거나 지층의 시대를 밝히는 우리에게, 일상화된 고생물학이 아니라 이미 멸종한 척추동물과 현생 동물을 비교함으로써, 즉 비교해부학을 적용함으로써 살아 있는 동물로 복원하는 분야도 고생물학의 범주에 있다는 것을 보여주는 책으로, 고생물학자뿐만 아니라 일반인들도 흥미롭게 읽을 수 있을 것이다.

이 융 남

척추고생물학 박사
한국지질자원연구원

세계적인 검치호랑이 전문가이자, 나의 박사과정 지도교수였던 미국 캔자스대학교의 Larry D. Martin 교수님이 몇 년 전 한국을 방문하여 함께 진행 중인 공동 연구를 마치고 돌아가면서 하셨던 말이 기억난다. "이번 방한 기간 동안 송 박사님과 함께 낙지볶음을 먹으면서 검치호랑이에 대한 토론을 했던 시간이 참으로 소중하고 기억에 남는다. 그분이 앞으로도 계속 검치호랑이에 관심을 가지고 계셨으면 좋겠고, 지속적으로 서로의 의견을 자유롭게 나누었으면 좋겠다. 그분의 검치호랑이 스케치 실력은 매우 탁월하여 전문 일러스트레이터의 수준에 이를 정도이다!"

송 박사님이 출판을 준비 중이라고 말씀하시면서, 원고와 함께 보여 주신 그림은 정말 놀라웠다. 10여 년 간 척추고생물학을 연구해 온 나에겐 커다란 충격이었다. 어떻게 이토록 자세하고도 철저하게 검치호랑이에 관한 논문들을 모두 섭렵하고 그 내용을 소화해 낼 수 있었을까? 진정으로 검치호랑이를 좋아하기 때문에 가능한 것이다.

검치호랑이에 관해 현재 입수할 수 있는 거의 모든 자료를 모아 정리한 결과, 그 어떤 학자도 하지 못했던 업적을 이 책을 통해서 이루셨다. 감히 나는 말할 수 있다. 누구라도 검치호랑이에 대하여 알고 싶다면 이 책을 뒤적이며 재미난 그림들을 살펴보면서 즐기듯이 책 구석구석을 읽어 보라고…….

굳이 처음부터 끝까지 차례대로 볼 필요는 없다. 그림만 보더라도 얼마든지 궁금증이 생겨나고 흥미를 느낄 수 있기 때문이다. 송 박사님이 제안하는 검치의 기능과 사냥법에 대한 설명도 너무나 재미있고 설득력 있다. 그 이유는 자신의 가장 자신 있는 전공 분야이기도 한 안면 및 경부 근육에 대한 해박한 지식과 경험 덕분이다. 송 박사님의 정성어린 노력 덕분에 이 책을 접하는 분들 가운데 척추고생물학 전공자가 태어나길 기대해 본다. 이 책을 통해 공룡만큼이나 재미나고 흥미로운 검치호랑이에 대한 관심과 지식이 새록새록 커 나갈 것이기 때문이다.

임 종 덕

척추고생물학 박사
미국 캔자스 주립 자연사박물관 객원연구위원

차 례

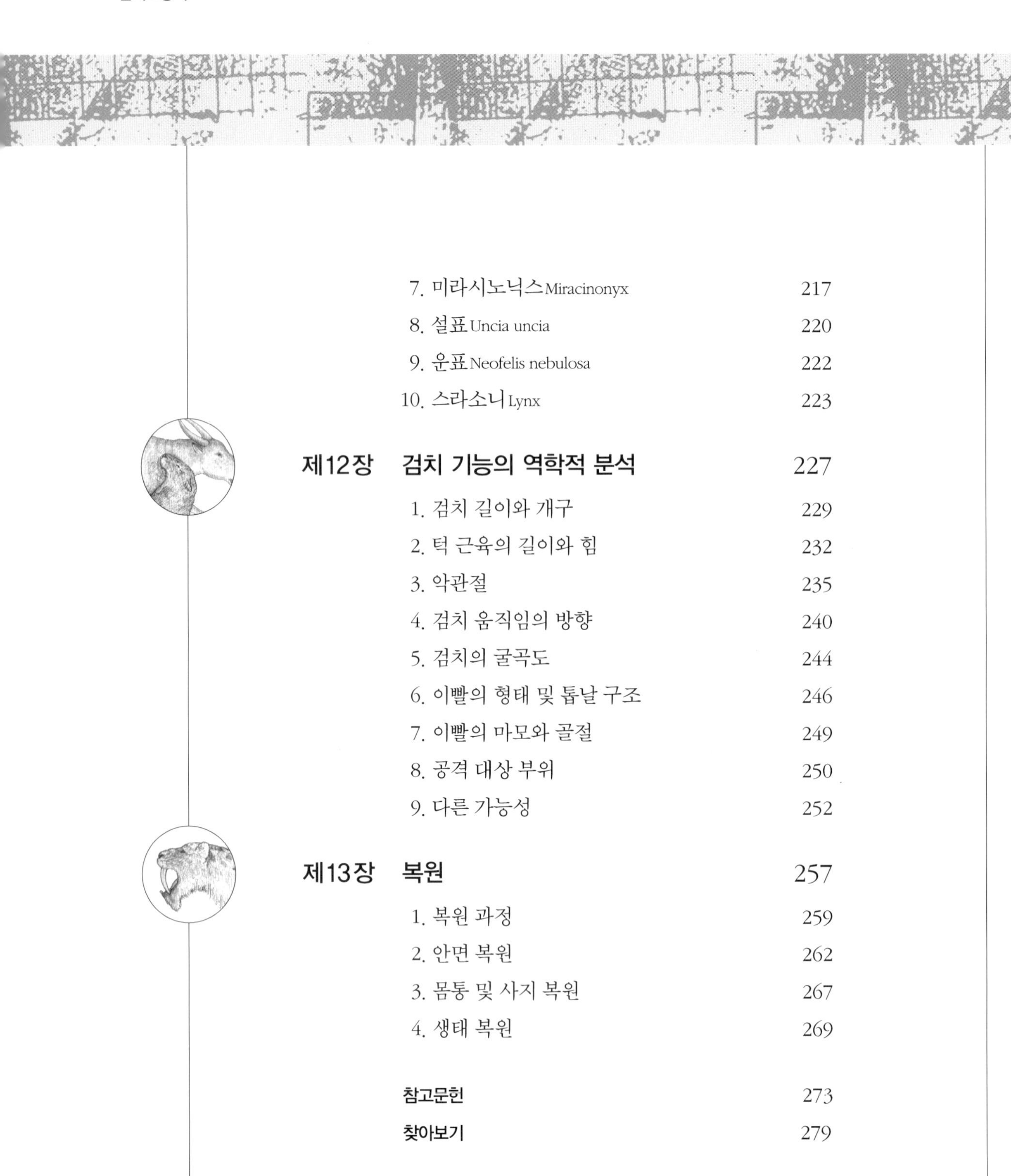

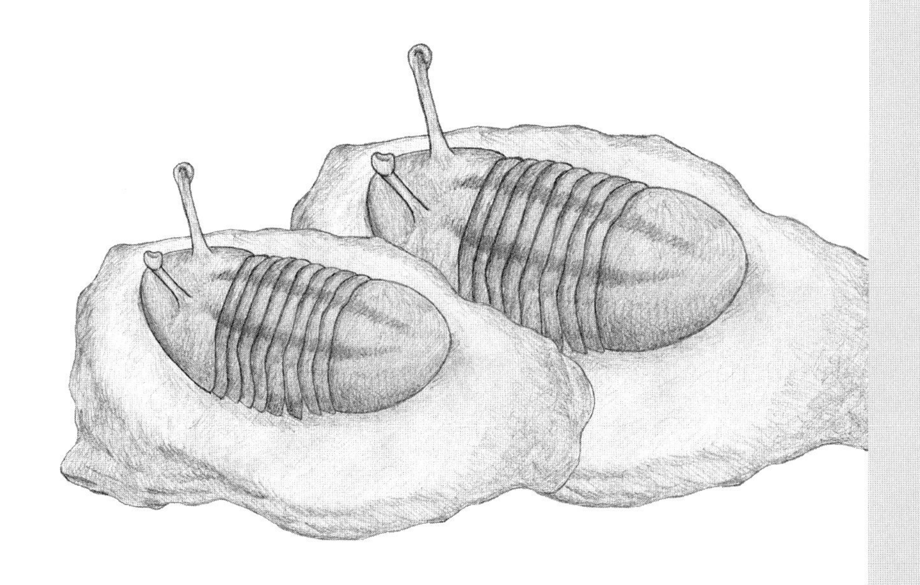

Chapter 1

화석

1. 화석의 정의
2. 화석화
3. 화석의 보존

제1장 화 석

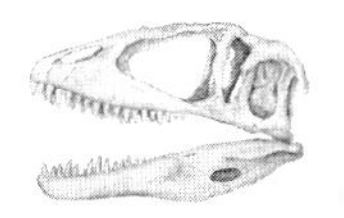

검치호랑이는 삼엽충, 암모나이트, 공룡 등과 마찬가지로 이미 멸종되어 지구상에서 사라진 동물이다. 우리는 퇴적층에서 발견되는 화석을 통해 이들이 한때 지구상에 생존했었다는 사실을 알 수 있다. 달리 말해서 검치호랑이가 어떤 동물이었는지 알기 위해서는 화석 표본이 그 출발점이 되어야 하며, 이를 위해서 고생물학이나 지질학적인 기초 지식을 필요로 한다는 것이다. 하지만 이런 내용을 심도 있게 다루는 것은 이 책의 범위를 벗어나기 때문에, 여기에서는 검치호랑이를 이해하기 위한 기본적인 내용, 즉 화석이란 무엇이며 이들의 골격은 어떻게 화석으로 보존되는지 등에 대한 기초적인 내용만을 소개하기로 한다.

1. 화석의 정의

화석의 가장 흔한 형태는 고생물의 골격이나 패각이 퇴적층 속에 암석의 형태로 보존된 것이다(그림 1-1). **화석**(fossil)이라는 용어 자체도 라틴 어 'fossilis'에서 유래되었으며, '땅 속에서 파낸 것'이라는 의미를 가지고 있다. 하지만 화석의 종류나 형태는 그 이상으로 매우 다양하다. 대부분의 화석이 퇴적 지층에서 발굴되고 있지만, 화석 중에는 시베리아의 영구 동토층에서 냉동 상태로 발견되거나 건조한 사막 지역에서 미라 형태로 발견되는 경우도 있다. 검치호랑이의 일종인 스밀로돈(*Smilodon*)의 화석 표본 중 많은 수는 타르 못(tar pit)에서 아스팔트가 스며들어 검게 변한 상태로 발견되었다. 또한 화석이 반드시 고생물 그 자체일 필요도 없다. 화석은 암석으로 변한 고생물뿐 아니라 그들의 발자국, 지나간 흔적, 진흙에 찍힌 피부 자국, 배설물 등 다양한 것들을 포함한다. 이처럼 고생물의 존재를 알려 주는 모든 것이 화석의 범주에 포함된다고 볼 수 있는 것이다.

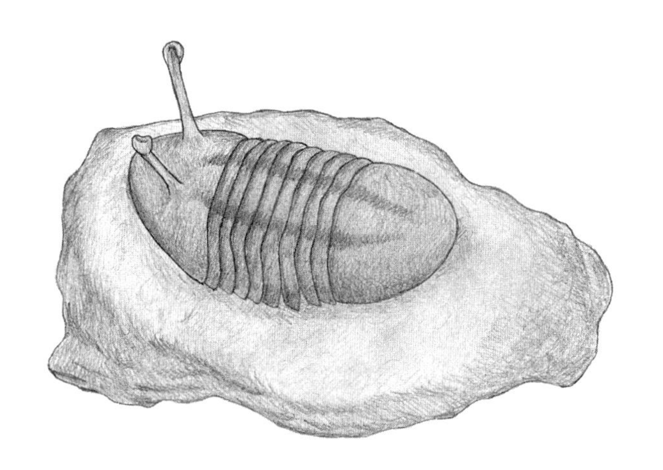

그림 1-1

아사푸스 코발레브스키(*Asaphus kowalewskii*). 러시아의 고생대 오르도비스기 지층에서 발견된 삼엽충 화석. 이처럼 고생물 화석의 대부분은 퇴적층 속에서 암석의 형태로 보존된다.

2. 화석화

과거 지구상에는 수많은 생명체들이 생존했었지만 이들 모두가 화석으로 남은 것은 아니다. 여러 가지 조건이 절묘하게 맞아떨어지지 않는다면 고생물의 사체가 화석으로 보존되기는 쉽지 않다. 그렇다면 어떤 경우, 어떤 환경에서 화석이 잘 형성될 수 있을까?

첫째, 지표면이 식어 지각을 형성하고 퇴적층이 형성될 수 있어야 한다. 지구 생성의 초기에는 지표면이 식지 않고 마그마 상태였다고 생각되는데 이런 상태에서는 생명체가 존재할 수 없었으며, 설령 존재했다 하더라도 그 흔적을 남길 수 없다. 지표면이 식은 이후라도 문제가 있을 수 있다. 이미 화석이 형성되었다 하더라도 그곳에 마그마가 흐른다거나 마그마가 아주 가까운 곳까지 와서 뜨거운 열과 압력에 의해 변성된다면 그런 곳에서는 화석을 찾아볼 수 없다. 지표면이 식었을 때 지표면의 초기 구성은 마그마가 굳어서 형성된 화성암뿐이었고 퇴적암은 찾아볼 수 없었다. 퇴적암은 이미 형성된 다른 종류의 암석들이 바람, 물 등 지구 환경에 의해 깎이고 떨어져 나간 작은 입자들이 퇴적되어 생기는 것으로, 일차적으로 발생하는 암석의 종류가 아니기 때문에 이런 설명이 가능하다. 생명체 존재 여부에 상관없이 지표면이 식어야 한다는 것과 퇴적층이 형성될 수 있어야 한다는 것은 화석 형성의 첫 번째 조건이다.

화석화(fossilization)의 두 번째 조건은 식물 혹은 동물이 죽은 후 청소동물(scavengers)이나 박테리아에 의해 먹히지 않아야 하며, 빠른 시간 내에 모래, 토양, 화산재, 진흙 등으로 덮여서 대기 중의 산소로부터, 혹은 수중의 산소로부터 격리되어야 한다는 것이다. 청소동물이나 박테리아에게 먹히거나 산소로 인해 화학적 변성이 일어난다면 온전한 화석 형성은 기대하기 어렵다. 또한 모래, 토양 등의 퇴적 활동은 지속적으로 일어나야 하는데, 그래야만 그 압력으로 인해 화석이 안정적으로 형성될 수 있기 때문이다. 이런 조건을 충족시킬 수 있는 장소로는 사막, 강, 늪지, 석호, 해안이나 얕은 바다 등을 들 수 있다(그림 1-2).

화석이 형성되는 지역은 주로 물의 흐름에 의해 퇴적층이 형성될 수 있는 곳으로서 해양 지역, 내륙 지역, 이행 지역의 세 가지로 나누어 생각할 수 있다.

해양에서 퇴적으로 인해 화석이 형성될 수 있는 곳으로는 육지로부터 운반된 토사가 침전되는 대륙붕 지역이 우선이다. 깊은 바다에서도 화석이 형성될 수는 있지만 육지와 멀리 떨어지지 않은 대륙붕 지역에서 화석으로 보존될 가능성이 훨씬 높다. 이런 지역에서는 육지에서 운반되어 온 토사가 퇴적될 수 있으며, 생물의 숫자나 종류가 다양하고, 특히 광물질을 배출하는 해양 동식물이 많이 서식하고 있기 때문에 화석 형성에 아주 유리하다.

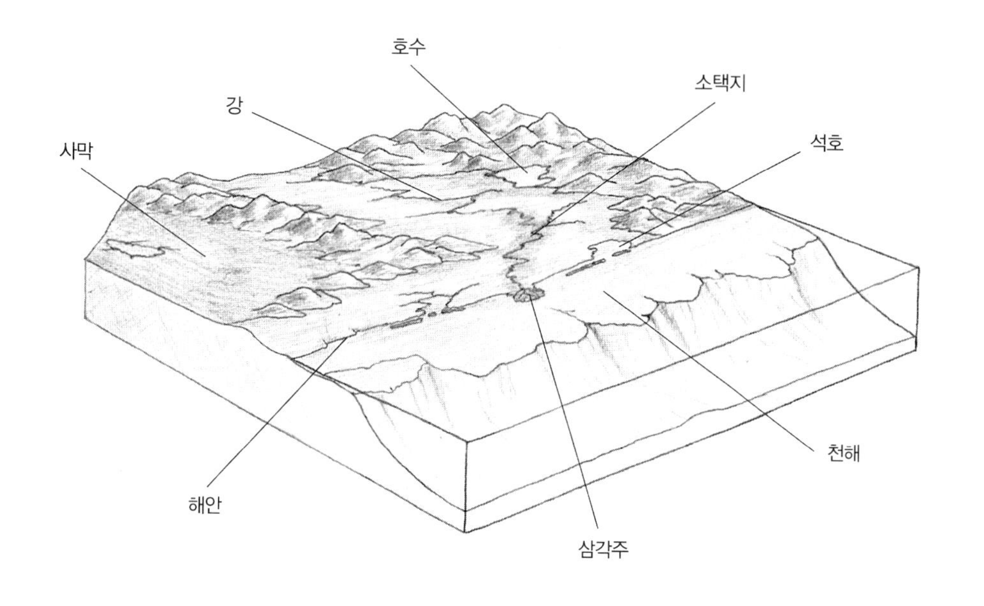

그림 1-2

화석화가 잘 일어나는 대표적인 지역. 석호, 강, 늪지, 해안, 얕은 바다 등 지속적인 퇴적 활동이 일어나는 곳이어야만 화석화가 안정적으로 진행될 수 있다.

내륙에서 화석이 형성될 수 있는 곳은 호수, 늪지, 소택지(swamp), 석호(lagoon) 등이다. 내륙에서 퇴적층이 형성되기 위해서는 물이 유입되지만 유출되지 않거나, 아니면 물 흐름의 속도가 감소하는 곳이어야 한다. 물의 흐름이 빠르다면 다른 토사, 혹은 고생물의 사체가 다른 곳으로 유출되어 침전될 수 없기 때문이다. 호수, 석호 등은 이런 조건에 부합된다.

해양과 육지의 이행 지역 중 퇴적이 빈번하게 일어나는 곳은 삼각주(delta)이다. 삼각주는 내륙에서의 토사 물질 유입이 빈번할 뿐 아니라 간만의 차이에 의해 분쇄물의 크기에 따른 분리와 침전이 일어나기 때문이다.

물의 흐름에 따른 침전물의 퇴적에 의한 화석화가 가장 흔한 형태이지만 이와는 완전히 다른 양상으로 화석화가 진행되기도 하는데, 대표적인 예로 타르 못(tar pit)을 들 수 있다. 미국 캘리포니아 주의 란초 라 브레아(Rancho la Brea) 지역은 신생대 동물들의 화석 발굴로 매우 유명한 곳이다(그림 1-3). 이 지역에는 타르 못이 많이 있는데, 타르 못에 빠져 죽은 동물들의 화석이 수없이 발견되고 있다. 특히 못에 빠져서 나오지 못하는 먹잇감을 사냥하려고 겁 없이 뛰어든 포식자의 화석들이 무더기로 발견되었다. 란초 라 브레아 지역에서는 스밀로돈(*Smilodon*)의 화석만 120개체 이상이 발견되었다고 알려져 있으며, 이런 대량 발굴로 인해 검치호랑이에

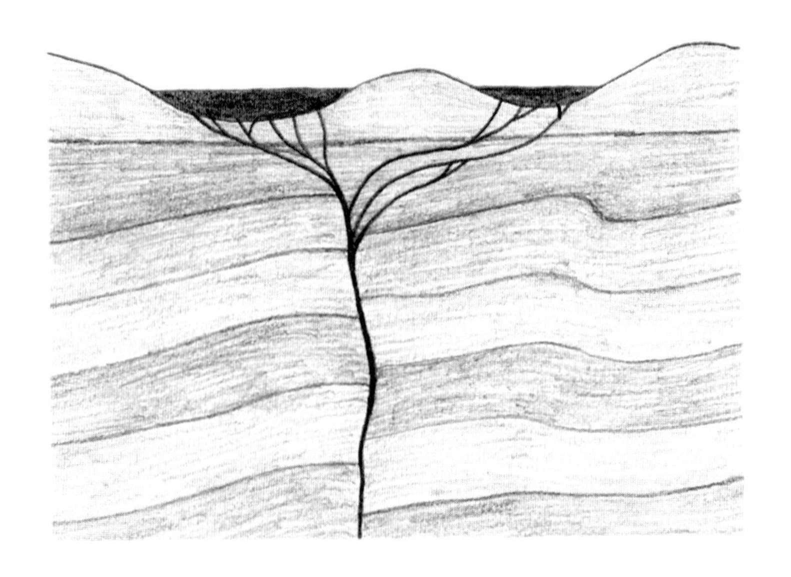

그림 1-3

란초 라 브레아 지역의 지층. 이 지역의 타르 못에서는 검치호랑이를 포함한 신생대 포유류 화석이 많이 발견되고 있다.

그림 1-4

란초 라 브레아 타르 못의 복원도. 이곳에서 발견된 스밀로돈 페이탈리스(*Smilodon fatalis*)와 비손 안티쿠스(*Bison antiquus*)의 골격을 근거로 한 복원도다. 타르 못에 빠진 들소를 따라 들어간 스밀로돈은 결국 화석화의 길을 피할 수 없었을 것이다.

대해서 많은 것을 알 수 있게 되었다(그림 1-4).

석회암 동굴(limestone cave)은 잘 보존된 포유류 화석이 발견되는 또다른 장소다. 1973년 래리 마틴(Martin L. D.)에 의해 미국 와이오밍의 후기 플라이스토세 지층 동굴에서 미라시노닉스 트루마니(*Miracinonyx trumani*)와 판테라 레오 아트록스(*Panthera leo atrox*)의 골격 화석이 발견되었으며, 비슷한 연대의 호모테리움(*Homotherium*)의 골격이 프리센한 동굴(Friesenhahn Cave)에서 발견된 예도 보고된 바 있다.

이처럼 동굴에서 화석화가 진행되는 것은 동굴이 이들의 서식처였거나, 아니면 지면의 구멍을 통해 동굴 속으로 빠진 후 빠져나오지 못한 두 가지 경우로 추정해 볼 수 있을 것이다. 호모테리움의 예에서처럼 이빨의 마모 정도가 심한 나이 든 개체의 경우에는 이들이 동굴을 서식처로 하다가 늙어 죽은 것으로 추정할 수 있다. 일반적으로 동굴에서 발견된 골격 화석의 경우는 보존 상태가 매우 좋다. 동굴 안이라는 특수성으로 인해 외부의 변화로부터 고립되어 있을 뿐 아니라, 초산(acetic acid) 용액을 이용하면 뼈 조직의 인산칼슘(calcium phosphate) 성분에 전혀 손상을 주지 않으면서 골격을 덮고 있는 석회암의 탄산칼슘(calcium carbonate) 성분이 용해될 수 있기 때문이다.

3. 화석의 보존

일반적으로 연부 조직은 박테리아 등에 의해 쉽게 분해되기 때문에 화석화되기 어려운 반면, 골격은 오랜 기간 그 형태를 유지할 수 있기 때문에 화석화에 유리한 조건을 가지고 있다. 예를 들어 포유류의 단단한 이빨이나 골격은 화석으로 보존되기 쉽지만, 가죽이나 근육 등의 연부 조직은 화석으로 남기 어렵다. 화석화의 일반적인 형태는 고생물의 사체가 청소동물이나 박테리아에 의해 손상받지 않고, 또 주변의 여건이 부합될 때 유기질의 사체가 서서히 광물로 대치되어서 암석의 형태로 변해 가는 것이다. 하지만 화석화의 양상은 주변의 환경적 요인, 생물의 종류, 신체 부위 등에 따라 보다 다양한 형태로 나타날 수 있다.

석화(petrification)란 돌로 변한다는 말로서, 보다 정확히 이야기하자면 고생물의 사체가 오랜 시간에 걸쳐 점차 광물(mineral)로 바뀌는 것을 의미한다. 석화는 화석의 가장 일반적인 형태로, 이는 다시 침투, 치환, 추출로 세분된다.

침투(permineralization)는 암모나이트, 조개 등의 패각이나 공룡 또는 포유류의 골격 화석에서 흔히 볼 수 있는 형태다(그림 1–5). 뼈에는 골수강과 혈관이나 신경이 지나가는 미세한 관들이 있는데, 물 속에 녹아 있던 실리카, 탄화칼슘, 철 등의 광물이 이런 공간으로 스며들어가 침전되어 나타나는 형태이다. 이런 경우 뼈나 패각은 원래의 모양과 구성은 그대로 유지하면서 점차 단단한 화석으로 변하게 된다.

치환(replacement)은 죽은 식물 혹은 동물의 몸을 구성하는 성분이 점차 구성이 다른 광물들로 대치되는 화석화 과정이다. 이런 변화는 아주 정교해서 암모나이트

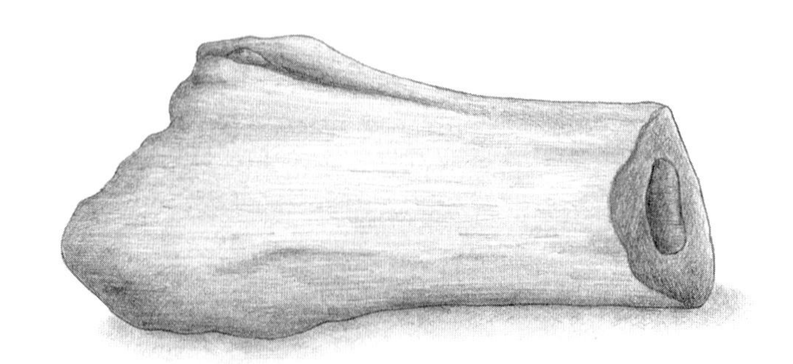

그림 1–5

침투. 뼛속의 작은 공간으로 광물질이 스며들어가 암석화하는 것을 말한다. 검치호랑이뿐 아니라 대부분의 포유류 골격 화석이 이와 같은 과정을 거쳐 형성된다.

그림 1-6

동결. 드물기는 하지만 고생물의 사체가 얼어 부패되지 않은 채로 보존되는 경우가 있다. 시베리아의 영구 동토층에서 발견되는 매머드의 화석이 동결 보존의 가장 대표적인 예다.

의 패각에 나타나는 봉합선, 나무의 나이테, 뼈의 섬세한 구조까지 그대로 유지된 채로 발견되는 경우가 많다. 치환되는 광물의 종류가 다른 경우, 같은 종의 고생물의 화석이라 하더라도 그 구성 성분이나 색깔 등이 달라질 수 있는 것은 물론이다.

추출(distillation)이란 식물의 잎사귀나 해파리 등 연부 조직의 사체가 묻힌 후, 위에 있는 지층의 압력으로 인해 휘발성 구성 성분은 빠져나가고 남아 있는 탄소 성분이 얇은 막의 형태로 보존되는 경우로서, 추출 과정으로 형성된 화석은 탄소로 인해 주로 검은색을 띠기 때문에 탄화(carbonization)라는 표현을 사용하기도 한다. 그러나 이런 과정을 통한 화석화는 포유류의 화석에서는 찾아보기 어렵다.

동물이 죽어 땅에 묻히는 것이 아니라 얼음 구덩이 속에 빠진 후 동결(freezing)된 상태로 오랜 시간을 지나 오늘날까지 보존되는 경우가 있다. 시베리아의 영구 동토층(permafrost)에서 발견되는 매머드의 화석이 대표적인 예로서(그림 1-6), 매머드의 동결 화석은 1662년 시베리아에서 처음 발견된 이후 털, 피부 등 연부 조직의 상태까지 잘 보존돼 있는 수십 개의 개체가 더 발견되었다.

드물기는 하지만 미라의 형태로 보존되는 경우도 있다. 미라화(mummification)되기 위해서는 박테리아에 의해 부패되지 않는 매우 건조한 기후 조건을 필요로 한다. 이런 환경은 사막 지대의 모래 속이나 건조한 고산 지대의 동굴 등에서 찾아볼 수 있다. 대표적인 예는 오리주둥이 공룡의 경우로서, 죽은 후 모래 폭풍에 묻혀 미라의 형태로 보존된 것으로 보이는 몇 개체의 화석이 발견되었다. 또한 미라 형태의 화석은 지랍(ozokerite, 자연 파라핀) 속에서 발견되기도 하는데, 스페인 북부의 유전 지대인 갈리시아 지방에서 발견된 매머드나 코뿔소 화석 등이 그 예이다. 하지만 검치호랑이의 경우 미라 형태로 발견된 경우는 찾아보기 어렵다.

Chapter 2

공룡 시대 이후의 지구

1. 지질학적 시대 구분
2. 신생대 제3기
3. 신생대 제4기
4. 포유류의 등장

제2장 공룡 시대 이후의 지구

검치호랑이가 나타나기 오래전 지구 생태계의 중심에는 공룡이 있었다. 중생대 트라이아스기 말에 처음 등장한 공룡은 중생대 전반에 걸쳐서 육상의 주인공으로 지구상의 거의 모든 지역에서 크게 번성한다. 하지만 백악기가 끝나는 시점에서 생명체가 대량 멸종되며, 이에 맞춰서 공룡 또한 지구상에서 자취를 감추게 된다. 그러나 이것이 끝은 아니었다. 공룡이 사라진 자리는 또다른 생명체, 즉 포유류가 대신하게 된다.

1. 지질학적 시대 구분

과거의 지구 역사는 지질 시대의 개념으로 구분하고 있다(표 2−1). 지질 시대의 구분은 방사성 동위원소를 이용한 연대 측정이 도입되기 전, 지층에 따른 화석 산출의 양상을 토대로 결정된 것이다. 19세기 무렵 학자들은 세계 여러 지역의 퇴적층을 비교 · 분석하다가 어떤 지층에서부터 갑자기 화석이 산출되기 시작한다는 사실을 알게 되었다. 당시에는 그 이전에 형성된 지층에서는 화석이 전혀 발견되지 않았기 때문에 이 지층이 형성된 시기부터 지구상에 생명체가 나타났다고 믿게 되었고, 이를 기준으로 은생누대와 현생누대로 이분하게 되었다.

은생누대(Cryptozoic Eon)는 생명체의 존재 여부가 명확하지 않은 채로 숨겨져(crypto=hidden) 있다는 의미를 내포하고 있으며, 캄브리아기 바로 이전의 시대라 하여 선캄브리아누대(Precambrian Eon)라고도 불린다. 물론 선캄브리아누대에 생명체가 살지 않았던 것은 아니다. 오늘날에는 선캄브리아 지층에서 많은 화석이 발

표 2-1

지질학적 시대 구분

<table>
<tr><th>연대(year)</th><th>누대(eon)</th><th>대(era)</th><th colspan="2">기(period)</th><th>세(epoch)</th></tr>
<tr><td>11000년 전</td><td rowspan="17">현생누대
Phanerozoic</td><td rowspan="7">신생대
Cenozoic</td><td rowspan="2" colspan="2">제4기
Quaternary</td><td>충적세
Holocene</td></tr>
<tr><td>200만 년 전</td><td>홍적세
Pleistocene</td></tr>
<tr><td>500만 년 전</td><td rowspan="5">제3기
Tertiary</td><td rowspan="2">신제3기
Neogene</td><td>플라이오세
Pliocene</td></tr>
<tr><td>2400만 년 전</td><td>마이오세
Miocene</td></tr>
<tr><td>3700만 년 전</td><td rowspan="3">고제3기
Paleogene</td><td>올리고세
Oligocene</td></tr>
<tr><td>5800만 년 전</td><td>에오세
Eocene</td></tr>
<tr><td>6600만 년 전</td><td>팔레오세
Paleocene</td></tr>
<tr><td>1억 4400만 년 전</td><td rowspan="3">중생대
Mesozoic</td><td colspan="3">백악기
Cretaceous</td></tr>
<tr><td>2억 800만 년 전</td><td colspan="3">쥐라기
Jurassic</td></tr>
<tr><td>2억 4500만 년 전</td><td colspan="3">트라이아스기
Triassic</td></tr>
<tr><td>2억 8600만 년 전</td><td rowspan="7">고생대
Paleozoic</td><td colspan="3">페름기
Permian</td></tr>
<tr><td>3억 2000만 년 전</td><td rowspan="2">석탄기
Carboniferous</td><td colspan="2">펜실베이니아기
Pennsylvanian</td></tr>
<tr><td>3억 6200만 년 전</td><td colspan="2">미시시피기
Mississippian</td></tr>
<tr><td>4억 1800만 년 전</td><td colspan="3">데본기
Devonian</td></tr>
<tr><td>4억 4100만 년 전</td><td colspan="3">실루리아기
Silurian</td></tr>
<tr><td>5억 500만 년 전</td><td colspan="3">오르도비스기
Ordovician</td></tr>
<tr><td>5억 4400만 년 전</td><td colspan="3">캄브리아기
Cambrian</td></tr>
<tr><td>25억 년 전</td><td rowspan="2">선캄브리아누대
Precambrian</td><td colspan="4">원생대
Proterozoic</td></tr>
<tr><td>46억 년 전</td><td colspan="4">시생대
Archeozoic</td></tr>
</table>

견됨으로써 당시 생명체의 존재에 대해 보다 구체적으로 알게 되었다. 은생누대는 보통 25억 년 전을 경계로 **시생대**(Archeozoic Era)와 **원생대**(Proterozoic Era)로 분류된다.

현생누대(Phanerozoic Eon)는 생명체가 폭발적으로 늘어나기 시작한 캄브리아기로부터 오늘날에 이르는 기간으로 다시 **고생대**(Paleozoic Era), **중생대**(Mesozoic Era), 그리고 **신생대**(Cenozoic Era)로 세분된다. 현생누대를 구분하는 기준 역시 화석의 발굴 양상이다. 오래전 지구상에 살았던 고생물들은 몇 번의 시기에 걸쳐 대량 멸종하게 되는데, 이런 시점을 기준으로 전후를 살펴보면 지구상에 번성하던 기존의 생물군이 대부분 사라지고 그 뒤를 이어 새로운 생물군이 나타나는 것을 알 수 있다. 따라서 이런 시점을 기준으로 고생대, 신생대, 중생대의 시대 구분을 하는 것이다.

고생대의 지층은 그 이전의 선캄브리아누대에 비해서 접근이 쉽고 지질학적 변형이 적으며 화석의 산출도 많아진다. 전반의 캄브리아기(Cambrian Period), 오르도비스기(Ordovician Period), 실루리아기(Silurian Period)는 지질학적으로 비슷한 변화를 보이는데, 이 시기에는 해수면의 높이가 높아져서 새로 생긴 해안은 해양 동물들에게 천혜의 서식지를 제공해 주었으며, 이로 인하여 삼엽충이나 완족류 같은 바다 생명체의 폭발적인 증가를 초래하였다.

후반의 데본기(Devonian Period), 석탄기(Carboniferous Period), 페름기(Permian Period) 동안은 대륙판들이 모여 하나의 초대륙인 판게아(Pangea)를 형성해 가는 기간이다. 데본기부터는 어류(폐어), 양서류, 파충류 등이 나타나서 생명체가 바다로부터 육지로 진입하기 시작한다. 특히 양서류의 번성이 두드러져서 당시 양서류의 종류나 숫자는 오늘날을 훨씬 능가한다.

중생대는 1억 8,000만 년 정도 지속된 기간으로, 파충류와 공룡이 크게 번성하였기 때문에 **파충류의 시대**(the Age of Reptiles) 혹은 **공룡의 시대**(the Age of Dinosaurs)라고 불리기도 한다. 또한 이들과 함께 암모나이트와 같은 두족류 역시 크게 번성하여 지질학이나 고생물학에서 중요한 위치를 차지하고 있다. 중생대는 트라이아스기(Triassic Period), 쥐라기(Jurassic Period), 백악기(Cretaceous Period)로 구분되는데 후대로 갈수록 점차 그 기간이 길어져서 백악기는 7,800만 년 동안 지속되며, 백악기가 끝날 무렵에는 공룡을 포함한 생물계의 대량 멸종이 나타난다.

신생대는 6,600만 년 전부터 오늘날까지 계속되고 있는 지질학적 시대 구분의 마지막에 해당하는 시기로서, 이 기간 동안 지구의 모습과 생태계는 점차 오늘날과 비슷한 형태를 갖추게 된다(그림 2-1). 또한 지각 활동이 활발히 일어나서 대서양,

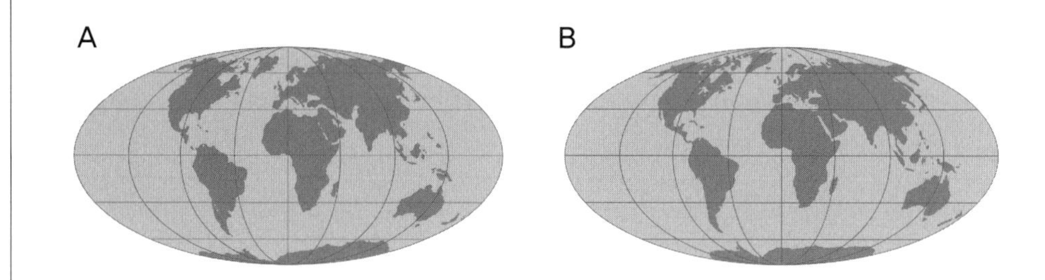

그림 2-1
신생대 제3기(A)와 제4기(B)의 지구 모습

인도양, 태평양 등 바다가 계속 넓어지고, 생태계에서도 백악기 말 대량 멸종으로 사라진 생물들의 자리가 포유류를 비롯한 새로운 종들로 빠르게 대치된다.

신생대는 크게 제3기(Tertiary Period)와 제4기(Quaternary Period)의 두 기간으로 구분된다. 제3기는 6,300만 년 동안 지속된 기간으로 팔레오세(Paleocene Epoch), 에오세(Eocene Epoch), 올리고세(Oligocene Epoch)를 포함하는 고제3기(Paleogene Period)와 마이오세(Miocene Epoch), 플라이오세(Pliocene Epoch)를 포함하는 신제3기(Neogene Period)로 구분된다. 제4기는 홍적세(Pleistocene Epoch)와 충적세(Holocene Epoch)의 두 기간으로 구분되는데, 홍적세 동안에는 여러 번의 빙하기가 있었으며 이 기간이 끝날 즈음에는 많은 동물들이 멸종하여 사라진다. 충적세는 오늘날까지 이어지는 기간으로서 현세라고 불리기도 하는데, 이 기간이 시작할 무렵의 생태계와 지형적인 특징은 오늘날과 크게 다르지 않았다.

2. 신생대 제3기

신생대 제3기 동안 대륙들은 점점 더 멀리 분리된다. 초기에는 호주와 남극 대륙이 분리되기 시작하며, 후반으로 접어들면 아프리카 동쪽 해안으로부터 떨어진 후 오랜 기간 동안 북상하던 인도 대륙이 마침내 아시아 대륙과 충돌하고 이로 인해 히말라야 산맥이 형성된다. 해수면의 높이는 점차 낮아지는데, 오늘날과 비교하면 대륙의 3% 정도가 아직 바다로 덮여 있었다. 신생대가 시작할 무렵에는 지구의 기온이 높았던 것으로 생각되지만 시간이 지남에 따라 점차 낮아지게 되었다.

제3기 지층에서 발견되고 있는 해양 무척추동물의 화석은 오늘날의 생물들과 매우 유사한 모습을 하고 있으며, 특히 복족류, 부족류, 성게 등의 상당수는 오늘날까지 계속 생존하고 있다. 어류 역시 크게 번성하였다. 연골어류의 경우 마이오세 지층에서 길이가 18m에 달하는 상어(*Carcharodon*)의 화석이 발견되었으며, 경골어류의 경우 미국의 에오세 그린리버층(Green River Formation)과 이탈리아 몬테볼카(Monte Bolca)의 에오세 지층 등에서 많은 화석들이 발견되고 있다. 경골어류는 바다뿐만 아니라 내륙의 담수에서도 크게 번성한다.

중생대에 크게 번성했던 파충류는 백악기 말 공룡, 익룡 등과 함께 대부분의 종이 멸종하게 되지만 일부는 신생대에 들어와서도 계속 살아남는다. 거북, 악어, 도마뱀, 뱀 등의 파충류는 신생대를 거쳐서 오늘날까지 생존해 오고 있다. 조류 역시 제3기에 번성했을 것으로 생각되지만 이들의 화석은 흔하게 발견되지 않으며, 불완전한 상태로 발견되는 골격 파편과 발자국 화석을 통해 오늘날과 비슷한 종류들이 생존했을 것으로 추정하고 있다.

조류 중에서 가장 관심을 끄는 것은 북미 대륙의 에오세 지층에서 화석으로 발견된 디아트리마(*Diatryma*)와 남미 대륙 마이오세 지층에서 발견된 포로라코스(*Phororhacos*)다(그림 2-2). 이들은 오늘날의 타조처럼 날지 못하는 조류로서 키가

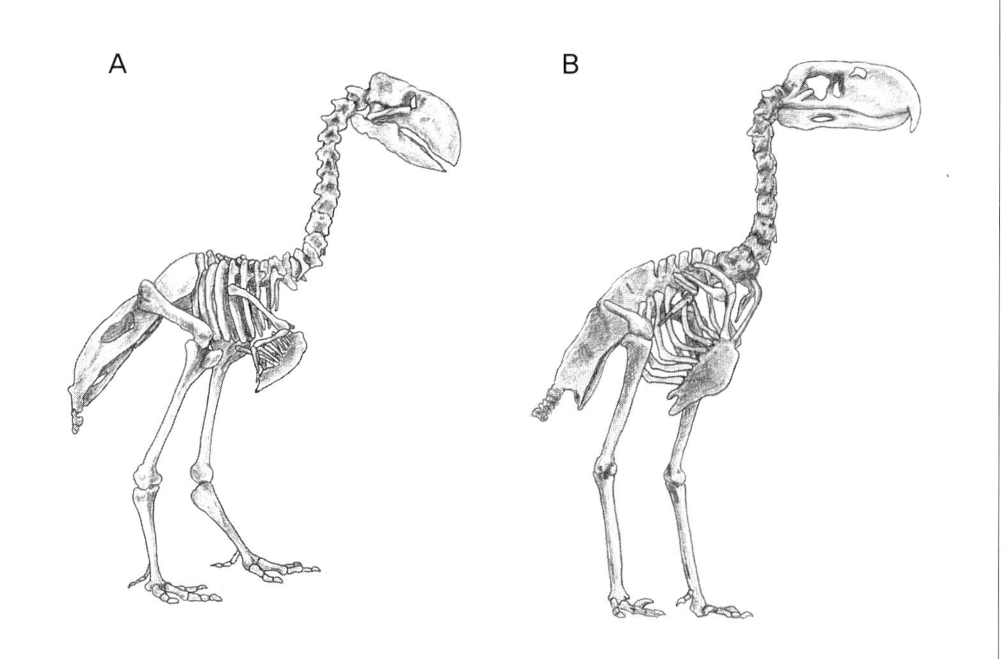

그림 2-2

신생대의 날지 못하는 조류. 디아트리마(A)는 북미 대륙의 에오세 지층에서, 포로라코스(B)는 남미 대륙의 마이오세 지층에서 발견된 날지 못하는 조류로서, 억센 발톱과 강한 부리를 가지고 있는 무서운 포식자였던 것으로 보인다.

2m 정도에 이르렀으며, 야생말과 비슷한 크기의 두개골, 억센 다리와 발톱, 그리고 아주 강하고 크게 발달한 부리를 가지고 있어서 무서운 포식자의 하나였으리라 짐작된다.

제3기는 **포유류의 시대**(the Age of Mammals)였다. 신생대 포유류의 번성은 중생대 동안 파충류가 크게 번성한 것과 비슷한 양상을 보인다. 제3기 초기에 나타난 포유류들은 아주 작은 몸집과 뇌, 그리고 5개의 발가락을 가지고 있었다. 이들의 대부분은 곤충을 잡아먹는 뒤쥐(shrew)나 두더지(mole)와 비슷하게 생긴 작은 동물들이었다. 그러나 시간이 지남에 따라 포유류들은 점차 그 크기가 커지고 다양한 모습으로 발전하였다.

쥐라기 이후 북미 대륙과 남미 대륙이 서로 떨어져 나감에 따라 이들 대륙에서는 각각 독특한 동물들이 발전하게 된다. 남미 대륙에서는 유대류 동물들이 크게 번성하였으며, 말, 낙타, 코끼리, 호랑이 등의 조상으로 추정되는 신생대 포유류의 화석은 미국에서 대량으로 발견되고 있다. 신생대 중반이 되면 일시적으로 이 두 대륙이 서로 연결되는데, 이때 북 · 남미의 많이 생물들이 이동하게 되었다. 즉, 남미 대륙의 나무늘보, 개미핥기, 아마딜로, 호저 등은 북미 대륙으로, 마스토돈, 말, 늑대, 검치호랑이 등은 남미 대륙으로 서식지를 넓혀 가는데, 이런 대규모의 대륙 간 동물 이동을 **대이동**(the Great Exchange)이라고 한다(그림 2-3).

말의 조상으로 추정되는 히라코테리움(*Hyracotherium*)의 화석은 미국 에오세 초기 지층에서 처음 발견된다. 히라코테리움은 개 정도의 크기로 오늘날의 말에 비해 아주 작았으며, 4개의 앞발가락과 3개의 뒷발가락을 가지고 있었다. 많은 학자들은 말의 진화는 발가락의 개수가 점차 감소해 하나의 발굽을 이루며, 점차 몸집이 커지고, 이빨의 마모를 막기 위해 두터운 법랑질과 주름진 치아 구조를 이루는 방향으로 발전되었다고 생각하고 있다.

올리고세에는 유럽에 살았던 팔레오테리움(*Palaeotherium*)이 북미 대륙으로 이동하며, 북미의 마이오세 지층에서는 보다 발전된 형태, 즉 하나의 발굽을 가지고 있는 플리오히푸스(*Pliohippus*)의 화석들이 발견되고 있다.

플라이오세로 접어들면 현생종과 매우 유사한 에쿠스(*Equus*)가 등장한다. 에쿠스는 어깨까지의 높이가 1.5m이고 하나의 발굽을 가지고 있었기 때문에 오늘날 생

그림 2-3

대이동. 남미와 북미 대륙이 일시적으로 연결되어 있던 후기 플라이오세 기간 동안 두 대륙 간의 동물 이동이 대규모로 진행되어서 나무늘보, 개미핥기, 아마딜로, 호저 등은 북미 대륙으로, 마스토돈, 말, 늑대 등은 남미 대륙으로 서식지를 넓혀갔다.

그림 2-4

인드리코테리움. 인드리코테리움은 지구 역사상 가장 큰 포유류로 현생 코끼리보다 훨씬 크고, 육식 공룡 티라노사우루스에 근접한 거대한 체구를 가지고 있었다.

존하고 있는 말의 직접적인 조상으로 추정된다. 그러나 플라이스토세 말 북미 대륙에서 에쿠스는 모두 멸종하게 되며 아시아, 아프리카, 유럽 등지로 퍼져 나갔던 에쿠스로부터 오늘날의 말이 이어졌을 것으로 추정하고 있다. 서부 영화에서 볼 수 있는 북미의 야생말들은 플라이오세에 살았던 에쿠스의 직접적인 후손은 아니며, 300여 년 전 스페인 사람들로 인해 유럽에서 건너온 말들이 야생화된 것이다.

신생대 제3기에는 오늘날과는 다른 모습을 하고 있는 여러 종류의 코뿔소 무리가 등장한다. 아시아의 올리고세 지층에서 발견된 인드리코테리움(*Indricotherium*)은 지구 역사상 가장 큰 육상 포유류로서 추정 길이 8m, 높이 5.5m, 무게 17~18t으로 현생 코끼리보다 4배 정도 무거운 거구였다(그림 2-4). 인드리코테리움은 현생 코뿔소에 비해 상대적으로 긴 다리와 목을 가지고 있어서 높은 나무의 잎사귀나 잔가지를 따 먹었을 것으로 보인다.

미국의 올리고세 지층에서 발견된 브론토테리움(*Brontotherium*)은 전체적인 형태는 현생 코뿔소와 유사하지만 콧등에 V자 형태로 나란히 두 개의 뿔이 나 있었다. 중국의 마이오세 지층에서 발견된 킬로테리움(*Chilotherium*)은 화석 산출이 풍부하여 국내에도 널리 알려져 있는 종으로서 현생 코뿔소와 매우 유사한 형태를 하

고 있다(그림 2-5).

북미 대륙에서는 낙타의 조상으로 보이는 포유류도 등장한다. 에오세에 처음 등장한 프로틸로푸스(*Protylopus*)는 낙타의 가장 원시적인 형태로 생각되는 동물로서, 처음에는 크기가 매우 작았으나 점차 체구가 커지고 보다 다양한 형태가 나타나게 된다. 이들 역시 말의 경우와 비슷하게 북미 대륙에서는 모두 멸종하게 되며, 아시아 대륙으로 넘어간 일부는 오늘날의 낙타로, 남미 대륙으로 넘어간 무리는 알파카와 라마 등의 현생종으로 이어진 것으로 추정되고 있다.

오레오돈(Oreodont)은 신생대 중반 북미 대륙에 나타난 또다른 초식 동물이다. 염소 정도 크기의 이 동물은 원시 낙타와 가까운 관계인 것으로 추정되고 있으나 계통 발생학적으로 어떻게 분류해야 할지는 아직 명확하지 않다. 오레오돈은 에오세에 처음 나타나서 올리고세에 가장 번성하다가 플라이오세에 멸종하고 만다.

코끼리, 매머드 등 긴 코를 가지고 있는 동물들은 장비목(Proboscideans)으로 분류한다. 현재 많은 학자들은 코끼리의 선조를 에오세 북아프리카에 살았던 모에리테리움(*Moeritherium*)으로 보고 있다. 이들의 계통 발생적 분류는 조금 복잡하지만 간단히 이야기하면 모에리테리움의 후손들이 아시아를 거쳐 북미 대륙으로 이동하여

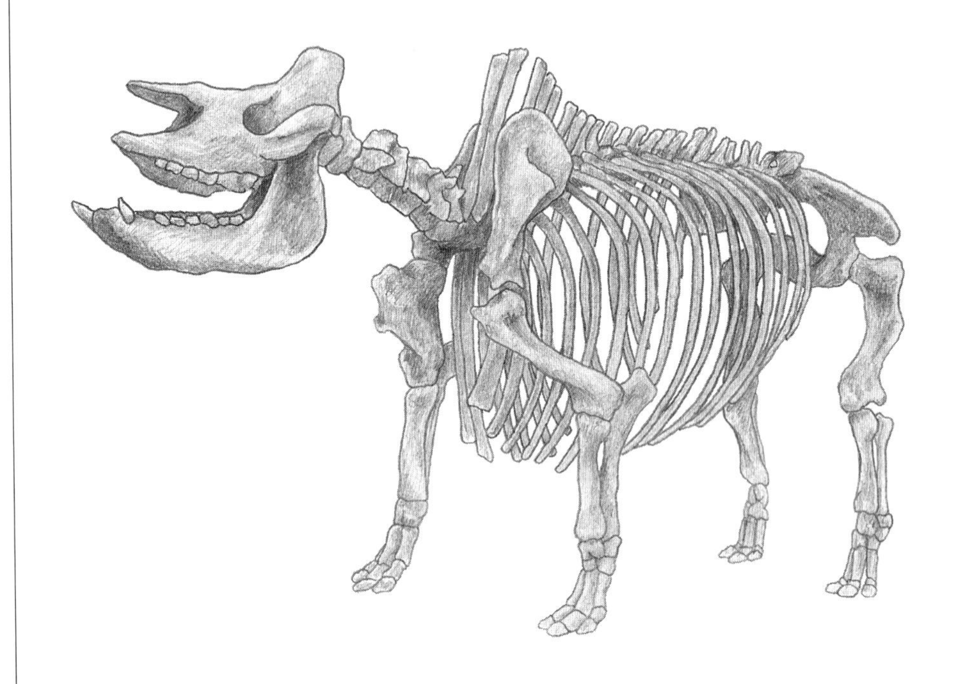

그림 2-5

킬로테리움. 마이오세 무렵 아시아 대륙에 나타났던 멸종 코뿔소로, 현생 코뿔소와 유사한 형태를 하고 있었다. 비교적 화석 산출이 풍부하여 국내에도 많은 표본이 들어와 있다.

매머드(*Mammuthus*), 록소돈트(*Loxodont*), 엘리파스(*Elephas*)의 세 가지 종류로 발전하는데, 매머드는 빙하기에 번성하였다가 지구상에서 사라졌으며 록소돈트는 오늘날의 아프리카코끼리로, 엘리파스는 인도코끼리로 발전하였다는 것이다.

식육목(Order Carnivora)에는 늑대 등의 개과 동물과 사자, 호랑이 같은 고양이과 동물, 그리고 곰 등이 포함되는데, 이들의 선조격이 되는 동물들의 화석이 북미 대륙에서 대량으로 발견되고 있다. 이 중에 늑대(dire wolf)나 곰(cave bear)의 모습은 오늘날과 크게 다르지 않으나 고양이과 동물의 모습은 오늘날과는 조금 달랐다. 가장 큰 특징은 커다란 송곳니를 가지고 있었다는 것인데, 이들 중 가장 대표적이고 널리 알려져 있는 것이 검치호랑이(saber toothed tigers)다.

현재 대부분의 학자들은 팔레오세에 북미 대륙과 유럽 등지에서 서식했던 크레오돈을 고양이과 동물의 선조로 보고 있다. 크레오돈은 다시 고양이과 동물(Felids)과 원시고양이과 동물(Nimravids)의 두 갈래로 나뉘어 발전하게 되는데, 대부분의 학자들은 검치호랑이와 오늘날의 사자, 호랑이 등을 전자의 계통으로 보고 있다.

신생대 무렵 남미 대륙과 호주는 다른 대륙들과 연결되지 않고 떨어져 있었으며, 이렇게 격리되어 있는 지질학적 환경으로 인해 이 두 대륙에는 다른 지역에서는 볼 수 없는 아주 독특한 포유류, 즉 유대류들이 크게 번성하게 된다.

유대류는 오늘날의 캥거루, 코알라 등과 같이 태반 대신 육아낭(marsupium)을 가지고 있는 종류를 말한다. 신생대에 살았던 유대류 중에서 가장 흥미로운 동물은 틸라코스밀루스(*Thylacosmilus*)라 불리던 유대류 검치호랑이다. 사실 검치호랑이와 틸라코스밀루스는 계통 발생적으로 전혀 다른 동물이지만 화석으로 발견되는 이들의 외형은 매우 흡사하다.

신생대 남미 대륙에 살았던 또다른 흥미로운 동물은 빈치류(edentates)다. 빈치류에는 개미핥기, 나무늘보, 아마딜로 등이 포함되는데 이들의 선조격이 되는 동물들이 신생대 지층에서 발견되고 있는 것이다. 이 중에 아르헨티나에서 발견된 거대한 나무늘보 메가테리움(*Megatherium*)이나 원시 아마딜로인 글립토돈(Glyptodont)은 특히 주목할 만하다.

고래의 선조로 보이는 동물들도 이 시기에 등장한다. 이 부분에 있어서는 아직 명확하지 않은 내용이 많으나, 일부 학자들은 고래가 육상의 육식 동물에서 비롯되었으며 파키스탄 에오세 지층에서 발견된 3m 길이의 파키케투스(*Pakicetus*)와 이집트 에오세 후기 지층에서 발견된 바실로사우루스(*Basilosaurus*) 등이 발전 단계에 나타난 고래의 중간 형태라고 주장하고 있다.

3. 신생대 제4기

제4기는 플라이스토세와 홀로세의 두 기간으로 구분된다. 플라이스토세에는 여러 번의 빙하기가 있었으며 이 기간이 끝날 즈음에는 많은 동물들이 멸종한다. 플라이스토세가 끝나고 홀로세가 시작할 무렵의 지형적인 특징과 생태계는 오늘날과 크게 다르지 않았다. 현재 우리는 지질학적으로 제4기 홀로세에 살고 있는 것이다.

플라이스토세 동안 지구에는 네 차례의 빙하기가 있었다. 빙하기가 절정에 이르렀을 때에는 유럽, 아시아, 북미 대륙의 상당 부분이 얼음으로 덮여 있었다. 빙하의 두께는 3~4km에 달하고 육지의 30% 정도가 빙하로 덮였는데, 이런 규모는 오늘날 극지방에 형성된 빙하의 3배 정도에 달하는 것이다. 그러나 빙하기라고 늘 추운 기운 기후가 계속된 것은 아니었다. 빙하기 사이에는 간빙기가 있었으며, 이 기간 동안은 기후가 온난해서 오늘날의 지구보다 오히려 더 따뜻했던 것으로 추정된다.

빙하가 형성됨에 따라 해수면의 높이도 크게 낮아졌다. 빙하기의 절정에는 해수면이 오늘날에 비해 130m 정도 낮았다. 빙하에 의한 해수면의 높이 변화는 우리가 생각하는 것보다 훨씬 크다. 학자들에 의하면 오늘날에도 지구 온난화의 영향으로 해수면의 높이가 점차 상승하고 있으며, 그린랜드를 덮고 있는 빙하가 전부 녹는다고 가정할 경우에는 해수면이 65m가량 상승할 수 있다고 한다.

제4기의 생태계는 제3기와 큰 변화가 없고 오늘날과 보다 비슷해진다. 다만 빙하의 확산에 따라 동물들의 서식지도 변하고, 기후가 따뜻했던 간빙기에는 오늘날에 비해 몸집이 훨씬 큰 동물들이 나타나게 된다. 따라서 이 기간을 **대형 동물의 시대**(the Age of Giants)라고 부르기도 한다. 개미핥기, 비버, 늑대, 들소 등 많은 동물들이 지금보다 더 컸으며 온몸이 털로 덮인 매머드, 검치호랑이 등도 크게 번성한다. 이런 거대한 몸집의 동물들은 여러 번의 빙하기를 잘 넘기고 성공적으로 번성한다. 그러나 8,000~1만 년 전 빙하기가 물러가고 기후가 따뜻해질 무렵에는 대부분이 멸종하여 지구상에서 사라지게 된다.

왜 기후 조건이 좋아지는데도 불구하고 많은 동물들이 멸종하고 만 것일까? 현재 여기에 대해서는 크게 두 가지의 가설이 주장되고 있다.

첫째, 인류의 등장에서 그 원인을 찾고 있다. 신생대에 등장한 인류는 동물들을 사냥하기 시작했고 이로 인해 많은 동물들이 사라지게 되었다는 것이다. 물론 인류 외에도 늑대, 사자, 호랑이 등의 육식 동물이 있었으나 이들은 병들고 약한 동물을 필요한 만큼만 사냥하였던 데 반해, 인류는 주로 건강한 개체를 필요 이상으로 많이 사냥했다는 것이다.

그러나 이런 주장에 대해서는 많은 반론이 제기되고 있다. 당시 인구는 그리 많지 않았을 뿐만 아니라 부족 형태의 작은 집단으로 생활하고 있었기 때문에 이들이 많은 포유류의 종들을 모두 말살시킬 수 있었다고 보기는 어렵다는 것이다. 플라이스토세에 멸종된 포유류 중에는 북미 대륙의 사자 같은 육식 동물들도 있는데 이들은 결코 인류의 사냥 대상이 아니었다. 그럼에도 불구하고 이런 육식 동물들까지 멸종하고 만 것이다. 오늘날에도 오지 지역에는 석기 시대의 부족 생활을 계속하고 있는 원시 종족들이 살고 있다. 이들은 주로 수렵을 통해 생활을 하고 있지만 이들의 사냥으로 동물의 종이 멸종한 예는 찾아보기 힘들다. 따라서 인류 등장설은 설득력이 떨어진다.

또다른 가설은 기후의 변화와 이에 따른 동물의 적응 실패에 그 원인이 있다는 것이다. 대부분의 동물들은 반복되는 빙하기와 간빙기의 기후 변화에 잘 적응해 왔지만, 가장 큰 빙하기가 물러가는 시점에서는 더 이상 적응하지 못해서 멸종하고 말았다는 것이다.

몸집이 큰 동물과 작은 동물은 표면적의 비율에 차이가 있다. 커다란 동물들은 큰 몸집에 비해 표면적이 상대적으로 작다. 따라서 상대적으로 작은 표면적을 가지고 있던 덩치 큰 동물들은 빙하기가 끝나고 기온이 상승함에 따라 열을 발산하기 어려웠을 것이며, 체열을 식히기 위해 몸 안의 혈액은 주로 피부로 보내지고 자궁이나 생식기로 가는 피의 양은 줄어든다. 이런 이유로 인해 생식 능력이 점차 떨어지게 되었고 결국 종의 멸종으로 이어졌다는 것이다. 아직 정확한 멸종 원인은 알 수 없으나 현재 이 설명은 보다 많은 학자들에 의해 받아들여지고 있다.

4. 포유류의 등장

포유류는 어떤 동물인가? 포유류가 번성하고 있는 오늘날에는 이에 대해 답하는 것이 어렵지 않다. 포유류는 비늘 대신에 털을 가지고 있으며, 알 대신에 새끼를 낳고, 유선 조직을 가지고 있으며, 항온성을 유지한다. 그러나 화석 기록을 통해 포유류의 시작을 추적해 올라가는 것은 그리 쉽지 않다. 포유류형 파충류(mammal-like reptiles)를 사이에 넣어 파충류와 포유류의 진화론적인 상관관계를 설명하려는 학자들도 있지만, 아직 이를 뒷받침할 수 있는 충분한 화석 기록은 없는 실정이다.

고생대 석탄기 중반에 단궁형의 파충류, 즉 시납시드(synapsids)가 등장한다. 시납시드는 두개골에 1개의 측두공을 가지고 있는 그룹으로서 펠리코사우루스와 테랍시드가 포함된다. 펠리코사우루스(pelycosaurus)는 석탄기에 처음 등장하여 페름기가 시작하면서 크게 번성하였다가 페름기 말에 멸종한 파충류로, 육식성의 디메트로돈(*Dimetrodon*)과 초식성의 에다포사우루스(*Edaphosaurus*)가 널리 알려져 있다. 이들 펠리코사우루스는 등 가운데에 어류의 등지느러미와 유사한 형태를 한 돛 모양의 구조물을 가지고 있었는데, 이런 구조물은 체온 조절이나 과시의 목적으로 사용되었을 것으로 추정된다.

테랍시드(terapsids)는 페름기 초에 등장하여 기후가 온난했던 중생대 트라이아스기 동안 크게 번성했던 그룹으로, 포유류에 가까운 여러 특징을 가지고 있기 때문에 흔히 포유류형 파충류라 불린다. 테랍시드에는 상악골에 2개의 엄니를 가지고 있던 디시노돈트(Dicynodonts, two+dog+teeth), 그리고 이들보다 체구는 작지만 보다 발전된 형태를 하고 있던 시노돈트(Cynodonts, dog+teeth) 등이 알려져 있다.

페름기에 등장한 포유류형 파충류는 트라이아스기에도 계속 번성하지만 쥐라기로 접어들면서 모두 멸종하고 만다. 트라이아스기에는 최초의 포유류가 등장하였는데, 이들은 오늘날의 주머니쥐와 유사한 외형에 10cm가 안 되는 작은 체구로서 주로 곤충을 잡아먹고 살았던 것으로 보인다. 이들 원시 포유류에는 메가조스트로돈(*Megazostrodon*), 에오조스트로돈(*Eozostrodon*), 모르가누코돈(*Morganucodon*) 등이 있었으며, 이 중에 모르가누코돈이 가장 널리 알려져 있다. 현재까지 발견된 이들의 화석에서는 분화된 치아 구조, 유치, 털 등을 찾아볼 수 있는데, 이러한 특징은 이들이 분명히 포유류의 일종이라는 사실을 말해 준다.

아직까지 펠리코사우루스, 테랍시드, 그리고 원시 포유류의 계통적인 상관관계는 명확히 알 수 없지만, 이들의 화석을 살펴보면 치아 구조와 턱뼈, 그리고 중이(middle ear) 구조에 분명한 차이가 있음을 알 수 있다(그림 2-6).

펠리코사우루스의 일종인 디메트로돈의 아래턱은 치골(dentary bone), 각골(angular bone), 관절골(articular bone), 상각골(surangular bone), 방형골(quadrate bone), 방형 협골(quadratojugal bone) 등 많은 뼈로 이루어져 있다. 그러나 테랍시드나 원시 포유류는 하악을 구성하는 뼈의 숫자가 매우 적어서 주로 치골이 아래턱을 이루게 된다. 이는 펠리코사우루스의 하악을 구성하는 방형골, 각골 등에 해당하는 뼈들이 테랍시드와 원시 포유류에서는 턱 대신에 중이를 구성하는 이소골로 변형되기 때문으로, 이들에서 청각이 보다 중요해졌음을 반증한다.

이빨의 형태에서도 계통 간의 차이점을 관찰할 수 있다. 어류, 양서류, 파충류,

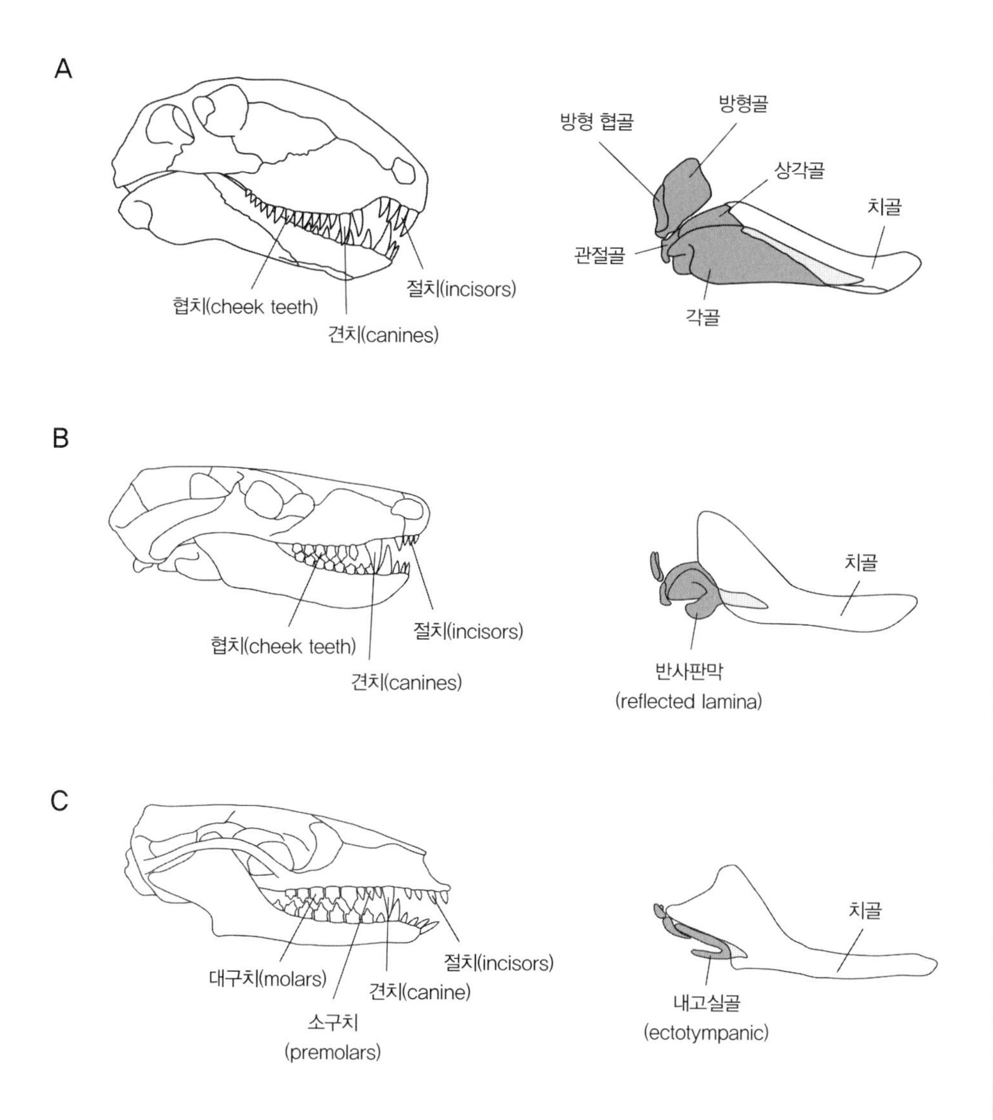

그림 2-6

펠리코사우루스(A), 테랍시드(B), 원시 포유류(C)의 하악골과 이빨 형태. 펠리코사우루스의 하악은 여러 개의 뼈로 구성되지만 테랍시드나 원시 포유류의 하악은 훨씬 단순화되어서 주로 치골로 구성되며, 대신에 하악을 구성하던 뼈들이 이소골로 발전된다. 또한 펠리코사우루스의 이빨이 동형치 형태를 하고 있는 데 반해 테랍시드와 원시 포유류에서는 보다 분명하게 분화된 이빨 형태가 관찰된다.

공룡 등은 부위에 따른 형태의 차이 없이 거의 같은 모양의 이빨을 가지고 있는데, 이런 형태의 이빨을 동형치(homodont=same tooth)라 한다. 디메트로돈 등 펠리코사우루스의 이빨은 부위에 따라 다소간의 형태 차이를 보이기는 하지만 그 정도는 매우 미미하다. 그러나 테랍시드에서는 보다 분명한 이빨의 분화를 보이며, 원시 포유류에서는 완전히 분화된 이빨 형태를 관찰할 수 있다. 이와 같이 이빨이 부위에 따라 다른 형태로 분화되어 있는 경우를 이형치(heterodont=different tooth)라 한다.

곰, 늑대, 너구리, 검치호랑이, 현생 고양이과 동물 등 식육목(Order Carnivora)의 동물들 계통에 대해서는 아직 밝혀지지 않은 부분이 많다. 크레오돈(Creodonts)은 신생대 초기에서 중기까지 유럽, 아시아, 북미 대륙 등에 서식하였던 원시 육식동물로서, 서식 지역에 따라 크기나 모양이 다양했지만 일반적으로 하이에나, 수달, 스라소니 등을 섞어 놓은 듯한 모습을 하고 있었던 것으로 추정된다. 하이에노돈(*Hyaenodon*)은 크레오돈 중에 가장 성공적으로 번성했던 종류로(그림 2-7) 에오세 말 유럽, 아시아, 북미 대륙 등에 널리 퍼져 서식하다가 마이오세 말에 멸종한다. 그러나 이들은 현생 육식 동물의 직접적인 조상은 아닌 것으로 생각된다.

정확한 시기는 알 수 없으나 대략적으로 올리고세 무렵에 현생 고양이과 동물과 유사한 동물들이 등장하기 시작한다. 이들은 크게 님라비드(Nimravids)와 펠리드(Felids)의 두 계통으로 분류된다. 님라비드는 현생종으로 이어지지 못하고 모두 멸종한 계통으로서 유스밀루스(*Eusmilus*), 디닉티스(*Dinictis*), 호플로포네우스(*Hoplophoneus*) 등이 포함된다. 펠리드는 호모테리움(*Homotherium*), 스밀로돈(*Smilodon*) 등의 검치호랑이와 현생 고양이과 동물을 포함하는데, 비록 계통학적으로 가까운 관계이기는 하지만 검치호랑이가 현생 고양이과 동물의 직접적인 조상은 아닌 것으로 보고 있다.

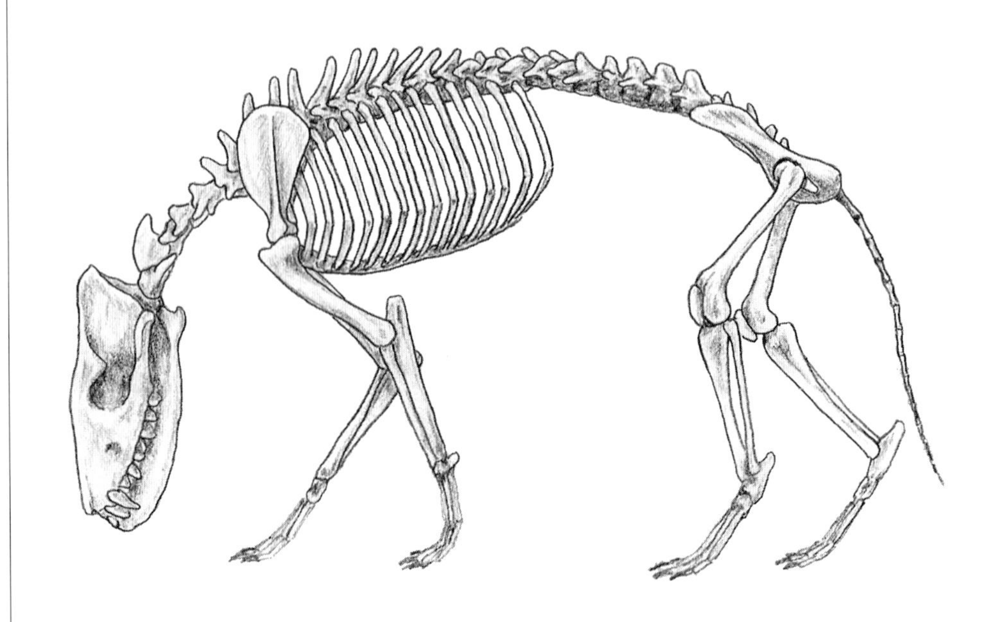

그림 2-7

하이에노돈. 팔레오세 무렵 유라시아와 북미 대륙에 걸쳐서 크게 번성하였던 포식자로, 현생 식육목의 직접적인 조상은 아니다.

Chapter 3

외형적 특징

1. 털가죽
2. 눈
3. 귀
4. 코
5. 수염

제3장 외형적 특징

검치호랑이의 연부 조직이 화석으로 보존된 예는 거의 찾아보기 어렵기 때문에, 이들에 대한 연구 및 복원은 일차적으로 골격 화석에 대한 분석에서 출발할 수밖에 없는 실정이다. 하지만 피부, 근육 등의 연부 조직에 대한 연구 없이는 검치호랑이의 궁극적인 복원이 불가능할 뿐 아니라, 연부 조직의 복원이 완성되어야만 비로소 검치호랑이가 어떤 동물인지 웅변적으로 표현할 수 있게 된다. 현생 고양이과 동물의 외형적 특징에 대한 이해는 이에 대한 많은 힌트를 제공한다. 이들의 외형이 골격, 서식지, 생활 습성 등을 어떻게 반영하는지를 이해함으로써 검치호랑이의 생존 당시 모습과 습성을 보다 정확히 이해할 수 있을 것이다.

1. 털가죽

고양이과 동물은 근육질의 탄력 있는 몸통, 예민한 시각, 날카롭게 발달된 이빨, 감출 수 있는 발톱 등 포식자로서의 모든 조건을 갖추고 있다. 고양이과 동물의 기본 골격이나 이러한 특징들은 종의 차이에 상관없이 거의 유사하다. 따라서 **털가죽**(pelage)은 전체적인 외형에 가장 큰 영향을 미치는 요소일 뿐 아니라 각 종을 구별하는 중요한 식별 기준의 하나가 된다(그림 3-1).

털가죽의 역할은 크게 위장, 의사소통, 생리학적 기능의 세 가지 측면으로 이해할 수 있다. 위장(camouflage)은 말 그대로 주변 환경 속에서 자신을 최대한 눈에 띄지 않게 하는 것(crypsis, concealment)을 말하는데, 이는 부위에 따라 다른 색을 띠는 색상의 분열(disruptive coloration)과 절묘한 문양의 배합(pattern blending)에 의해 표현된다. 즉 부위에 따라 줄무늬나 점무늬가 절묘하게 혼재되어 최대한의 위장을 이끌어 내는 것을 말한다. 대부분의 현생 고양이과 동물에서 이런 특징을 찾아볼

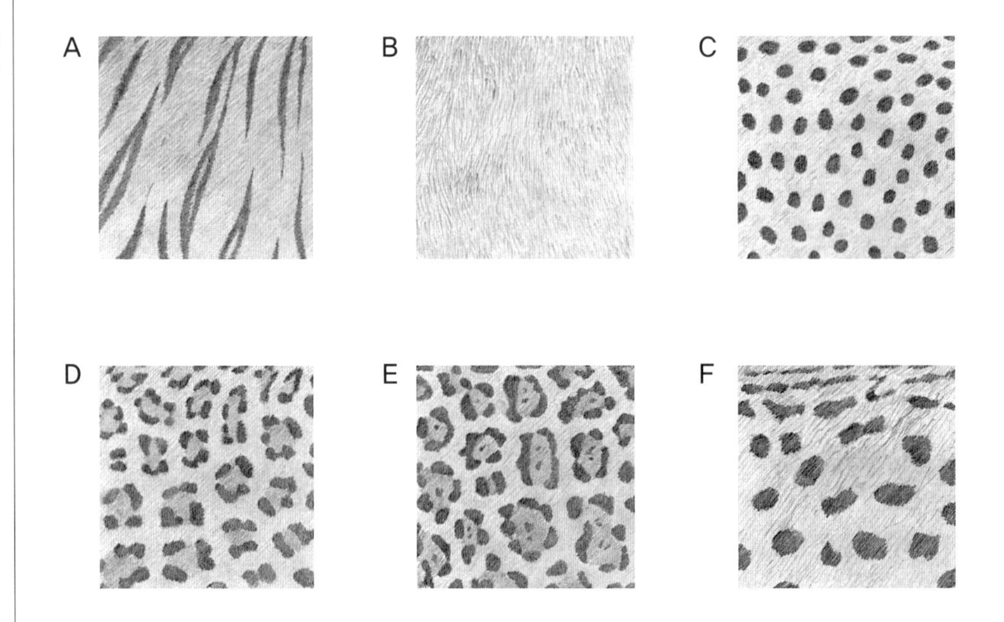

그림 3-1
고양이과 동물의 다양한 털가죽 문양. A. 호랑이, B. 사자, C. 치타, D. 표범, E. 재규어, F. 서벌

수 있다.

동물들에게 위장은 생존과 직결되는 매우 중요한 전략으로, 크게 포식자의 시야로부터 자신을 숨기고자 하는 보호적 위장술(protective camouflage)과 먹잇감에게 들키지 않고 접근하기 위한 공격적 위장술(aggressive camouflage)의 두 가지로 구분할 수 있다. 하지만 자신을 공격할 천적이 없는 최상위의 포식자를 제외한다면, 다른 대부분의 경우에서 위장은 이 두 가지 목적을 동시에 가지고 있다고 볼 수 있다.

털가죽은 같은 종 내에서, 혹은 다른 종에 대한 의사소통(communication)의 의미도 가지고 있다. 예를 들어 포식자의 공격에 대해 자신을 위협적으로 보이게 한다거나, 도망갈 때 같은 무리인지 쉽게 인식하기 위한 기능을 수행하거나, 종 내에서 성별이나 개체 인식의 목적을 가지기도 한다.

털가죽의 생리학적인 기능(physiological function)은 외부의 환경으로부터 자신을 지켜 내기 위한 기전을 말하며, 체온 조절(thermoregulation), 체액 항상성 유지(water and electrolyte balance), 기생체(ectoparasites)나 자외선(ultraviolet light radiation)의 차단 등 인체에서의 피부 기능과 유사한 내용을 포함한다.

고양이과 동물의 털가죽 형태는 배경색(background color)과 문양(coat pattern)

으로 구분할 수 있는데, 서식 지역의 평균적인 색상을 배경으로 하여 나무나 덤불 등 서식지의 특수한 환경에 보다 절묘하게 어울리는 특징적인 점이나 줄무늬의 문양을 갖는 것이 일반적이다. 예를 들어 사막 지역에 서식하는 종류는 밝은 황색을 배경색으로 연한 문양을 가지고 있으며, 숲이나 밀림 등 식물의 밀도가 높은 지역에서는 보다 진하고 선명하게 대비되는 문양이 나타난다. 그리고 설표(*Uncia uncia*) 등 눈 덮인 지역을 서식지로 하는 고양이과 동물의 경우에는 대부분 하얀색을 배경색으로 한 연한 색의 문양을 가지고 있다.

검치호랑이의 복원에 있어서도 이런 서식지와 털가죽 형태의 상관관계가 그대로 적용되고 있는 실정이다. 그러나 검치호랑이의 연부 조직이 화석으로 보존된 예가 거의 없기 때문에 이들이 생존 당시에 어떤 형태의 털가죽을 가지고 있었는지 정확하게 복원해 낸다는 것은 결코 쉬운 일이 아니다. 털가죽의 형태를 서식지 환경과의 상관관계로 파악한다는 것은 현생 고양이과 동물에서조차 그리 단순한 문제가 아니기 때문이다. 예를 들어 같은 서식지를 배경으로 하면서도 서로 다른 문양의 털가죽을 가지고 있는 경우가 있는가 하면, 서식지가 완전히 다른 종의 고양이과 동물들이 서로 유사한 형태의 문양을 가지고 있는 경우도 찾아볼 수 있다.

일반적으로 여러 대륙에 걸쳐 광범위하게 분포하는 종일수록 털가죽의 색과 형태에 많은 변화를 보인다. 예를 들어 산림을 서식지로 하는 유럽살쾡이(European wildcat, *Felis silvestris silvestris*)의 경우에는 진하고 굵은 문양을 가지고 있지만, 아프리카의 사바나 지역에 서식하는 아프리카살쾡이(African wildcat, *F. s. lybica*)는 보다 밝고 연한 줄무늬를 가지고 있다. 서남아시아의 준사막 지역에 분포하는 인도사막살쾡이(Indian desert cat, *F. s. ornata*)는 지역에 적합한 아주 밝은 색에 작고 검은 반점무늬를 가지고 있다. 벵골살쾡이(leopard cat, *Felis bengalensis*) 역시 비슷한 예의 하나로서, 추운 북아시아에서부터 남쪽으로 열대에 이르는 광범위한 서식 지역에 따른 다양한 형태의 문양을 보인다.

표범은 털가죽 문양의 다양함을 보여 주는 가장 대표적인 예다. 아프리카의 산림 지역에 서식하는 서아프리카표범(*Panthera pardus leopardus*)에 비해 중동의 사막 지역에 분포하는 아라비아표범(*P. p. nimr*)은 훨씬 밝고 연한 점무늬를 가지고 있다.

이처럼 털가죽의 형태가 서식지의 환경에 의해 영향을 받는 것이 일반적이기는 하지만 예외적인 경우도 쉽게 찾아볼 수 있다. 먼저 동일한 서식지 내의 같은 종임에도 불구하고 다양한 색상(polymorphic coat color)으로 발현되는 경우가 있다. 이런 경우 같은 종인데도 다른 종의 고양이과 동물로 오인되기도 했다. 예를 들어 북 · 남미 대륙에 서식하는 야생 고양이인 하구아룬디(jaguarundi, *Felis yaguarondi*)는 회색과 붉은색의 두 가지 계통이 있는데, 19세기까지는 붉은색의 계통이 다른 종(*F. eyra*)으로 분류되었지만 한배의 새끼 중 회색과 붉은색이 동시에 발견됨으로써 이들이 같은 종임이 밝혀지게 되었다.

아프리카골든캣(golden cat, *Felis aurata*)은 동질이형(polymorphism)의 또다른 예다. 골든캣은 야생 상태에서 붉은색과 회색의 두 가지 형태가 발견되는데, 20세기 초 런던의 한 동물원에서 사육되던 붉은색 새끼 한 마리가 생후 4개월 무렵 회색으로 변한 예가 보고된 바 있다.

돌연변이의 일종인 흑색증(melanism)은 고양이과 동물에서도 흔하게 발견되는 편으로 현재까지 표범(leopard), 사자(lion), 호랑이(tiger), 재규어(jaguar), 카라칼(caracal), 퓨마(puma), 밥캣(bobcat), 마게이(Margay), 오셀롯(ocelot), 서벌(serval), 타이거캣(tiger cat) 등에서 보고된 바 있다(그림 3-2). 표범과 집고양이의 흑색증은 열성 유전자(recessive gene)에 의해 발현되는 것으로 알려져 있는데, 아마도 이는

그림 3-2

흑표범. 흑색증은 열성 유전자에 의해 발현되는 돌연변이의 일종으로 표범, 사자, 호랑이, 재규어, 카라칼, 퓨마, 밥캣, 마게이, 오셀롯, 서벌, 타이거캣 등에서 보고되었다.

다른 고양이과 동물에서도 마찬가지일 것으로 짐작된다. 흑표범은 우기가 지속되는 남아시아의 밀림에서 흔하게 발견되는데, 이는 울창한 잎사귀로 인해 지표면에 도달하는 햇빛이 거의 없는 상황에서 검은색이 위장에 유리하게 작용하기 때문일 것으로 생각된다.

흰 사자나 백호 등 색소 결핍으로 나타나는 백색증(leucism, albinism)은 보다 광범위한 종에서 발견되고 있다. 백색증 역시 유전적인 결함에 의해 발현되는 현상이기는 하지만, 보통 염색체뿐 아니라 성염색체 이상 등 그 원인이 다양한 것으로 알려져 있다.

킹치타(king cheetah, *Acinonyx jubatus rex*)는 털가죽 돌연변이의 또다른 예로 알려져 있다. 킹치타는 1926년 짐바브웨에서 야생 상태로 발견된 후 이듬해 학계에 보고되었는데, 목덜미에서 꼬리로 이어지는 등 쪽에는 줄무늬가 나타나고 몸통 쪽에는 더 불규칙하고 진한 점무늬를 가지고 있어서 일반 치타의 털가죽 패턴과는 확연히 구분된다. 처음 보고되었을 당시에는 치타의 새로운 아종 혹은 표범과의 교잡종으로 생각되었으나, 1986년 한배에서 일반 치타와 킹치타가 함께 태어난 예가 보고된 후 다른 종이 아닌, 종 내에서의 돌연변이임이 밝혀지게 되었다. 학자들은 킹치타의 독특한 털가죽 패턴 역시 열성 유전자에 의한 것으로 보고 있다.

그동안 고양이과 동물의 털가죽 유형에 대해서 많은 연구가 진행돼 오고 있으

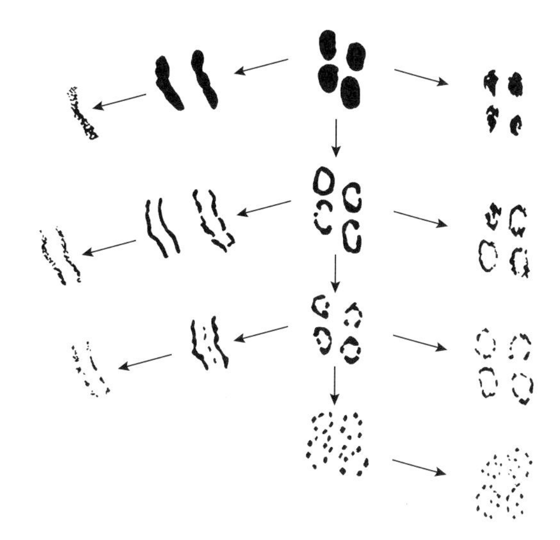

그림 3-3

계통에 따른 털가죽 문양의 변화. 와이겔(Weigel, 1961)은 모든 고양이과 동물의 털가죽 문양은 검은 반점 형태를 기본으로 변화해 갔다고 주장하였다.

나, 털가죽의 유형이 계통 상호간에 어떤 상관관계를 가지고 있는지에 대해서는 아직 명확하게 밝혀지지 않은 부분이 많다. 일부 학자들은 모든 고양이과 동물의 털가죽 무늬는 검은 반점(dark-spotted type)에서 시작되었으며, 계통의 변화에 따라 반점무늬가 나뉘거나 합쳐져서 다양한 형태로 발전된 것이라고 주장하고 있다(그림 3-3).

그러나 일부에서는 이와 반대 방향, 즉 처음에는 작은 점에서 시작되었지만 점차 이 점들이 합쳐져서 더 크고 진한 반점과 로제트(rosette, 장미꽃무늬)로 변했다는 학설도 제기되고 있다. 최근에는 이런 문제에 대해 발생학적으로 접근해 보려는 연구도 시도되고 있다. 어쨌거나 계통과 털가죽 문양의 상관관계를 밝혀내기 위해서는 보다 많은 연구가 필요한 실정이다.

2. 눈

집고양이를 포함한 대부분의 고양이과 동물들은 사람과는 비교할 수 없을 정도로 탁월한, 어둠 속에서 빛을 감지하는 능력을 가지고 있다. 고양이의 눈동자가 낮에는 째진 것처럼 아주 가늘게 보이고 밤에는 동그래져서 마치 불을 켠 것처럼 빛을 발한다는 것은 모두가 알고 있을 것이다. 이러한 특징은 이들이 사람과는 다른 안구 구조를 가지고 있음을 시사한다. 고양이과 동물들은 대부분 야행성의 습성을 가지고 있으면서도 낮 동안의 활동이 가능하다. 따라서 이들은 극히 적은 광량을 감지해 내는 능력과 함께 밝은 광선에 대한 적응력도 가지고 있어야만 한다. 예를 들어서 집고양이는 사람에 비해 6배 이상의 빛 감지 능력을 가지고 있으면서 밝은 대낮에도 자유로운 활동이 가능하다.

극히 적은 양의 빛을 감지해 내기 위한 첫 번째 방법은 **동공**(pupil, 눈동자)의 크기를 확대하는 것이다. 마치 어두운 조명 아래에서 보다 많은 빛을 받아들이기 위해 카메라 렌즈의 조리개를 최대로 개방하는 것과 같은 이치다. 그러나 이처럼 동공 혹은 조리개를 크게 개방하기 위해서는 두 가지의 선행 조건이 요구된다.

첫째, 주변부를 통과하는 광선의 왜곡을 막기 위해서 커다란 수정체(렌즈)가 필

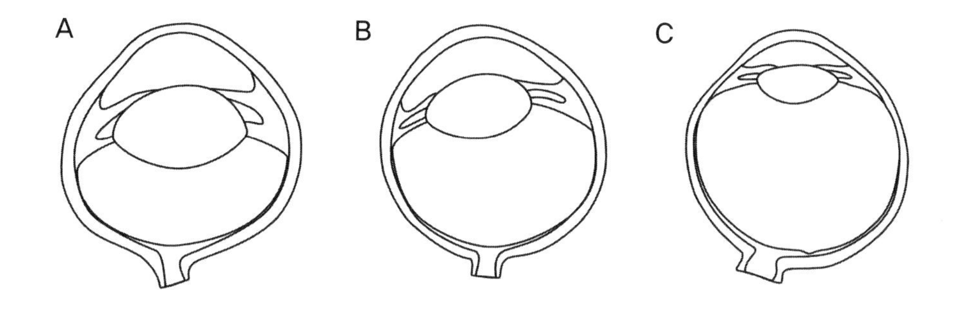

그림 3-4

안구의 단면 구조. 주로 야행성의 습성을 가진 스라소니(A)는 크고 볼록한 수정체와 커다란 전방을 가지고 있는 반면에 사람(C)의 수정체와 전방은 이에 비해 훨씬 작다. 밤과 낮에 활동하는 퓨마(B)의 수정체와 전방은 그 중간 정도의 형태를 취한다.

요하다는 것이다. 이런 이유로 대부분의 야행성 동물들은 상대적으로 커다란 안구를 가지고 있다. 둘째, 비교적 짧은 거리의 안구 후방에 초점을 맞추기 위해서는 수정체의 곡률(curvature)이 커야 한다는 것이다. 즉, 수정체를 통과한 빛을 많이 굴절시켜서 가까운 거리에 초점을 맞추기 위해 더 볼록하고 두꺼운 렌즈가 필요하다. 기본적으로 고양이과 동물들은 이런 목적에 부합하는 두껍고 볼록한 수정체를 가지고 있으며, 또한 수정체 앞쪽의 전방(anterior chamber) 역시 사람에 비해 더 커서 빛이 보다 효과적으로 굴절된다. 따라서 수정체와 전방의 구조를 살펴보면 주로 밤에 활동하는 동물인지, 아니면 낮에 활동하는 동물인지 대략적인 구분이 가능하다. 스라소니(lynx)는 주로 야간에 사냥하는 동물로 매우 볼록한 수정체와 큰 전방을 가지고 있다. 반면에 퓨마는 사람과 살쾡이의 중간 정도 형태의 수정체와 전방을 가지고 있는데, 이는 퓨마가 밤과 낮 모든 시간대에 활동하기 때문으로 해석할 수 있을 것이다(그림 3-4).

고양이과 동물의 안구에서는 미세한 빛을 감지하기 위한 또다른 기관을 찾아볼 수 있다. 안구 후방의 빛을 감지하는 부분을 **망막**(retina)이라 하는데, 여기에는 추체세포와 간상세포, 두 가지 종류의 시세포(light receptor cells)가 분포한다. **추체세포**(cone cell)는 빛이 많을 때의 시각과 색 인지를 담당하며, **간상세포**(rod cell)는 아주 희미한 빛을 감지하지만 색을 인지하지는 못한다. 당연히 고양이과 동물 등 야행성 동물의 망막에는 주로 간상세포가 분포되어 있다. 추체세포는 망막 후중앙에 밀집해서 분포하지만 전체적으로 볼 때 그 숫자는 훨씬 적으며, 사람과 달리 주로 초록색과 파란색을 인지하는 것으로 알려져 있다.

또 고양이과 등 야행성 동물의 안구에서 찾아볼 수 있는 독특한 기관의 하나는

반사판(tapetum lucidum)이다. 반사판은 망막 뒤쪽에 위치하는 층상의 구조물로, 망막을 통해 빛을 반사하여 보다 밝은 상을 얻을 수 있도록 도와주는 역할을 한다. 다시 말해서 아주 희미한 불빛을 증폭시키는 역할을 하며, 고양이과 동물의 눈이 밤에 빛을 발하는 이유는 바로 반사판의 작용 때문이다.

망막의 시신경 분포 양상은 종에 따라 큰 차이를 보인다. 사람의 경우 간상세포는 망막의 주변부에 저밀도로 분포하지만 후중앙부로 가면서 점차 그 밀도가 증가하며, 추체세포는 망막의 후중앙부에 위치한 황반(macula, yellow spot)에 집중적으로 분포한다. 특히 황반의 중심부는 중앙와(central fovea)라 불리는데, 이 부분은 옴폭하게 들어가 있어서 추체세포의 밀도를 더욱 증가시키는 역할을 한다. 이런 시신경 분포 양상으로 인해 사람은 밝은 낮 동안의 시력과 색 인지 능력은 탁월한 반면 야간의 사물 인지 능력은 떨어진다.

고양이과 동물은 이와 달라서, 사람에서 볼 수 있는 황반 구조가 없는 대신에 **시선조**(visual streak)라 불리는 좌우로 긴 띠 모양의 영역에 시신경들이 집중적으로 분포한다. 이런 시세포의 분포 양상은 수평 방향의 미세한 움직임도 쉽게 인지할 수 있도록 하기 위함이다. 특히 치타의 경우에는 시선조가 아주 가늘고 긴 모양을 하고 있어서 평원에서 먹잇감의 움직임을 인지하는 탁월한 능력을 갖고 있다.

치타는 주로 낮 동안에 사냥하는 것으로 알려져 있다. 하지만 주로 야간에 사냥하는 고양이과 동물들이라 할지라도 낮 동안에 전혀 활동하지 않는 것은 아니다. 따

A

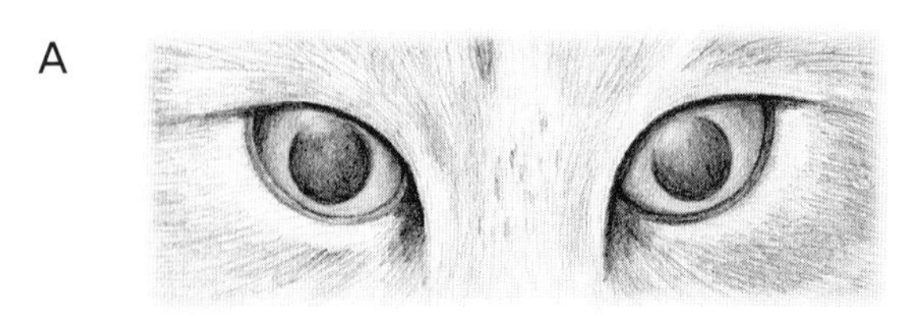

B

그림 3-5

고양이의 동공 변화. 고양이의 눈은 어둠 속에서는 동공을 최대로 개방하여 극히 적은 광량까지 인지할 수 있다(A). 반면에 빛이 강한 환경에 노출되면 째진 틈으로 보일 정도로 동공을 축소할 수 있다(B). 이런 큰 범위의 동공 변화는 모양체근의 형태와 배열 차이에 기인한다.

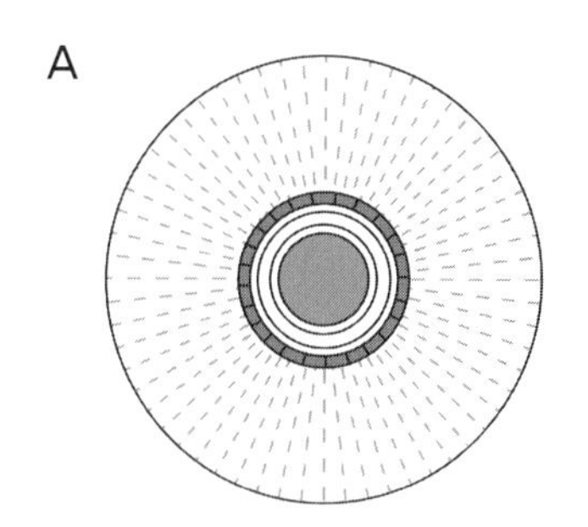

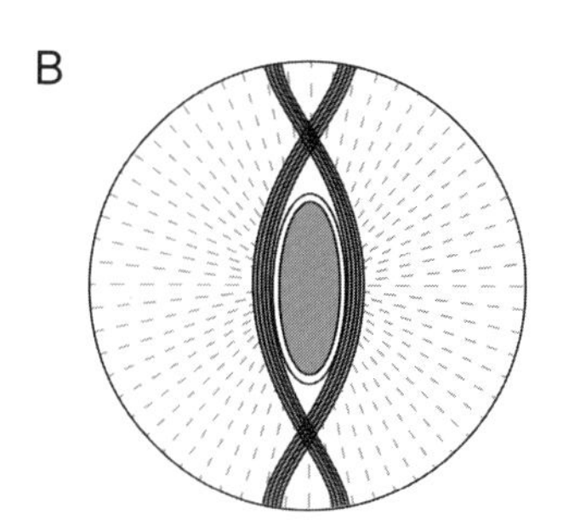

그림 3-6

모양체근의 구조. 사람의 동공(A)은 원형으로 배열된 짧은 모양체근에 의해 조절되기 때문에 큰 폭으로 크기가 변할 수 없다. 반면에 고양이의 동공(B)은 세로로 길게 배열되어 서로 교차하는 모양체근에 의해 조절되기 때문에, 동그랗고 큰 형태에서 가늘게 째진 형태까지 큰 폭으로 변화할 수 있다.

라서 고양이과 동물들은 낮과 밤의 극한 광량 차이를 수용하기 위해 동공의 크기를 상당한 정도로 조절할 수 있는 능력을 가지고 있다. 즉, 어두운 환경에서는 동공이 확장하여 크고 동그란 모습을 하지만 밝은 대낮에는 아주 가늘게 찢어진 모습으로 동공을 수축할 수 있다(그림 3-5).

사람의 경우에는 동공 주위로 **모양체근**(ciliary muscle)이 원형으로 배열되어 있는데, 모양체근의 길이가 매우 짧아서 동공의 크기를 크게 변화시키기가 어렵다. 반면에 고양이과 동물에서는 상하로 길게 배열된 좌우의 모양체근이 서로 교차하는 모습을 하고 있기 때문에 타원형의 동공을 크게 열거나 아주 작게 수축시키는 것이 가능하다(그림 3-6). 이런 안구 구조는 모든 고양이과 동물의 공통적인 특징이지만, 동공의 형태는 종에 따라 다소 차이를 보인다. 집고양이는 강한 빛에 대해 아주 가는 틈새 정도로 동공을 축소할 수 있지만, 대형 고양이과 동물들은 타원형 정도로 동공을 수축시킬 수 있다. 시베리아, 몽골, 티벳 등지에 서식하는 마눌고양이(pallas cat, *Felis manul*)의 경우는 강한 빛에 반응하여 작은 원형으로 동공을 축소시키는 것으로 알려져 있다.

눈과 관련하여 포식자로서 요구되는 조건 중의 하나는 정확한 거리감의 인지다. 특히 빠른 먹잇감을 사냥해야 한다거나 나무 사이를 뛰어서 이동해야 하는 경우 정확한 거리감은 필수적이다. 당연히 대부분의 고양이과 동물들은 포식자 중에서도 이런 능력이 뛰어나다.

거리감은 **양안시**(binocular vision)에 의해 얻어진다. 좌우의 눈은 시야의 범위에 차이가 있는데, 전방의 중앙 부분에는 양쪽 눈의 시각이 중복되는 부분이 생기며 이를 통해 대뇌는 입체감과 거리감을 얻을 수 있는 것이다. 따라서 양쪽 눈이 앞쪽으로 서로 가까이 위치할수록 시각의 중복이 커져서 보다 정확한 거리감을 얻을 수 있으며, 반대로 양쪽 눈이 바깥쪽으로 사이가 벌어져서 위치할수록 볼 수 있는 시야는 넓어지는 대신에 입체감은 크게 떨어진다. 이처럼 양쪽 눈이 벌어져 있는 각도, 즉 양안의 시축 각도는 동물에 따라 크게 달라서 사자는 10°, 개는 30~50°, 노루는 100°, 토끼는 170°이다. 사자, 개 등의 포식자들에게는 사냥을 위해 전방의 정확한 거리감이 필요하지만, 먹잇감이 되는 초식 동물들은 주변 경계를 위해 보다 넓은 시야가 요구되기 때문이다.

검치호랑이의 경우 연부 조직이 화석으로 보존된 예가 아직 없기 때문에 이들의 안구 구조가 어떠했는지 정확히 알기는 어렵다. 하지만 두개골 화석에서 안와(orbit)의 위치를 볼 때, 이들이 현생 고양이과 동물들과 유사한 양안시를 가지고 있었음은 분명해 보인다. 그런데 안구의 크기에 있어서는 계통에 따라 다소 차이를 보인다. 마케이로두스(*Machairodus*)는 상대적으로 작은 안와를 가지고 있는데, 이는 아마도 이들이 주로 주간에 활동했기 때문인 것으로 생각된다. 만약 이들이 야행성의 사냥 패턴을 가지고 있었다면 보다 큰 안와가 필요했을 것이다. 보다 늦게 등장한 호모테리움(*Homotherium*)에서는 안와의 상대적인 크기가 조금 더 커진 것을 알 수 있는데, 이는 마케이로두스에 비해 야행성 활동의 비중이 그만큼 더 커졌기 때문으로 유추해 볼 수 있다.

3. 귀

고양이과 동물의 가청 영역은 200Hz~100kHz로, 사람의 20Hz~20kHz를 크게 넘어선다. 고양이과 동물의 청력은 사냥의 대상이 되는 동물들의 생태와 밀접하게 연관되어 있는 것으로 보인다. 설치류는 중소형 고양이과 동물들의 흔한 먹잇감 중 하나인데, 이들은 무리 내의 의사소통을 위해 초음파를 사용한다고 알려져 있다. 초음파는 사람의 가청 영역을 벗어나는 20kHz 이상의 음파를 말한다. 물론 사람의 귀로는 들을 수 없는 소리다.

그렇다면 설치류는 왜 의사소통을 위해 초음파를 사용하는가? 이는 초음파가 사람이 들을 수 있는 음파에 비해 멀리 전달되지 않기 때문에 제한적이고 밀집된 지역에서 작은 동물들의 의사소통에 적합하기 때문이라고 한다. 설치류 동물들이 사용하는 초음파 영역은 20~50kHz 정도로 고양이과 동물들의 가청 영역 내에 포함된다. 즉 고양이과 동물들은 먹잇감이 되는 설치류가 아주 작게 찍찍거리는 소리를 민감하게 포착할 수 있는 것이다.

그러나 고양이과 동물들이 고주파수의 소리를 감지할 수 있다고 해서 모든 문제가 해결되는 것은 아니다. 왜냐하면 포식자로서는 먹잇감들의 움직임에 의한 작고 낮은 주파수의 소리도 감지할 수 있어야 하기 때문이다. 고양이과 동물은 커다란 **이개**(auricle, pinna, 귓바퀴)로 작고 낮은 주파수의 소리를 보다 효과적으로 감지할 수 있다. 서벌(serval)은 상대적으로 가장 큰 이개를 가지고 있는 고양이과 동물로서, 이들의 큰 귀는 설치류가 수풀 속에서 움직이는 소리를 민감하게 감지할 수 있다. 카라칼(caracal) 역시 사막이나 건조한 초원 지대에서 설치류의 움직임을 쉽게 탐지하기 위해 커다란 이개를 가지고 있다(그림 3-7). 일반적으로 사막 지대의 덥고 건조한 공기는 음파를 많이 흡수하기 때문에 아주 희미한 소리를 알아채기 위해 커다란 이개를 가지고 있는 경우가 흔하다.

청각과 관련하여 고양이과 동물의 또다른 특징은 **청각융기**(auditory bulla, tympanic bulla, 고실융기)가 크게 발달되어 있다는 것이다. 청각융기는 두개저에 동그랗게 튀어나와 있는 구조물로, 그 안에는 소리를 전달하기 위한 작은 이소골(auditory ossicle)들이 들어 있다. 고양이과 동물에서 청각융기는 뼈로 된 격막

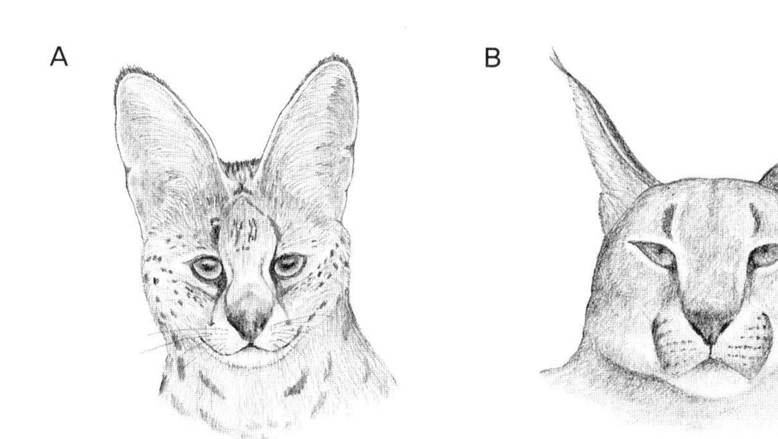

그림 3-7

이개의 형태. 고양이과 동물의 이개는 거의 유사하지만 종에 따라서는 독특한 형태를 하고 있다. 서벌은 수풀 속에서 작은 설치류의 움직임을 감지하기 위해 고양이과 동물 중에서 상대적으로 가장 큰 귀를 가지고 있으며(A), 카라칼 역시 건조한 지역에서 미세한 소리를 감지할 수 있도록 큰 귀를 가지고 있다(B).

(septum)에 의해 2개의 공간으로 완전히 분리되는데, 이런 구조는 님라비드나 다른 식육목의 동물들과 구별되는 특징이다(제8장 참조, 그림 8-3, 8-9).

이처럼 고양이과 동물들이 잘 발달된 청각융기를 가지고 있는 것은 사실이지만, 그 발달 정도는 계통에 따라 다소 차이를 보인다. 일반적으로 사막이나 사바나 지역에 서식하는 고양이과 동물들은 산림이나 밀림 지역에 사는 종류에 비해 상대적으로 더 큰 청각융기를 갖고 있다. 이런 특징은 고양이과 동물뿐 아니라 사막이나 건조한 스텝을 서식지로 하는 캥거루쥐(kangaroo rat), 페넥여우(fennec fox) 등 다른 동물들에서도 발견된다. 아직 명확하게 밝혀진 것은 아니지만, 이에 대해 많은 학자들은 소리가 흡수되는 사막 지역의 특성으로 인해 아주 희미한 소리를 감지할 필요성 때문인 것으로 이해하고 있다.

사람은 귀를 움직일 수 없지만 고양이과 동물의 이개에는 대략 20~30개 정도의 근육이 부착되어 있어서 귀를 180° 돌린다거나 양쪽 귀를 따로 움직이는 등 상당히 자유롭게 움직일 수 있다. 이런 귀의 움직임은 무리 내에서의 의사소통에도 중요한 역할을 한다. 평상시 이완 상태에서는 앞쪽을 향하면서 약간 뒤쪽으로 젖혀진 모습을 하지만 공격적인 상황이 되면 귀를 쫑긋하게 세우고, 반대로 위협적인 상황에는 귀를 편평하게 눕히기도 한다.

검치호랑이가 생존 당시에 어떤 형태의 귀를 가지고 있었는지, 그리고 이들의 귀 움직임이 어떠했는지를 화석 기록만으로 정확히 파악하기는 어렵다. 그러나 이들의 두개골 골격을 살펴보면 중이(middle ear), 내이(inner ear) 등의 골격 구조와 외이도(external auditory meatus)의 위치 등이 현생 고양이과 동물들과 크게 다르지 않기 때문에 이개의 외형적인 형태는 매우 유사했을 것으로 짐작된다.

4. 코

고양이과 동물의 후각은 개과 등 다른 식육목 동물에 비해 그리 발달되어 있지 않아서 먹잇감의 사냥에 후각을 이용하는 경우는 그리 흔하지 않다. 고양이과 동물의 후각중추(olfactory bulb)는 다른 포식자들에 비해 상대적으로 작다. 후각이 잘 발달한 개과 동물의 경우에는 후각중추가 전체 대뇌 용적의 5% 정도인 반면, 고양이과 동물에서는 2.9% 정도인 것으로 알려져 있다. 또한 개과 동물의 주둥이(muzzle)는 길게 발달하여 **비강**(nasal cavity) 자체가 훨씬 크기 때문에 냄새를 감지하는 후각상피(olfactory epitherium)의 분포 면적 역시 고양이과 동물에 비해 4~6배 정도 더 넓다.

비강의 또다른 기능은 흡입하는 공기를 데우고 이물질을 걸러 내는 것이다. 당연히 많은 양의 공기를 흡입하기 위해서는 커다란 비강을 필요로 한다. 대부분의 고양이과 동물들은 주둥이가 짧고 비강이 작지만 치타만은 유난히 큰 비강을 가지고 있는데, 이는 예민한 후각을 반영하는 것은 아니며 사냥 패턴에 따른 호흡 기능과 밀접한 관계가 있는 것으로 보인다. 치타는 사냥을 위해 단거리를 고속으로 주행하기 때문에 질주시 많은 양의 공기를 흡입해야만 한다. 또한 치타는 먹잇감의 목을 물어서 질식시키는 사냥 기술을 가지고 있기 때문에, 폭발적인 주행 후 먹잇감이 죽을 때까지 자신의 호흡을 유지하기 위해서도 큰 비강이 필요한 것이다.

고양이과 동물의 후각은 상대적으로 뛰어나지 않아서 사냥시 후각에 크게 의존

그림 3-8

영역 표시. 고양이과 동물의 후각은 잘 발달되어 있지 않기 때문에 사냥에 후각이 이용되는 경우는 그리 흔하지 않지만, 영역 표시 및 발정기에는 중요한 역할을 한다.

그림 3-9

플레멘 표정. 잇몸이 드러나도록 안면을 찡그리는 것을 플레멘 표정이라고 한다. 수컷의 입천장에는 제이콥슨 기관이라는 독특한 후각 기관이 있는데, 잇몸을 드러내면 암컷의 페로몬과 제이콥슨 기관의 직접적인 접촉이 증가하여 암내를 더욱 효과적으로 맡을 수 있게 된다.

하지는 않지만, 같은 종 사이에서의 의사소통 수단으로는 중요한 역할을 한다. 대부분의 포식 동물과 마찬가지로 냄새는 영역 표시의 중요한 수단이다. 이들의 생식기나 머리 부분에는 독특한 냄새를 발산하는 샘(gland)이 있어서 오줌을 뿌리거나 머리를 나무에 비빔으로써 자신의 영역을 표시한다(그림 3-8). 또한 수컷은 후각을 이용하여 발정기 동안 암컷이 발산하는 암내를 감지하여 암컷이 교미 준비가 되어 있는지 알아내기도 한다.

고양이과 동물, 특히 수컷의 경우에는 안면을 찡그리면서 잇몸을 드러내는 표정을 짓곤 하는데, 이를 **플레멘 표정**(flehmen gesture)이라고 한다(그림 3-9). 플레멘 표정은 암컷의 발정기와 밀접한 관계가 있다. 수컷의 입천장에는 제이콥슨 기관(Jacobson's organ)이라는 주머니 비슷하게 생긴 후각 기관이 있는데, 잇몸을 드러내면 암컷의 오줌에 포함된 페로몬과 제이콥슨 기관의 직접적인 접촉이 증가하기 때문에 암내를 더욱 잘 맡을 수 있는 것이다.

5. 수 염

수염(whisker)은 안면부에 분포하는 체모의 일종으로 촉감을 감지하는 역할을 한다. 개, 너구리 등 모든 식육목 동물들이 수염을 가지고 있지만 고양이과 동물에서는 특히 잘 발달되어 있다. 식육목 동물의 수염은 크게 뺨 부위의 **협부 수염**(genal whisker), 눈썹 위쪽의 **상미모부 수염**(superiliary whisker), 주둥이 부위의 **비구부 수염**(mystacial whisker), 그리고 턱 아래쪽에 나는 **악하 수염**(inter-ramal whisker)의 네 가지로 구분되는데, 고양이과 동물에서는 악하 수염을 제외한 나머지 세 가지 종류의 수염이 관찰된다(그림 3-10). 고양이과 동물에서 악하 수염이 발견되지 않는 이유는 정확히 알 수 없으나, 지표면에 바싹 붙어서 대상을 감지할 필요가 없기 때문인 것으로 짐작된다.

고양이과 동물은 비구부 수염이 가장 잘 발달되어 있으며, 또한 가장 중요한 역할을 한다. 평상 시에는 바깥쪽을 향하지만 걸을 때는 앞쪽을 향하고, 순종적인 태도를 보이거나 냄새를 맡을 때는 뒤쪽을 향하는 등 상황에 따라 자유롭게 움직이며, 특히 먹잇감을 깨물 때는 보다 정확한 촉감을 얻기 위해 비구부 수염이 앞쪽으로 말

그림 3-10

퓨마의 수염. 고양이과 동물에서는 뺨 부위의 협부 수염, 눈썹 위쪽의 상미모부 수염, 주둥이 부위의 비구부 수염 등 세 가지 종류의 수염이 관찰된다.

려 먹잇감에 직접 닿는다.

비구부 수염은 우리가 생각하는 것 이상으로 촉감에 아주 예민하다. 예를 들어 집고양이의 비구부 수염을 모두 자르면 먹잇감을 찾고 깨무는 능력, 그리고 새를 사냥하거나 잡은 먹잇감을 끌고 가는 능력 등이 현격하게 떨어진다는 실험 결과가 여러 번 보고된 바 있다. 이처럼 고양이과 동물의 수염이 예민한 이유는 수염이 나는 수염판(vibrissal pad) 부분에 감각 신경이 많이 분포되어 있기 때문이다.

이런 뛰어난 촉감 인지 능력이 집고양이뿐 아니라 호랑이, 사자, 표범 등의 대형 고양이과 동물에서도 마찬가지로 중요한 역할을 할까? 새, 쥐 등의 작은 먹잇감이 아닌, 대형 초식 동물을 사냥하는 데는 주로 시각과 청각이 사용되기 때문에 이런 촉각 능력이 크게 기여한다고 보기는 어렵다. 하지만 보고된 연구 결과에 의하면 대형 고양이과 동물 역시 야간 사냥이나, 사냥감을 쓰러뜨린 후 숨통 부분을 정확히 찾는 데는 비구부 수염의 촉감 능력을 이용한다고 한다.

그렇다면 검치호랑이의 수염은 어떨까? 이들의 생존 당시 모습을 정확히 복원할 수는 없지만 두개골 화석의 해부학적인 특징을 통해 대략적인 추정은 가능하다. 비구부 수염은 하안와 신경(infraorbital nerve)의 지배를 받는데, 이 신경은 안구 하방에 있는 하안와공(infraorbital foramen)을 통해 안면 쪽으로 나온다. 따라서 일반적으로 하안와공이 클수록 하안와 신경이 잘 발달해 있으며, 거기에 따른 비구부 수염의 촉감 인지 능력도 뛰어난 것으로 볼 수 있다. 스밀로돈(*Smilodon*)과 메간테레온(*Megantereon*)의 두개골 화석에서도 이러한 해부학적인 특징을 찾아볼 수 있다.

또한 검치호랑이의 긴 송곳니는 사냥시 먹잇감이 요동치거나 뼈에 직접 부딪히면 부러지기 쉽다는 취약성을 가지고 있다. 따라서 정확한 공격 부위를 탐지하여 먹잇감에 일격을 가하기 위해서는 현생 고양이과 동물보다 더욱 예민한 비구부 수염의 촉각 능력이 필요했을 가능성도 있다.

Chapter 4

두개골

1. 신경두개
2. 안면 골격
3. 이빨

제4장 두개골

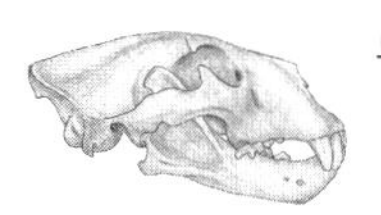

두개골은 검치호랑이를 비롯한 척추동물의 화석 연구에 있어서 가장 중요하고 흥미로운 부분의 하나다. 왜냐하면 두개골은 뇌, 안구, 비강, 턱 등 생존에 필수적인 기관들을 지지하는 중요한 역할을 수행할 뿐만 아니라 한 종의 여러 특징을 함축적으로 내포하고 있기 때문이다. 즉, 이미 멸종되어 사라진 종이라 하더라도 두개골의 해부학적인 특징을 분석함으로써 생존 당시의 섭식 형태나 사냥 패턴, 활동성 등 많은 부분을 유추해 낼 수 있다. 이 장에서는 현생 고양이과 동물을 중심으로 한 두개골의 해부학적인 구조와 특징에 대해 알아보자.

1. 신경두개

일반적으로 고양이과 동물의 **두개골**(skull)은 전체적으로 짧고 둥근 형태를 하고 있다. 또한 주둥이를 구성하는 부분이 매우 짧고, 안와 부분이 상당히 크며, 이빨의 개수가 적은 특징을 보인다(그림 4-1, 4-2, 4-3, 4-4). 그러나 이런 일반적인 특징은 현생종과 화석 종, 소형 고양이과 동물과 대형 고양이과 동물, 성별, 성장 정도 등에 따라서 다소간의 차이를 보이며, 또한 종에 따라서는 다른 종과 확연히 구별되는 특징적인 형태를 하고 있어서 종을 식별하는 중요한 기준이 되기도 한다.

두개골은 크게 신경두개(cranium)와 안면 골격(facial skeletons)의 두 부분으로 구분된다. 신경두개는 뇌를 감싸서 보호하는 부분으로, 전체적으로 둥근 돔 형태이며 뒤쪽으로 척추에 의해 지지된다. 안면을 구성하는 뼈들은 신경두개에 비해 훨씬 복잡한 형태를 하고 있는데 이는 기본적으로 안구, 코, 턱 등 여러 기관을 수용하기 위함이지만, 한편으로는 외부 충격을 흡수함으로써 보다 중요한 생존 기관인 뇌를 보

그림 4-1

고양이의 두개골(위에서 본 모습)

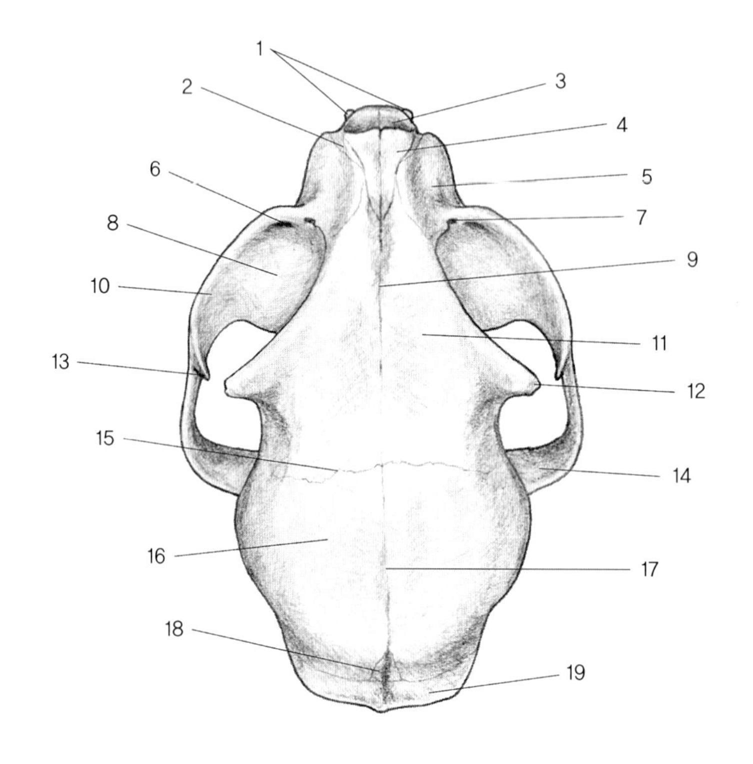

1. 절치(incisor teeth)
2. 전상악골(premaxilla)
3. 외비공(exernal nares)
4. 비골(nasal bone)
5. 상악골(maxilla)
6. 하안와공(infraorbital foramen)
7. 비누관(nasolacrimal canal)
8. 안와(orbit)
9. 전두봉합(frontal suture)
10. 관골(zygoma)
11. 전두골(frontal bone)
12. 전두골의 후안와돌기 (posterior orbital process, frontal bone)
13. 관골의 후안와돌기 (posterior orbital process, zygoma)
14. 측두골(temporal bone)
15. 관상봉합(coronal suture)
16. 두정골(parietal bone)
17. 시상봉합(sagittal suture)
18. 두정간골(interparietal bone)
19. 후두골(occipital bone)

호하려는 목적도 가지고 있다. 즉, 외부에서 충격이 가해지면 삼차원적으로 복잡하게 생긴 안면 골격이 이차원적 형태의 신경두개에 비해 쉽게 골절됨으로써 뇌로 가는 충격을 흡수하는 역할을 한다. 마치 자동차 사고시 엔진 룸 부분이 찌그러짐으로써 운전자에게 미치는 충격을 완화하는 것과 유사한 작용을 하는 것이다.

신경두개는 앞쪽으로 전두골(frontal bone), 뒤쪽으로 두정골(parietal bone), 두정간골(interparietal bone), 후두골(occipital bone), 그리고 옆쪽으로 측두골

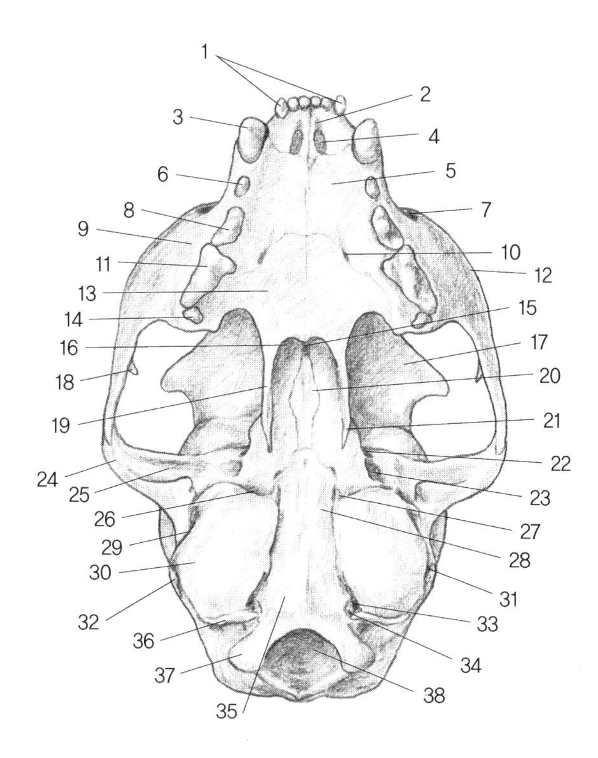

그림 4-2

고양이의 두개골(아래에서 본 모습)

1. 절치(incisor teeth)
2. 전상악골의 구개돌기 (palatine process of premaxilla)
3. 견치(canine tooth)
4. 절치공(incisive foramen)
5. 상악골의 구개돌기 (palatine process of maxilla)
6. 제1소구치(first premoalr tooth)
7. 하안와공(infraorbital foramen)
8. 제2소구치(second premoalr tooth)
9. 상악골의 관골돌기 (zygomatic process of maxilla)
10. 후구개공(posterior palatine foramen)
11. 제3소구치(third premolar tooth)
12. 관골(zygoma)
13. 구개골(palatine bone)
14. 대구치(molar tooth)
15. 서골(vomer)
16. 내비공(internal nares)
17. 전두골(frontal bone)
18. 관골의 후안와돌기 (posterior orbital process, zygoma)
19. 기저접형골의 익상돌기 (pterygoid process, basisphenoid)
20. 전접형골(presphenoid bone)
21. 익상돌기구 (hamurus of pterygoid process)
22. 정원공(foramen rotundum)
23. 난원공(foramen ovale)
24. 측두골의 관골돌기 (zygomatic process of temporal bone)
25. 하악와(mandibular fossa)
26. 유스타키오관의 통로 (cannal for Eustachian tube)
27. 경상돌기(styliform process)
28. 기저접형골(basisphenoid bone)
29. 외이도(external auditory meatus)
30. 고실융기(tympanic bulla)
31. 경상유돌공(stylomastoid foramen)
32. 측두골의 유양돌기 (mastoid process of temporal bone)
33. 경정맥공(jugular foramen)
34. 설하공(hypoglossal foramen)
35. 후두골(occipital bone)
36. 경정맥돌기(jugular process)
37. 후두과(occipital condyle)
38. 대공(foramen magnum)

그림 4-3

고양이의 두개골(옆에서 본 모습)

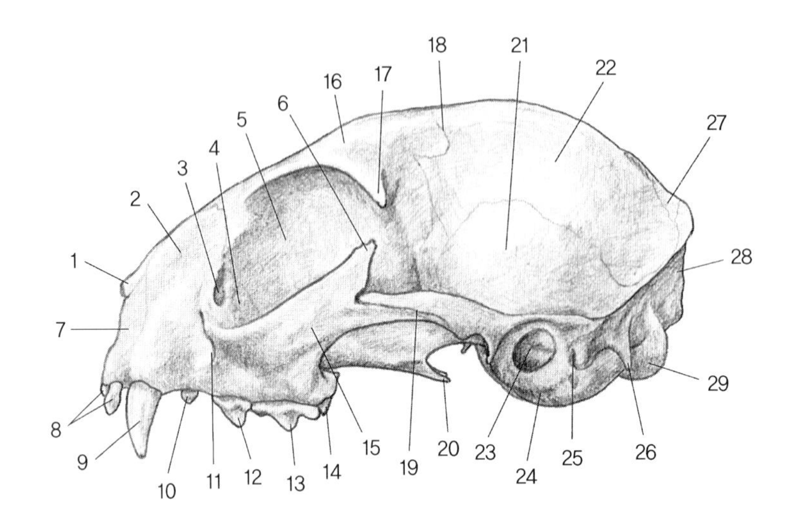

1. 비골(nasal bone)
2. 상악골(maxilla)
3. 비누관(nasolacrimal canal)
4. 누골(lacrimal bone)
5. 안와(orbit)
6. 관골의 후안와돌기
 (posterior orbital process, zygoma)
7. 전상악골(premaxilla)
8. 절치(incisor teeth)
9. 견치(canine tooth)
10. 제1소구치(first premolar tooth)
11. 하안와공(infraorbital foramen)
12. 제2소구치(second premolar tooth)
13. 제3소구치(third premolar tooth)
14. 대구치(molar tooth)
15. 관골(zygoma)
16. 전두골(frontal bone)
17. 전두골의 후안와돌기
 (posterior orbital process, frontal bone)
18. 관상봉합(coronal suture)
19. 관골궁(zygomatic arch)
20. 익상돌기구(hamurus of pterygoid process)
21. 측두골(temporal bone)
22. 두정골(parietal bone)
23. 외이도(external auditory meatus)
24. 고실융기(tympanic bulla)
25. 경상유돌공(stylomastoid foramen)
26. 후두골의 경정맥돌기
 (jugular process of occipital bone)
27. 두정간골(interparietal bone)
28. 후두골(occipital bone)
29. 후두과(occipital condyle)

(temporal bone)로 구성되는데, 각각의 뼈들은 약간 둥그런 평면적인 형태를 하고 있어서 안면 골격을 구성하는 뼈들에 비해서 그 구조가 훨씬 단순하다(그림 4-1, 4-3, 4-4). 그러나 이들 뼈의 안쪽 면은 뇌와 직접 접촉하는 부분으로서 뇌를 수용하기에 적합하도록 조금 복잡한 형태를 하고 있다.

안와(orbit)의 뒤쪽, 그리고 관골궁(zygomatic arch)의 위쪽으로 약간 함몰되어 있는 넓은 측두골 부분은 측두와(temporal fossa)라 하는데, 여기에 턱관절을 움직이는 중요한 근육 중의 하나인 측두근(temporal muscle)이 부착된다. 이곳에서 시작한 측두근은 관골궁의 안쪽을 통과, 하악골의 근육돌기(coronoid process)에 부착하여

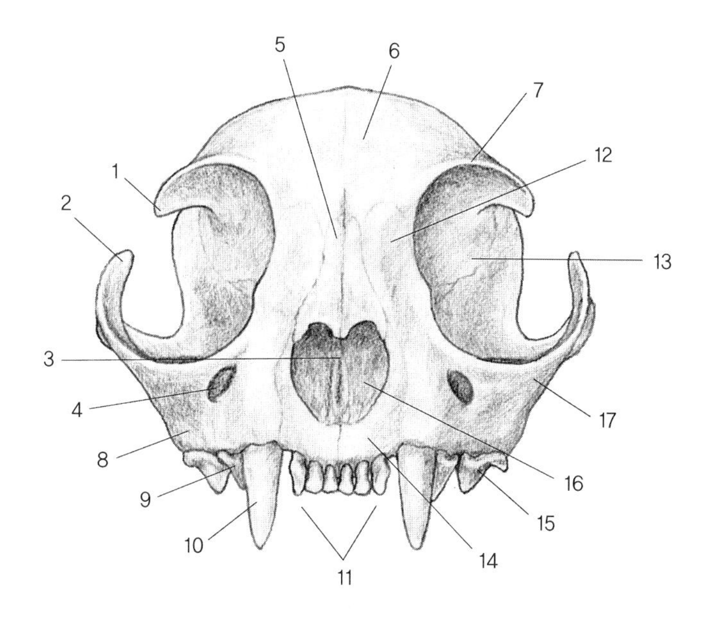

1. 전두골의 후안와돌기 (posterior orbital process, frontal bone)
2. 관골의 후안와돌기 (posterior orbital process, zygoma)
3. 서골(vomer)
4. 하안와공(infraorbital foramen)
5. 비골(nasal bone)
6. 전두골(frontal bone)
7. 상안와연(supraorbital rim)
8. 상악골(maxilla)
9. 제2소구치(second premolar tooth)
10. 견치(canine tooth)
11. 절치(incisor teeth)
12. 상악골의 전두돌기 (frontal process of maxilla)
13. 안와(orbit)
14. 전상악골(premaxilla)
15. 제3소구치(third premolar tooth)
16. 외비공(exernal nares)
17. 관골(zygoma)

그림 4-4

고양이의 두개골(앞에서 본 모습)

턱을 다무는 기능을 수행한다.

신경두개를 위쪽에서 보면 좌우 대칭적인 형태를 하고 있으며, 양쪽의 전두골과 두정골은 각각 중앙에서 결합하여 전두봉합(frontal suture)과 시상봉합(sagittal suture)을 이룬다. 전두골과 두정골이 결합하는 부분은 관상봉합(coronal suture)이라 하며, 시상봉합과 관상봉합은 두정부(vertex)에서 서로 직각으로 교차한다(그림 4-1).

신경두개의 뒤쪽으로는 뇌로부터 나오는 척수(spinal cord)가 지나가는, 대공(foramen magnum)이라 불리는 커다란 구멍이 있다. 대공의 옆으로는 매끈한 관절

그림 4-5

고양이의 두개골(뒤에서 본 모습)

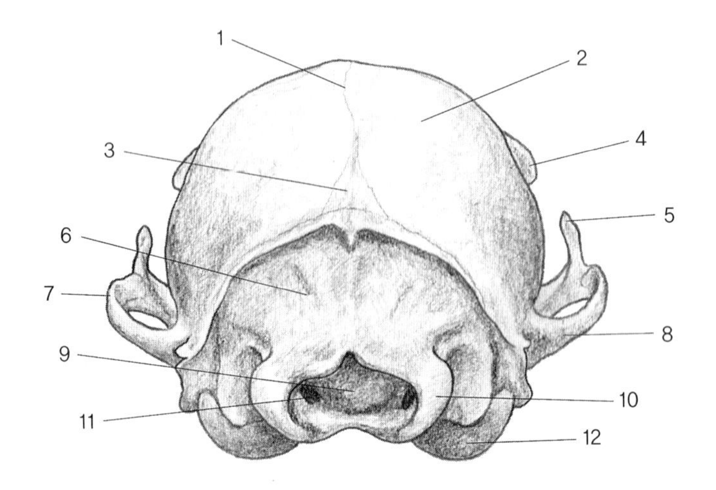

1. 시상봉합(sagittal suture)
2. 두정골(parietal bone)
3. 두정간골(interparietal bone)
4. 전두골의 후안와돌기
(posterior orbital process, frontal bone)
5. 관골의 후안와돌기
(posterior orbital process, zygoma)
6. 후두골(occipital bone)
7. 관골궁(zygomatic arch)
8. 측두골(temporal bone)
9. 대공(foramen magnum)
10. 후두과(occipital condyle)
11. 설하공(hypoglossal foramen)
12. 고실융기(tympanic bulla)

면의 후두과(occipital condyle)가 돌출되어 있어서 척추 뼈와 연결되며, 대공의 위쪽으로 요철이 심한 후두골의 표면은 목 근육의 부착점 역할을 한다(그림 4-5).

신경두개를 아래쪽에서 보면 외이도(external auditory meatus) 근처의 측두골 부위가 둥그렇게 융기되어 있는데, 이를 고실융기(tympanic bulla) 혹은 청각융기(auditory bulla)라 한다(그림 4-2, 4-3). 고실융기 안에는 귀를 통해 감지한 소리를 청각중추로 전달하는 이소골(ear ossicle)이 들어 있으며, 청각이 발달한 고양이과 동물에서는 이 부분이 매우 크게 발달되어 있다. 고실융기의 내부 구조는 계통에 따라 다르기 때문에 검치호랑이의 분류에 있어서 중요한 기준점이 된다(제8장 참조, 그림 8-3, 8-9).

고양이과 동물의 두개골을 종에 따라 비교해 보면 소형에서 대형 동물로 갈수록 두개골 전체 크기에 대한 안와와 신경두개의 상대적인 크기가 작아지는 것을 알 수 있다. 다시 말해서 소형 고양이과 동물은 상대적으로 큰 안구와 뇌를 가지고 있으며, 이 기관들이 체구가 큰 만큼 비례해서 크지는 않다는 것을 의미한다. 이는 소

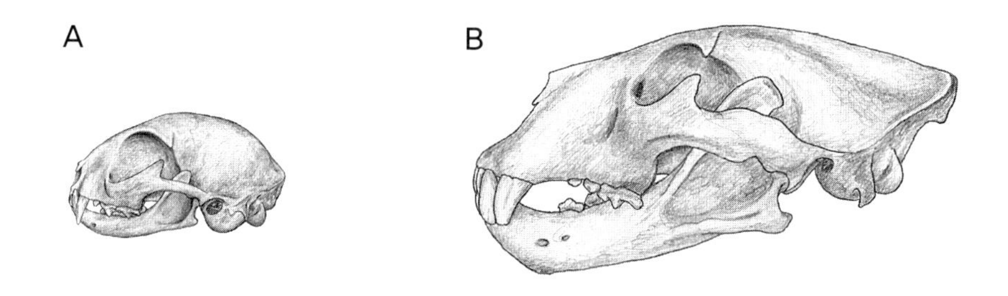

그림 4-6

두개골의 크기에 따른 형태의 차이. 대형 고양이과 동물은 소형 고양이과 동물에 비해 상대적으로 작은 안와와 신경두개를 가지고 있다. 이는 안구와 뇌의 이상적인 크기가 전체적인 체구 변화에 비례해서 커지지 않는다는 것을 의미한다. 그러나 대형 고양이과 동물에서는 강한 턱 근육의 부착점을 필요로 하며, 이를 위해 신경두개 부분에 시상능선이 잘 발달되어 있다. A. 아프리카살쾡이, B. 사자

형 고양이과 동물의 안구나 뇌가 기능 수행을 위한 최소 크기를 유지하고 있기 때문이며, 또한 이런 구조물의 크기가 대형 고양이과 동물에서도 비교적 적합하게 기능하고 있기 때문이다.

그러나 신경두개는 뇌를 감싸는 역할뿐 아니라 턱 근육의 부착점으로서의 역할도 수행하기 때문에 대형 고양이과 동물에서 상대적으로 작은 신경두개는 강한 턱

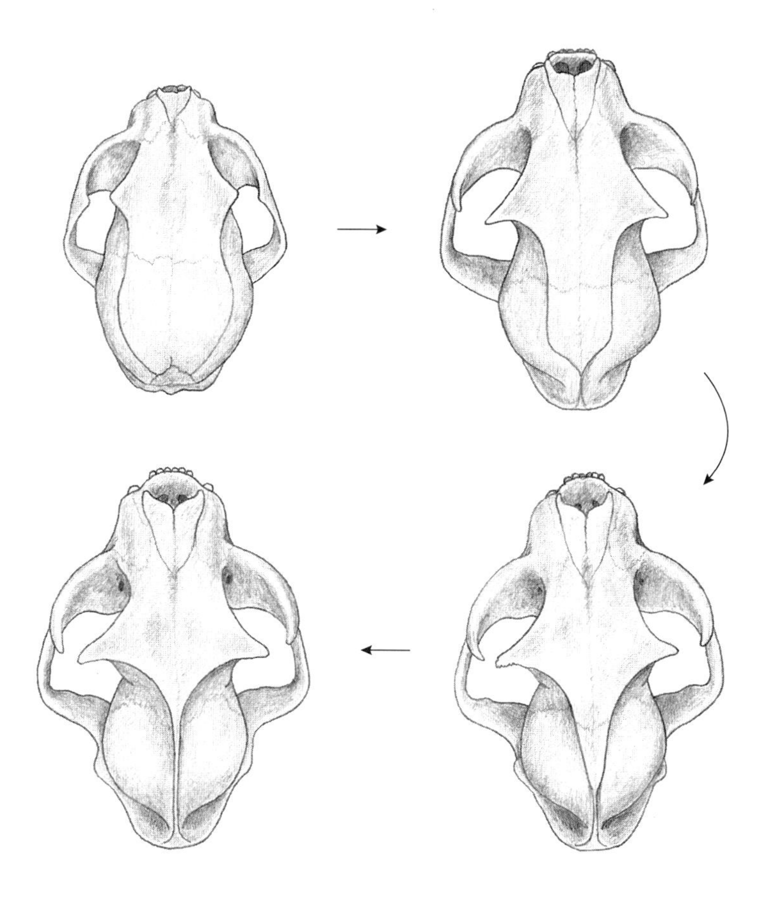

그림 4-7

시상능선의 발달. 스라소니의 시상능선은 어린 개체의 두개골에서는 관찰할 수 없으나 점차 성장해 감에 따라 뒤쪽에서부터 형성되기 시작하여, 성체에 이르면 후두부에서 두정부에 이르는 명확한 시상능선이 완성된다.

근육을 수용할 수 없게 된다. 따라서 소형 고양이과 동물의 신경두개가 둥글고 밋밋한 반면에, 대형 고양이과 동물의 신경두개는 움푹 파여 있으면서 시상능선(sagittal crest)이 잘 발달되어 있어서 턱 근육의 넓은 부착점을 제공한다(그림 4-6). 이러한 형태 차이는 같은 종 내에서도 성장 단계에 따라 나타난다. 스라소니의 경우 미성숙 개체에서는 시상능선이 나타나지 않지만 성장함에 따라 점차적으로 발달하여 성체에 이르면 시상능선이 완성된다(그림 4-7).

2. 안면 골격

안면 골격은 두개골의 전하방 부분으로서 안구, 주둥이, 턱 등을 지지한다. 안와(orbit)는 안구를 둘러싸는 움푹 들어간 부분으로 위로는 전두골, 아래쪽으로는 상악골(maxilla), 내측으로는 전두골과 누골(lacrimal bone), 외측으로는 관골(zygoma)로 구성된다(그림 4-1, 4-3, 4-4). 안와의 외측으로는 관골, 상악골의 관골돌기(zygomatic process of maxilla), 측두골의 관골돌기(zygomatic process of temporal bone)가 만나서 아치 형태의 관골궁(zygomatoc arch)을 이룬다. 관골궁의 뒤쪽으로는 측두골이 위치하며, 아래쪽으로는 하악와(mandibular fossa)라 불리는 움푹 들어간 부분이 하악골의 관절돌기(condylar process)와 결합하여 악관절(temporomandibular joint)을 형성한다(그림 4-2).

주둥이 부분은 비골(nasal bone)과 전상악골(premaxilla) 양쪽의 뼈들이 만나서 콧구멍, 즉 외비공(external nares)를 이룬다(그림 4-4). 경구개(hard palate)는 비강(nasal cavity)과 구강(oral cavity)을 구획하는, 다시 말해서 호흡과 섭식을 분리하는 뼈로서 전상악골, 상악골, 구개골(palatine bone)로 구성된다. 경구개가 끝나는 뒤쪽은 내비공(internal nares)이라 하며, 코로 흡입한 공기를 기도 쪽으로 전달하는 역할을 한다(그림 4-2).

일반적으로 고양이과 동물의 두개골은 다른 포식자에 비해 전후 길이가 짧고 둥근 형태를 하고 있기 때문에 식별에 큰 어려움은 없지만, 고양이과 동물 내에서는 종에 따라서 다소간의 차이를 보인다. 예를 들어 비슷한 체구의 표범, 재규어, 치타,

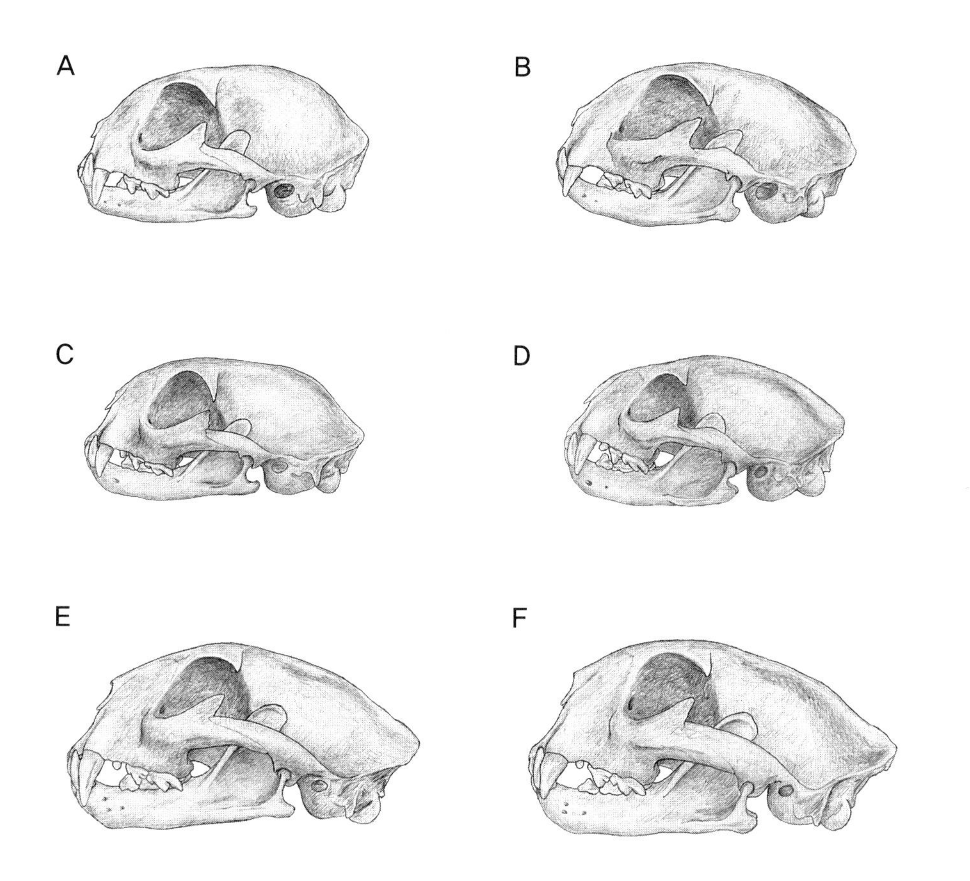

그림 4-8

두개골의 암수 차이. 일반적으로 수컷의 두개골은 암컷에 비해 좀더 크며 윤곽이 분명하다. 특히 밥캣, 오셀롯, 퓨마 등의 수컷은 콧등 부위가 두드러지게 발달되어 있다. A. 밥캣 암컷, B. 밥캣 수컷, C. 오셀롯 암컷, D. 오셀롯 수컷, E. 퓨마 암컷, F. 퓨마 수컷

퓨마를 비교해 보면 치타와 퓨마의 두개골은 짧고 둥근 반면에 재규어의 두개골은 주둥이 부위와 전체적인 길이가 길며, 표범은 그 중간 정도의 형태이다.

또한 같은 종이라 하더라도 암수에 따라 두개골의 형태에 차이를 보이는 경우도 드물지 않다. 일반적으로 수컷의 두개골은 암컷에 비해 좀더 크며, 선이 굵고 윤곽이 분명하다. 특히 밥캣, 오셀롯, 퓨마 등 많은 고양이과 동물 수컷의 콧등 부위가 두드러지게 발달된 경우를 드물지 않게 찾아볼 수 있다(그림 4-8). 아마도 이런 특징은 수컷의 활동성과 상관이 있는 것으로 보인다. 이런 골격의 특징은 전력 질주 후 많은 호흡량을 필요로 하는 치타에서 더욱 두드러진다.

흔히 턱뼈라 불리는 하악골(mandible)은 앞쪽의 수평 부분인 하악체(body)와 뒤쪽에서 수직으로 꺾여 올라가는 하악지(ramus)의 두 부분으로 구분된다(그림 4-9). 하악체는 이빨을 포함하는 부분으로서, 좌우의 하악체가 전방 중앙에서 단단히

그림 4-9

고양이의 하악골

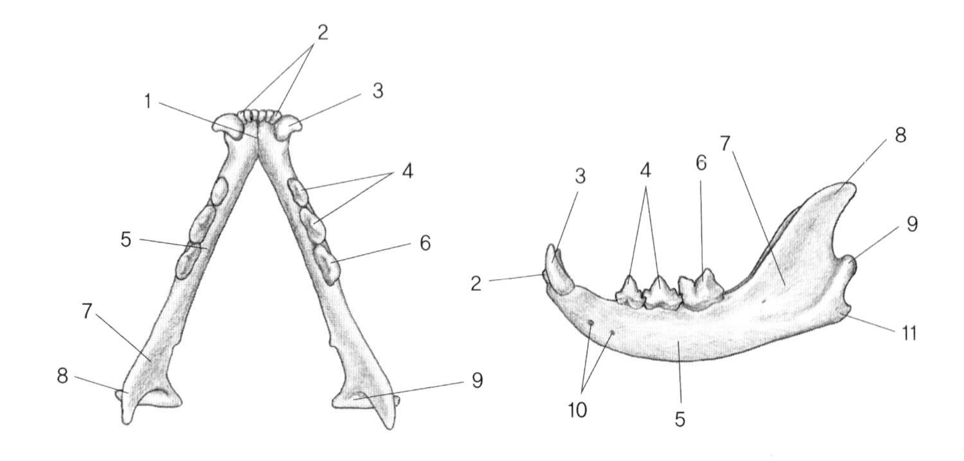

1. 하악결합(symphysis)
2. 절치(incisor teeth)
3. 견치(canine tooth)
4. 소구치(premolar teeth)
5. 하악체(body)
6. 대구치(molar tooth)
7. 하악지(ramus)
8. 근육돌기(coronoid process)
9. 관절돌기(condylar process)
10. 이공(mental foramina)
11. 악각돌기(angular process)

결합하여 하악결합(symphysis)을 형성하기 때문에 위에서 보면 전체적으로 V자 형태로 보인다. 하악체의 앞쪽으로는 이공(mental foramen)이라 불리는 1개 내지 수개의 작은 구멍이 있으며, 이곳으로 아랫입술과 턱 부위에 분포하는 감각 신경이 나온다.

일반적으로 하악체는 약간 둥글고 긴 형태를 하고 있지만, 검치호랑이나 유대류 검치호랑이 중 긴 검치를 가지고 있는 계통에서는 하악체의 앞쪽이 아래쪽으로 길게 확장된 형태를 관찰할 수 있다. 이는 하악익(mandibular flange)이라 불리는 구조물로서 긴 송곳니를 보호하는 역할을 하는데, 유스밀루스(*Eusmilus*)나 틸라코스밀루스(*Thylacosmilus*)처럼 긴 검치를 가지고 있는 계통에서 특히 잘 발달되어 있다(그림 4-10).

그러나 하악익이 아랫입술의 점막(mucous membrane)으로 덮여 있었는지 아니면 털이 난 피부로 덮여 있었는지는 아직 명확하게 밝혀지지 않았다. 다만 일부 학자들은 하악익의 표면이 울퉁불퉁하고 신경과 혈관이 지나는 작은 구멍이 다수 있다는 점을 들어 이 부분이 구륜근(orbicularis oris)의 부착점 역할을 하였으며, 구륜

A

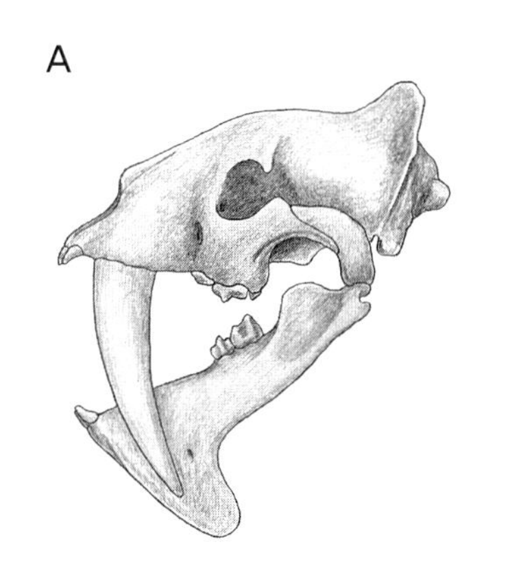

B

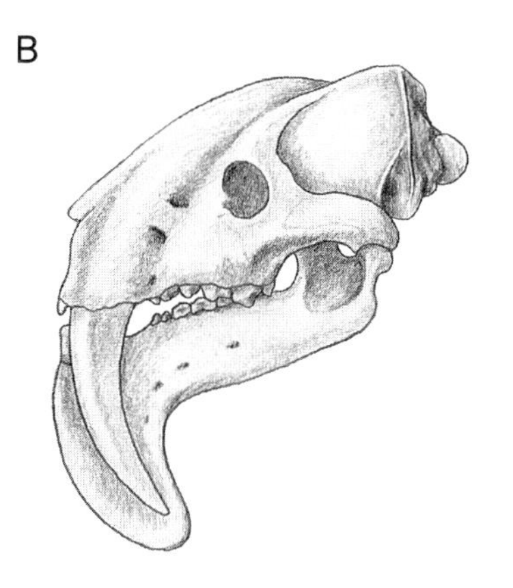

그림 4-10

하악익. 검치호랑이나 유대류 검치호랑이 중에는 하악골의 앞쪽이 아래쪽으로 길게 발달된 형태를 하고 있는 경우가 있다. 이는 하악익이라 불리는 구조물로서, 긴 검치를 안전하게 보호하는 역할을 한다. A. 유스밀루스, B. 틸라코스밀루스

근은 구강 점막으로 덮여 있었을 것이라고 주장하고 있다(제13장 참조, 그림 13-6, 13-7).

뒤쪽에 있는 하악지는 근육돌기(coronoid process, 구상돌기)와 관절돌기(condylar process, 과상돌기)로 구성된다. 근육돌기는 일반적으로 날개 모양으로 넓적하게 생겼으며, 2개의 중요한 턱 근육인 측두근(temporalis muscle)과 교근(masseter muscle)의 부착점 역할을 한다. 관절돌기는 신경두개의 아래쪽에서 측두골과 결합하여 턱관절을 형성하여 턱뼈 움직임의 중심축 역할을 수행한다. 고양이과 동물의 하악골은 턱관절을 중심축으로 경첩(hinge)과 같은 회전 운동을 하여 턱을 열고 닫을 수 있지만, 좌우 측면으로의 움직임이나 전후 방향의 움직임은 크게 제한된다.

3. 이 빨

화석을 통한 고생물의 연구에 있어서 이빨이 차지하는 비중은 매우 크다. 연부 조직은 물론이거니와 뼈를 포함한 단단한 골격 조직 역시 화석으로의 보존이 그리 쉬운 일은 아닌데, 이빨은 뼈보다 단단한 법랑질(enamel)과 상아질(dentine)로 구성되기 때문에 다른 골격 부분에 비해 화석으로 보존되기가 상대적으로 쉽다. 또한 이빨의 형태, 크기, 마모 정도, 배열 등은 먹잇감의 종류뿐 아니라 생존 당시의 사냥 패턴을

유추해 낼 수 있는 많은 정보를 제공한다. 특히 검치호랑이의 긴 송곳니는 그 독특하고 매력적인 모습으로 고생물학자들뿐만 아니라 일반인들로부터도 많은 주목을 받아 왔다.

이빨은 해부학적으로 크게 세 부분으로 구분된다. 치관(crown)은 잇몸 밖으로 노출되어 있는 부분으로 단단한 법랑질과 상아질로 싸여 있어서 쉽게 마모되지 않도록 되어 있다. 치관의 아래쪽으로 잇몸 속에 박혀 있는 뿌리 부분은 치근(root)이라 하는데, 그 표면은 석회화된 백악질(cementum)로 덮여 있어서 턱뼈와의 결합을 단단히 지지한다. 이빨의 뿌리는 종에 따라, 그리고 부위에 따라 1~4개로 차이를 보인다. 치관과 치근의 안쪽 공간은 치수강(pulp cavity)이라 하며, 치수강이 뿌리 끝쪽으로 가면서 가늘어지는 부분은 치근관(root canal)이라 하는데 이곳으로 혈관과 신경이 지나간다(그림 4-11).

고양이과 동물의 이빨은 먹잇감을 보다 효과적으로 사냥해서 잡아먹기 위해 위치에 따라 여러 가지 형태로 분화되어 있는데, 이런 형태의 분화된 이빨을 **이형치**(heterodont)라 한다(그림 4-12). 절치(incisors)는 맨 앞쪽에 위치하며 먹잇감의 살

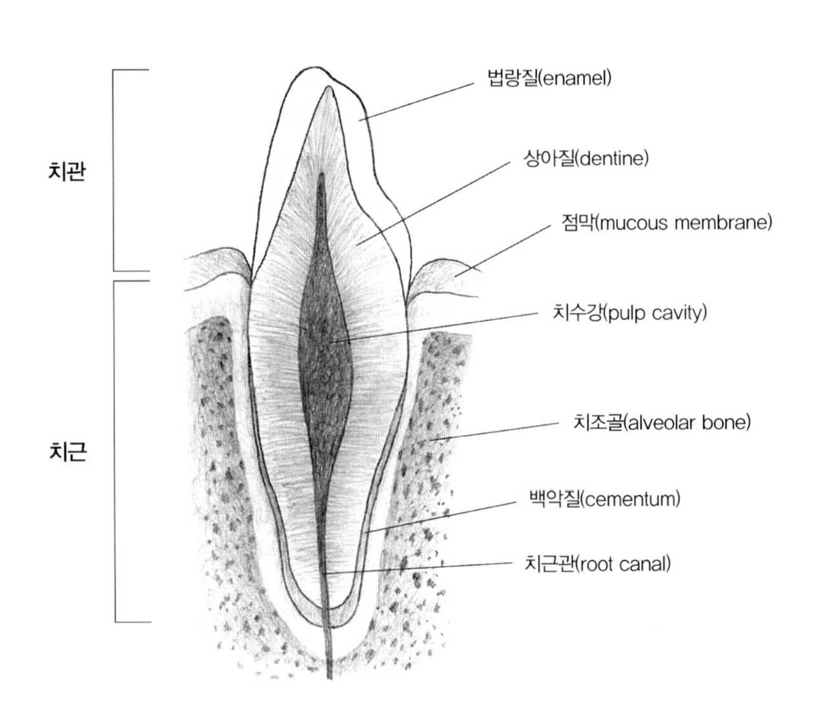

그림 4-11

이빨의 단면 구조. 포유류의 이빨은 크게 치관, 치근, 치수강의 세 부분으로 구분되며, 치수강으로는 혈관과 신경이 지나간다.

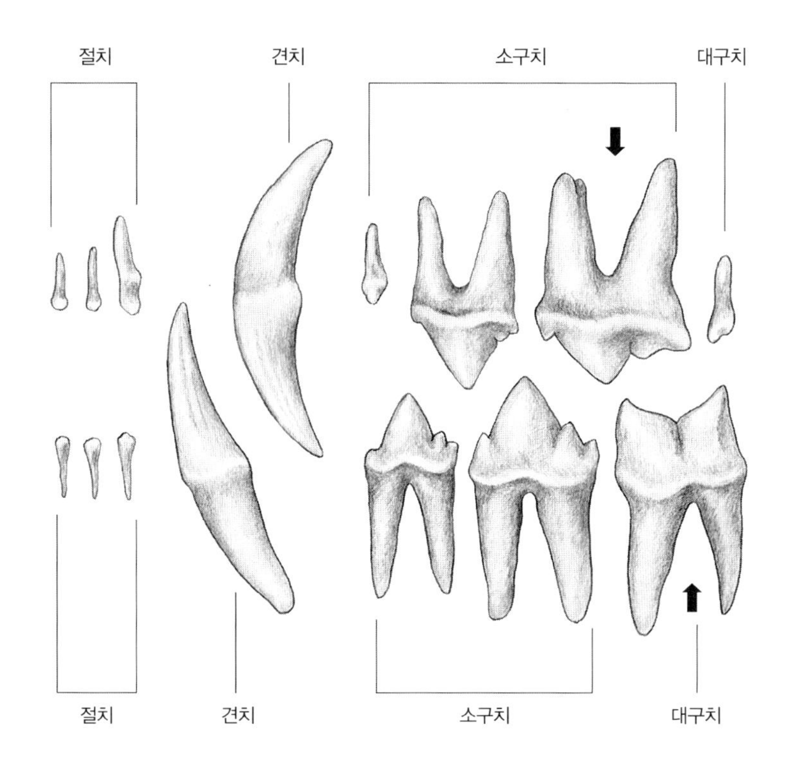

그림 4-12

고양이의 이빨 분화. 포유류의 이빨은 배열 위치에 따라 각기 다른 기능을 수행하도록 여러 형태로 분화되어 있다. 특히 포식자에 있어서 상악의 마지막 소구치와 하악의 첫 번째 대구치는 가위처럼 날카로운 날이 서로 맞물리도록 되어 있는데, 이를 육치라 한다(화살표).

점을 끊거나 뜯어내기 위한 것이다. 그 뒤쪽으로는 흔히 송곳니라 불리는 견치(canines)가 위치하는데, 이는 마치 송곳처럼 먹잇감의 피부나 살을 뚫기 위한 목적으로 사용된다.

견치의 뒤쪽으로는 날카로운 면을 가진 **소구치**(premolars)와 **대구치**(molars)가 배열되어 있다. 특히 상악의 마지막 소구치와 하악의 첫 번째 대구치는 가위처럼 날카롭게 맞물려 있어서 이를 **육치**(carnassials)라고 구분해서 부른다. 고양이과 동물의 육치는 사냥에 직접적으로 사용되지 않으며, 주로 잡은 먹이의 살점을 베어 먹는 용도로 사용된다. 이들이 먹잇감을 먹을 때는 좌우 양쪽의 육치를 동시에 사용하지 않고 어느 한쪽 육치만을 사용하기 때문에 한쪽 안면을 찡그리면서 고기를 씹는 모습을 관찰할 수 있다(그림 4-13).

고양이과 동물에서 관절돌기의 골두는 옆에서 보면 치열과 거의 같은 높이에 위치한다(그림 4-14). 이런 구조로 인해 턱을 다물면 위아래 이빨이 뒤쪽에서부터 앞쪽으로 순차적으로 맞물리게 되어 살점을 베어 내는 육치의 기능을 효과적으로

그림 4-13

육치의 기능. 고양이과 동물의 육치는 주로 먹잇감의 살점을 베어 내는 용도로 사용된다. 그러나 고양이과 동물은 먹이를 먹을 때 좌우 양쪽의 육치를 동시에 사용하지 않고 한쪽 육치만을 사용하기 때문에 한쪽 안면을 찡그리면서 고기를 씹는 모습을 볼 수 있다.

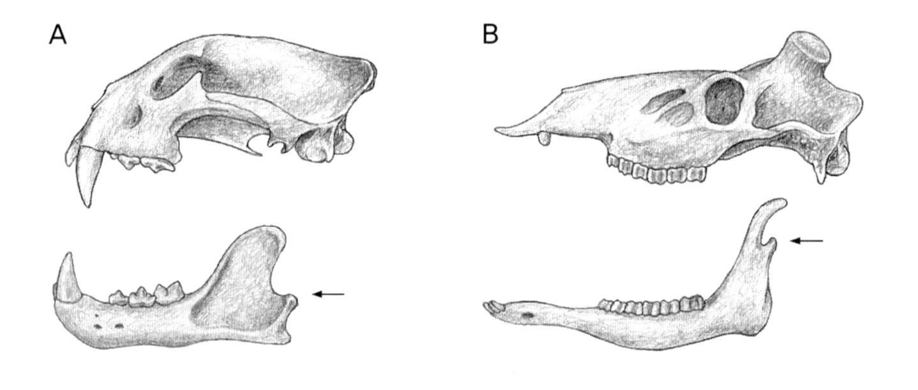

그림 4-14

관절돌기의 위치에 따른 교합 형태. 옆에서 보면 재규어(A)의 관돌돌기는 치열과 거의 같은 높이에 위치한다. 이런 구조로 인해 턱을 다물면 위아래의 이빨이 뒤쪽에서부터 순차적으로 맞물리기 때문에 육치의 기능을 효과적으로 수행할 수 있다. 반면에 엘크(B)의 관절돌기 골두는 치열보다 상당히 높게 위치하기 때문에 턱을 다물면 모든 협치가 거의 동시에 맞물려 식물을 갈거나 부수기에 적합하다.

수행할 수 있다. 반면에 사슴, 엘크(*Cervus canadensis*) 등 초식 동물의 관절돌기 골두는 치열보다 상당히 높게 위치하기 때문에 턱을 다물면 모든 협치가 거의 동시에 맞물리게 되어 식물을 갈거나 부수기에 적합하다.

포유류의 치아 배열 상태는 사람과는 다소 차이를 보인다. 사람의 경우는 모든 치아가 서로 맞닿은 상태로 배열되어 있으나, 대부분의 다른 포유동물에서는 치조골을 사이에 두고 앞쪽과 뒤쪽의 두 부분으로 나뉘어서 배열되어 있는 것을 관찰할 수 있다. 이런 경우 앞쪽에 배열해 있는 문치와 견치를 묶어서 **전치**(anterior teeth)

라 하며, 뒤쪽에 모여 있는 소구치와 대구치는 협치(cheek teeth)라 부른다. 즉 고양이과 동물의 육치는 특별하게 분화된 협치의 일종인 것이다.

전치와 협치 사이에 이빨이 나 있지 않은 치조골 부분은 치간(diastema)이라고 한다. 대부분의 고양이과 동물에서도 치간을 사이에 두고 전치와 협치로 구분된 배열 형태가 관찰되지만, 치타의 경우에는 치간 없이 전치와 협치가 거의 붙어서 배열된 형태를 하고 있다. 이는 치타의 사냥 기술과 밀접히 연관되어 있다. 치타는 먹잇감을 쓰러뜨린 후 목 부분을 물어 질식시켜 죽인다. 치간이 없는 치타의 이빨 배열은 이런 사냥 패턴에 적합한 형태인 것이다(그림 4-15).

포유류는 이빨의 개수가 모두 같은 것이 아니라 계통에 따라 차이를 보인다. 따라서 이를 쉽게 나타내기 위한 방법으로 치식(dental formula)이 널리 사용되고 있다. 치식은 상악과 하악의 좌우 한쪽 치아 배열을 각 치아의 영문 첫 글자와 숫자를 이용해 표현한다. 즉 문치는 I, 견치는 C, 전구치는 P, 대구치는 M으로 쓴 후, 그 뒤에 상악과 하악의 해당 치아 개수를 이어서 쓴다.

예를 들어 고양이는 위턱의 한쪽 면에 문치 3개, 견치 1개, 소구치 3개, 대구치 1개를 가지고 있으며, 아래턱의 한쪽 면에는 문치 3개, 견치 1개, 전구치 2개, 대구치 1개를 가지고 있는데, 이를 치식으로 표현하면 I3/3 C1/1 P3/2 M1/1이 된다. 이

그림 4-15

치타의 사냥 방법. 치타는 먹잇감을 쓰러뜨린 후 목 부분을 물어 질식시켜 죽인다. 치타의 상악골에는 치간 없이 전치와 협치가 거의 붙어서 배열되어 있는데, 이러한 이빨 구조로 인해 치타는 먹잇감을 보다 효과적으로 질식시킬 수 있다.

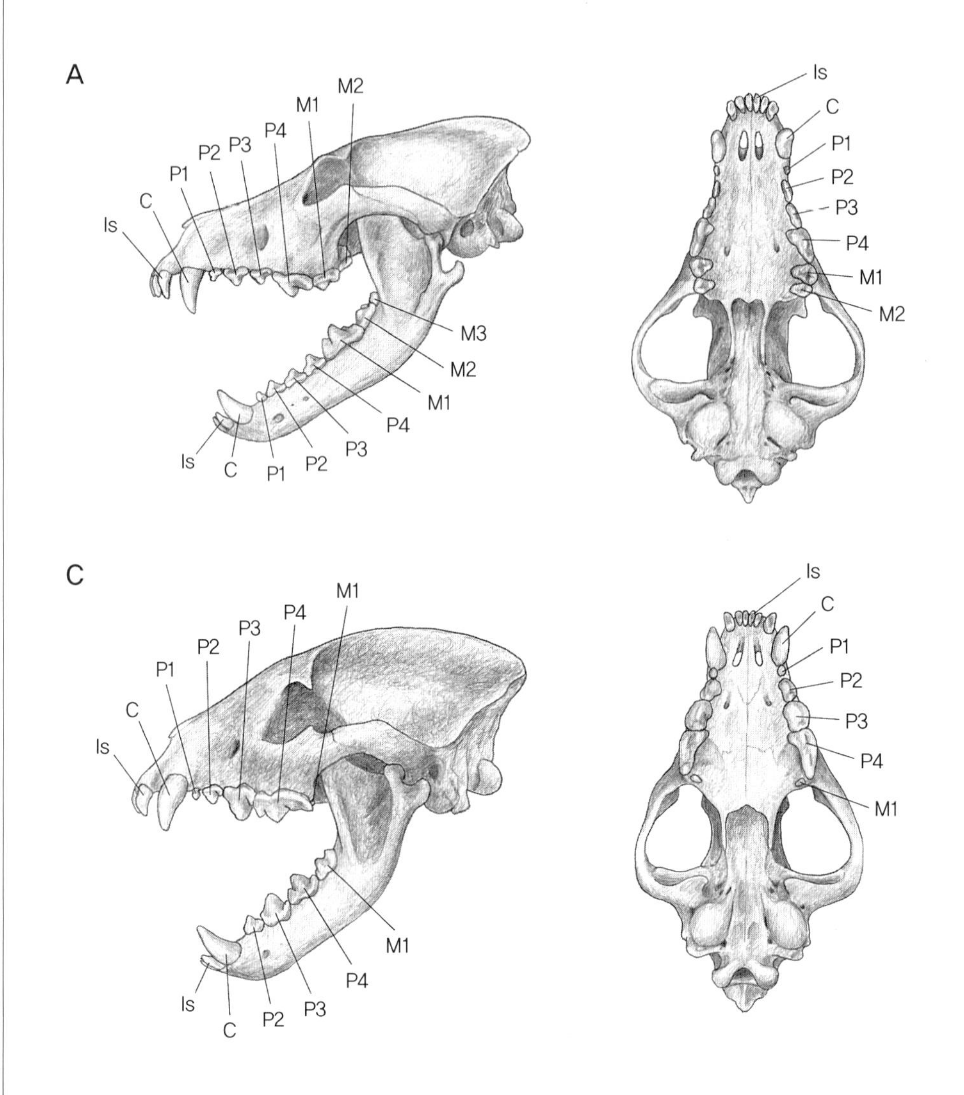

그림 4-16

포식자의 이빨 구조. 고양이과 동물은 다른 포식자에 비해 적은 수의 이빨을 가지고 있으며, 뼈를 부술 수 있는 크고 강한 대구치를 가지고 있지 않은 대신에 상대적으로 더욱 발달된 육치를 가지고 있다. A. 회색늑대, B. 흑곰, C. 얼룩점박이하이에나, D. 표범

는 상악과 하악의 좌우 한쪽 이빨 개수만을 나타낸 것이기 때문에 이빨의 전체 개수는 이들 숫자의 합 15의 2배인 30개가 된다. 그리고 각 이빨을 표현하기 위해서는 영문 뒤에 이빨의 순서를 쓴다. 예를 들어 세 번째 소구치는 P3, 첫 번째 대구치는 M1으로 표현한다. 이런 치아 순서는 앞쪽에서부터 세어 나가지만 소구치만은 맨 마지막 것을 P4로 쓴 후 거꾸로 번호를 매겨 나간다.

육식 동물의 이빨은 끝이 뾰족한 견치와 예리한 절단면을 가진 육치 등 유사한 특징을 가지고 있으나 이빨의 수나 배열 등에서 차이를 보이는데, 이는 사냥 패턴이나 먹잇감의 종류에 따른 차이를 반영한다. 몇 가지 예를 치식을 통해 살펴보면 회

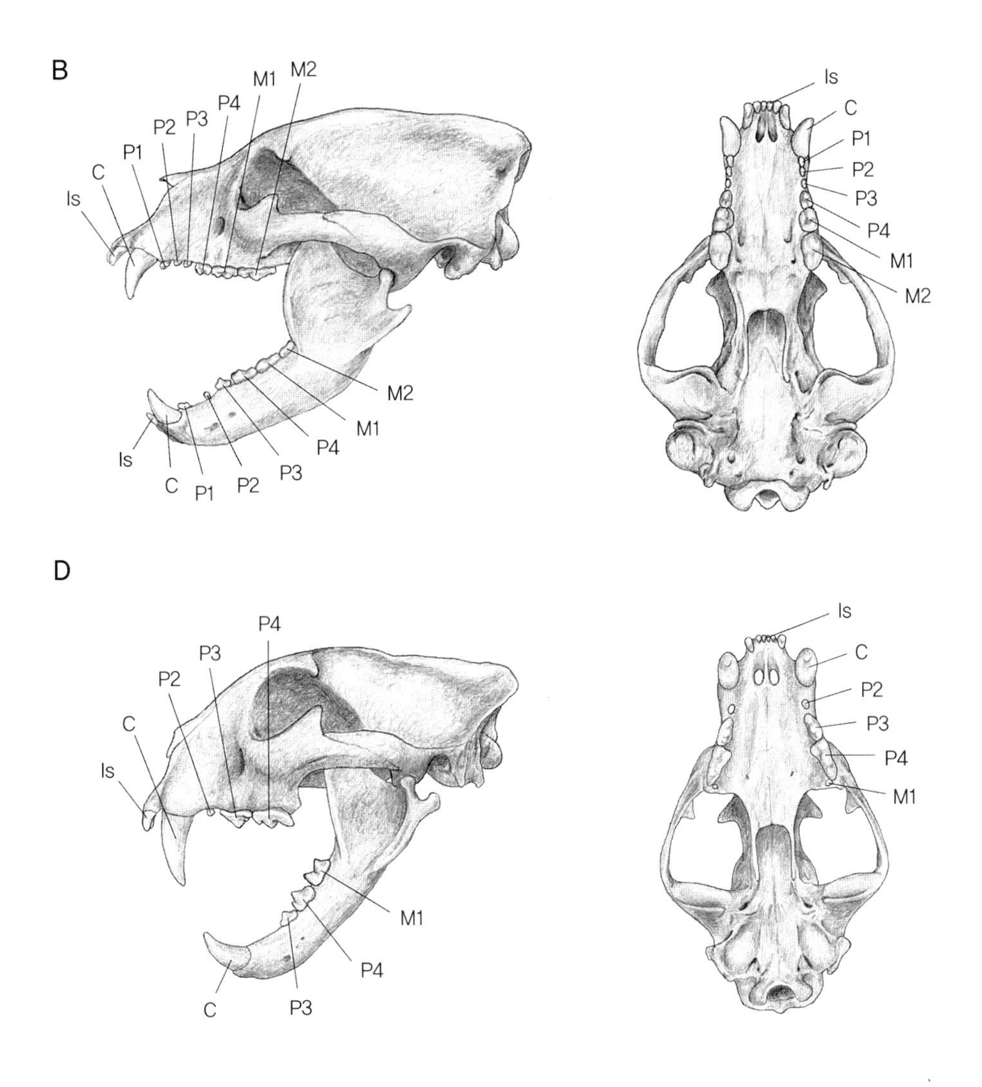

색늑대(gray wolf, *Canis lupus*)의 치식은 I3/3 C1/1 P4/4, 흑곰(American black bear, *Ursus americanus*)은 I3/3 C1/1 P4/4 M2/3, 얼룩점박이하이에나(spotted hyena, *Crocuta crocuta*)는 I3/3 C1/1 P4/3 M1/1, 표범(Leopard, *Panthera pardus*)은 I3/3 C1/1 P3/2 M1/1이다(그림 4-16). 즉 고양이과 동물인 표범의 이빨, 특히 소구치의 개수가 늑대, 곰, 하이에나 등에 비해 적음을 알 수 있다.

이런 특징은 고양이과 동물의 이빨이 다른 포식자에 비해 더 특화되었음을 의미한다. 즉 고양이과 동물의 협치는 거의 전적으로 살점을 베어 내는 기능만을 수행하는 반면에, 다른 포식자들의 이빨은 뼈를 부수거나 단단한 식물을 깨는 등 다른 기능을 함께 수행할 수 있는 것이다.

극지방에 가까운 추운 지역에 서식하는 회색늑대는 먹이를 숨겨 놓았다가 찾아 먹는 습성을 가지고 있는데, 이때 심하게 굶주린 경우에는 뼈를 부수고 그 일부를 섭취하기도 한다. 하이에나, 특히 얼룩점박이하이에나는 뼈를 부수는 데 더욱 뛰어난 능력을 보여 준다. 얼룩점박이하이에나는 뼈를 부술 수 있는 보다 강한 턱과 이빨을 가지고 있을 뿐 아니라, 이들의 소화기는 골수를 소화하여 유기질을 흡수할 수 있다. 물론 잡식성인 흑곰의 경우에는 더 다양한 먹이를 대상으로 한다.

그러나 고양이과 동물이 뼈를 먹이로 하는 경우는 좀처럼 찾아보기 어렵다. 사자나 호랑이 등 대형 고양이과 동물들은 간혹 큰 뼈의 끝 부분을 씹기도 하지만 이는 어디까지나 장난에 가까운 행동이며, 뼈 자체를 먹잇감으로 하지는 않는다. 고양이과 동물 중에서는 오직 치타만이 작은 동물의 뼈나 큰 먹잇감의 작은 뼈 부분을 먹는다고 알려져 있다. 이처럼 고양이과 동물들의 뼈를 부수는 능력은 상당히 떨어지는 반면에 육치는 특화되어 잘 발달해 있는 것이다.

검치호랑이의 육치도 현생 고양이과 동물과 매우 유사한 형태를 하고 있다. 특히 호모테리윰 라티덴스(*Homotherium latidens*)의 육치는 매우 발달되어서 앞쪽에 위치한 소구치 P3와 현격한 크기 차이를 보인다(그림 10-10).

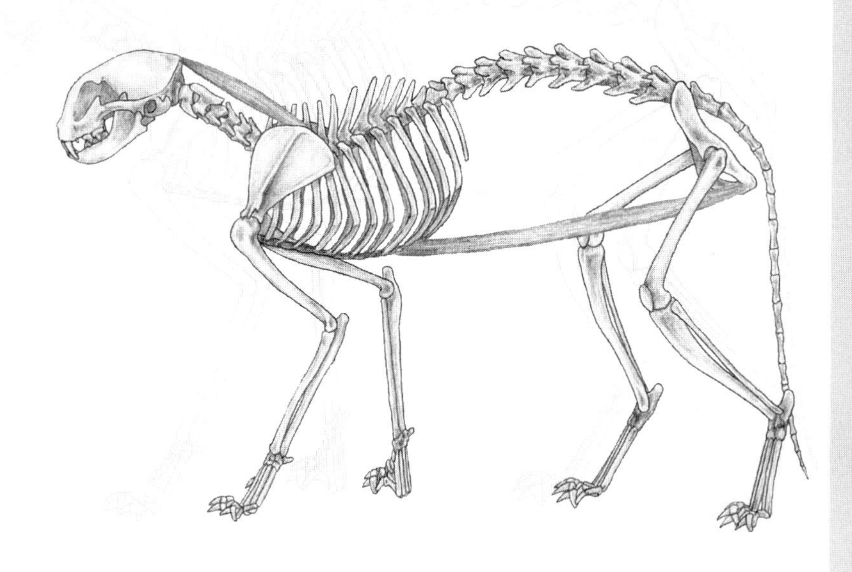

Chapter 5

골격

골 격

검치호랑이를 포함한 멸종된 척추동물의 골격에 대한 해부학적인 접근과 분석은 이들을 이해하기 위한 출발점일 뿐 아니라 가장 중요한 학문적 토대가 된다. 물론 이런 해부학적인 지식은 일차적으로 현생 동물의 골격에서 얻어진 것으로, 계통적으로 유사한 현생종을 찾을 수 없는 경우에는 화석 종의 연구와 복원에 많은 어려움이 따를 수밖에 없다. 그러나 다행스럽게도 검치호랑이의 경우에는 이들의 친척뻘 되는 고양이과 동물들이 오늘날에도 널리 번성하고 있기 때문에 현생종과의 비교 · 분석을 통해 보다 정확하게 이해할 수 있다.

1. 몸통 골격

고양이과 동물의 골격은 **척추**(vertebral column)를 중심으로 배열되어 있어서 앞쪽의 두개골부터 뒤쪽 꼬리까지 척추를 통해 하나의 뼈대로 이어진다(그림 5-1). 척추는 부위에 따라 형태와 기능의 차이가 있으며, 이런 차이에 의해 앞쪽으로부터 경추(cervical vertebrae), 흉추(thoracic vertebrae), 요추(lumbar vertebrae), 천골(sacrum), 미추(caudal vertebrae)의 다섯 부분으로 구분한다.

가슴 부분은 늑골(rib)과 흉골(sternum)에 의해 지지되며, 앞다리와 뒷다리는 각각 흉곽대(pectoral girdle)와 골반대(pelvic girdle)에 의해 몸통과 연결된다. 그러나 이들이 몸통과 연결되는 형태는 서로 다르다. 흉곽대(shoulder girdle)는 견갑골(scapula), 오훼골(coracoid), 쇄골(clavicle)로 구성되는 어깨 부분의 골격을 말하는데, 척추나 늑골과 직접 연결되지 않고 근육과 인대에 의해 몸통과 연결된다. 반면 엉덩이 부분을 지지하는 골반대(pelvic girdle)는 골반(pelvis)이 척추 뼈에 직접 연결

그림 5-1

고양이의 전신 골격

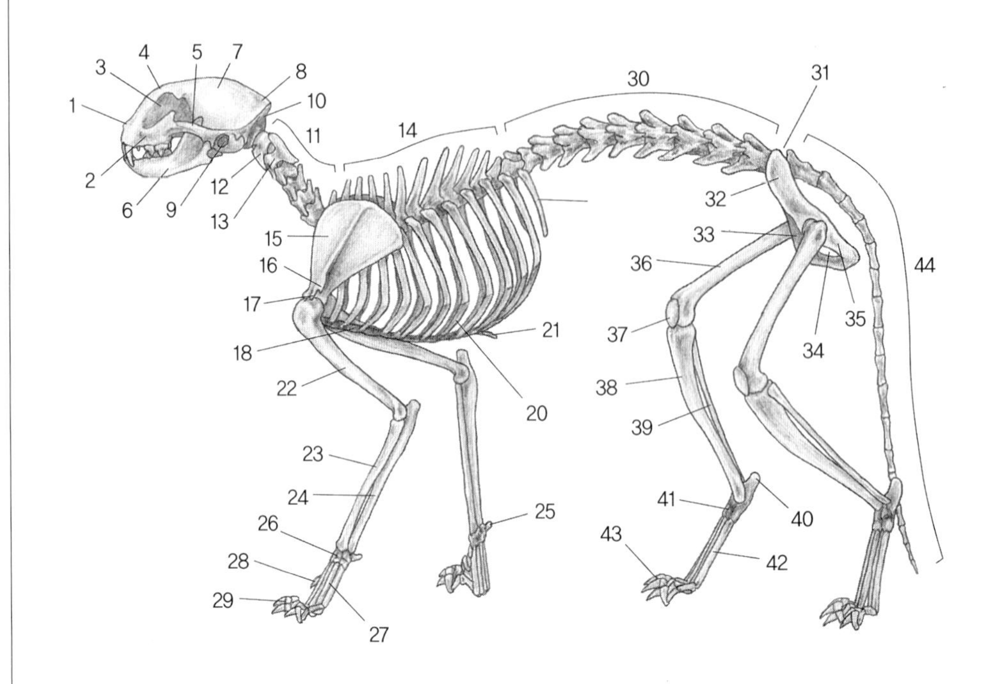

1. 비골(nasal bone)
2. 상악골(maxilla)
3. 안와(orbit)
4. 전두골(frontal bone)
5. 관골궁(zygomatic arch)
6. 하악골(mandible)
7. 두정골(parietal bone)
8. 두정간골(interparietal bone)
9. 외이도(external auditory meatus)
10. 후두골(occipital bone)
11. 경추(cervical vertebrae)
12. 제1경추(first cervical vertebra, atlas)
13. 제2경추(second cervical vertebra, axis)
14. 흉추(thoracic vertebrae)
15. 견갑골(scapula)
16. 견봉(acromion)
17. 구상돌기(hamate process)
18. 흉골(sternum)
19. 제13흉늑골(13th thoracic rib)
20. 늑연골(costal cartilage)
21. 검상돌기(xiphoid process)
22. 상완골(humerus)
23. 요골(radius)
24. 척골(ulna)
25. 두상골(pisiform)
26. 수근골(carpal bones)
27. 중수골(metacarpal bones)
28. 원위지골, 제1수지 (distal phalanx, first digit)
29. 수지골(phalanges)
30. 요추(lumbar vertebrae)
31. 천골(sacrum)
32. 장골(ilium)
33. 치골(pubis)
34. 폐쇄공(obturator foramen)
35. 좌골(ischium)
36. 대퇴골(femur)
37. 슬개골(patella)
38. 경골(tibia)
39. 비골(fibula)
40. 종골(calcaneus)
41. 족근골(tarsal bones)
42. 중족골(metatarsal bones)
43. 족지골(phalanges)
44. 미추(caudal vertebrae)

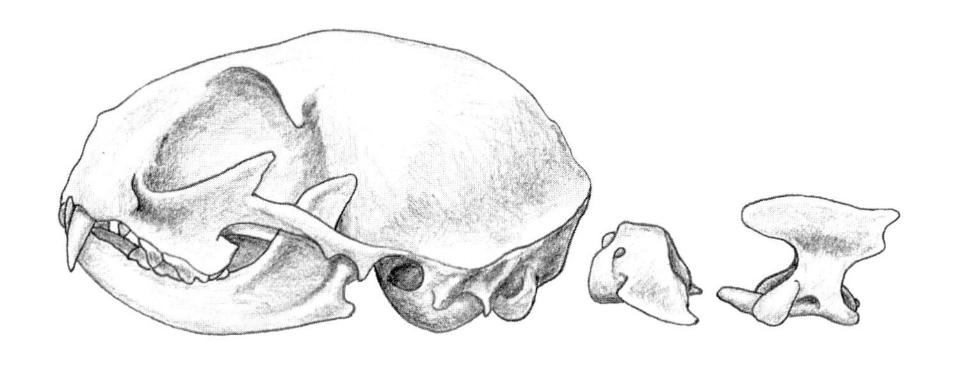

그림 5-2

두개골과 경추의 연결. 두개골은 제1, 2경추를 통해 척추와 연결된다. 제1경추는 후두과와 관절을 형성하면서 두개골을 지지하는 역할을 하기 때문에 아틀라스라고 불린다. 제2경추는 제1경추의 추공에 치상돌기를 삽입하는 모양으로 연결되며, 이런 연결 형태로 인해 상당한 정도의 운동성이 있다. 제2경추는 중심축을 의미하는 액시스로도 불린다.

되어 있기 때문에 보다 견고하다.

경추는 목에 해당하는 부분으로 7개의 뼈로 구성되는데, 제1경추와 제2경추는 나머지 경추와는 형태와 기능이 완전히 다르다(그림 5-2). 제1경추는 추체(vertebral body)와 극돌기(spinous process) 없이 고리 모양으로 생긴 뼈로서, 후두골의 후두과(occipital condyle)와 결합하여 관절을 형성한다. 이 척추 뼈는 흔히 아틀라스(atlas)라고도 불린다. 아틀라스는 그리스 신화에서 제우스로부터 형벌을 받아 하늘을 짊어지게 된 신을 말하는데, 제1경추 역시 두개골을 받치고 있다는 연유로 이런 별명을 얻게 되었다. 제1경추는 후두과와 비교적 단단하게 붙어 있기 때문에 큰 운동성을 가지지는 못한다. 하지만 제1경추의 가운데 추공(vertebral foramen)으로 제2경추의 치상돌기(odontoid process)가 축 모양으로 연결되기 때문에 두개골과 경추는 상당한 정도의 운동성을 갖게 된다. 제2경추 역시 액시스(axis)라는 별명을 가지고 있는데, 이는 '중심축'이라는 영어 표현에서 비롯된 것이다.

설골(hyoid bone)은 목의 인두 앞부분에 위치하는 작은 뼈로, 발성에 관여하는 후두(larynx)를 지지하며 혀와 인두 근육의 부착점 역할을 한다. 사자는 우렁찬 소리로 포효하지만 집에서 기르는 고양이는 그런 소리를 낼 수 없다. 이와 같은 소리의 차이는 설골의 형태가 서로 다름에 기인한다. 소형 고양이과 동물은 설골이 측두골의 고실융기와 뼈를 통해 단단히 결합되어 있기 때문에 후두 부분이 쉽게 진동되지 않는다. 반면에 대형 고양이과 동물의 설골은 연골과 인대를 통해 고실융기와 연결되기 때문에 결합이 느슨하며, 결과적으로 후두가 더 많이 진동하여 보다 우렁찬 소리를 낼 수 있는 것이다(그림 5-3).

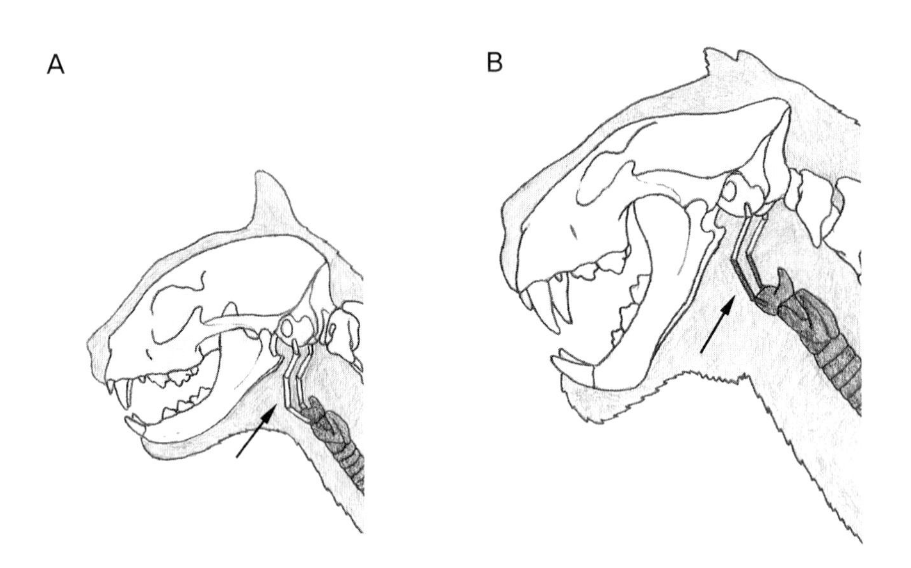

그림 5-3

고양이(A)와 사자(B)의 발성 차이. 소리를 내는 후두 부분은 설골에 의해 지지된다. 고양이의 설골은 뼈를 통해 고실융기와 단단히 결합되어 있기 때문에 후두 부분의 진동이 크지 않지만, 대형 고양이과 동물의 설골은 연골과 인대를 통해 고실융기와 느슨하게 결합되어 있기 때문에 후두가 자유롭게 진동하여 보다 우렁찬 소리로 포효할 수 있다.

경추를 제외한 척추 뼈들 역시 그 형태가 서로 달라서 명확히 구분된다(그림 5-4). 흉추는 흉곽을 지지하는 13개의 뼈로서 다른 척추 뼈에 비해 극돌기가 높게 솟아 있다. 늑골, 즉 갈비뼈는 등 쪽으로 흉추와 결합하고 아래쪽으로는 흉골(sternum)과 결합하여 흉곽을 형성한다. 복부 쪽으로 제1~9늑골은 각자의 늑연골을 통해 흉골에 직접 연결되지만 제10~12늑골은 제9늑연골을 통해 연결되며, 제13늑골은 전혀 연결되어 있지 않다.

요추는 허리에 해당하는 척추 뼈로서 7개이며, 극돌기가 낮은 대신 횡돌기가 길게 발달되어 있다. 요추에는 늑골이 부착하지 않기 때문에 흉추나 천골 사이에서 운동성을 갖게 된다. 호모테리움(*Homotherium*)이나 스밀로돈(*Smilodon*)의 경우 요추가 상대적으로 짧고 요추 사이의 결합이 상당히 단단하다. 이런 형태는 유연성이 떨어져서 빠른 주행에는 적합하지 않지만 견고하여 먹잇감을 제압하는 강한 힘을 발휘할 수 있다. 골반 부분은 3개의 척추 뼈로 지지되지만 뼈들이 하나로 융합되어 있기 때문에 천추라는 표현 대신에 천골이라고 불린다.

미추는 꼬리를 구성하는 뼈로 다른 척추 뼈에 비해 형태가 단순하며 꼬리 끝으로 갈수록 점차 작아진다. 일반적으로 고양이과 동물의 꼬리는 18~24개의 미추로 구성되지만 개체나 계통에 따라 차이를 보인다. 예를 들어 호모테리움의 미추 개수는 13개 전후로 현생 고양이과 동물에 비해 훨씬 적다.

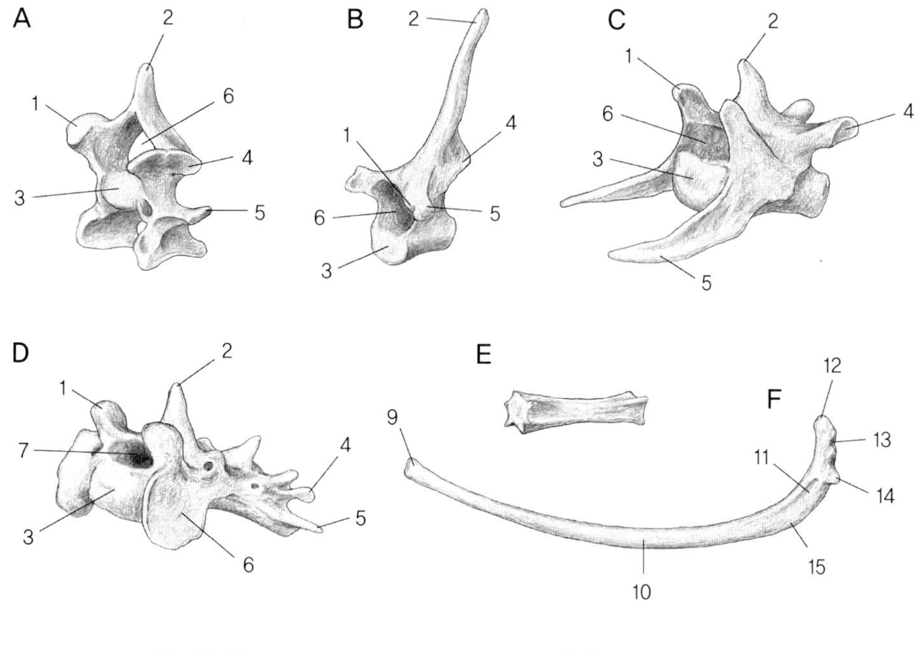

1. 전관절돌기(anterior articular process)
2. 극돌기(spinous process)
3. 추체(body)
4. 후관절돌기(posterior articular process)
5. 횡돌기(transverse process)
6. 추공(vertebral foramen)
7. 천관(sacral canal)
8. 관절면(articular surface)
9. 흉단(sternal end)
10. 늑간(shaft)
11. 늑구(costal groove)
12. 늑두(head)
13. 늑경(neck)
14. 늑결절(tubercle)
15. 늑각(angle)

그림 5-4

고양이 척추의 부위에 따른 일반적인 형태. A. 경추, B. 흉추, C. 요추, D. 천골, E. 미추, F. 늑골

2. 사지 골격

앞다리(forelimb)를 이루는 골격은 **견갑골**(scapula)을 통해 몸통에 연결된다. 견갑골은 부채꼴의 넓고 평평한 형태의 뼈로, 흉곽과 직접적인 뼈의 결합 없이 근육과 인대를 통해 연결된다. 앞다리의 뼈들은 가늘고 긴 형태를 하고 있는데, 견갑골의 말단에 상완골(humerus)이 연결되며 그 아래로 요골(radius)과 척골(ulna)이 나란히 연결된다(그림 5-1). 뒷다리(hind limb)를 이루는 골격은 **골반**(pelvis)을 통해 몸통에 연결된다.

골반은 장골(ilium), 좌골(ischium), 치골(pulis)의 세 뼈가 만나서 이루어진 뼈로

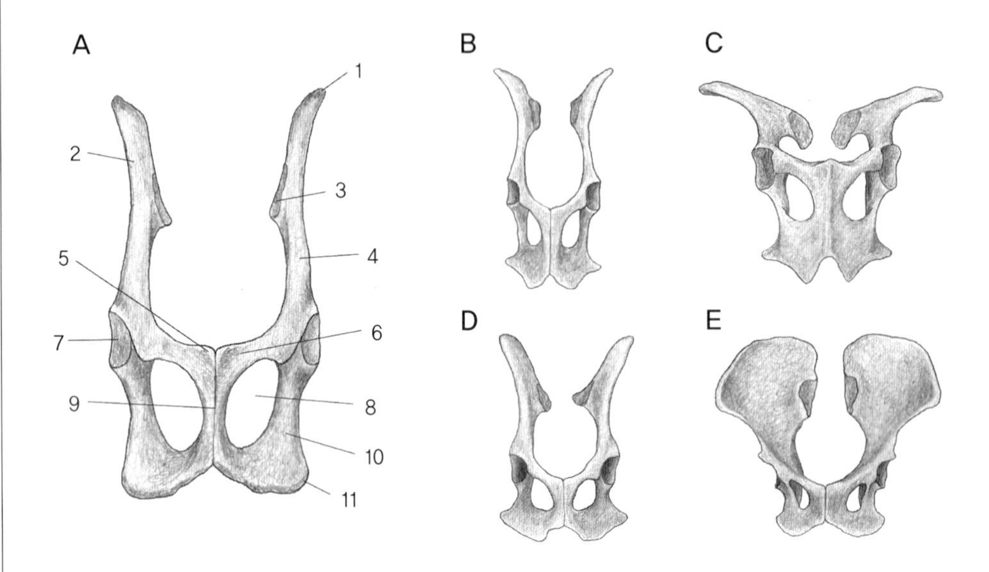

그림 5-5

골반의 구조. 고양이의 골반은 장골익이 좁고 앞쪽을 향하고 있어서 사족 보행을 하는 다른 동물들과 대체로 유사한 형태를 보이지만 고릴라, 사람 등 영장류의 골반과는 확연히 구분된다. A. 고양이, B. 사슴, C. 비손, D. 개, E. 고릴라

1. 장골능(iliac crest)
2. 장골익(wing of ilium)
3. 관절면(articular surface)
4. 장골체(body of ilium)
5. 치골돌기(pubic tubercle)
6. 치골체(body of pubis)
7. 관골구(acetabulum)
8. 폐쇄공(obturator foramen)
9. 치골결합(symphysis pubis)
10. 좌골체(body of ischium)
11. 좌골결절(ischial tuberosity)

서, 가운데 움푹 들어간 관골구(acetabulum)에 동그랗게 생긴 대퇴골(femur)의 골두(head)가 연결되어 고관절(hip joint)를 형성한다. 고양이과 동물의 골반은 장골익(wing of ilium)의 폭이 좁고 앞쪽을 향하고 있어서 사족 보행을 하는 다른 동물들과는 대체로 유사하지만, 장골익이 넓적하고 위쪽을 향한 고릴라나 사람 같은 영장류의 골반과는 그 형태가 확연하게 다르다(그림 5-5). 대퇴골의 아래쪽으로는 경골(tibia)과 비골(fibula)이 나란히 연결되며 그 하방으로 뒷발을 구성하는 뼈들이 이어진다.

고양이과 동물은 발가락을 이용해 걷는 **중족 보행**(digitigrade)을 하는 동물로서, 사람과 달리 중수골(metacarpal bone)이나 중족골(metatarsal bone)은 지면에서 떠 있고 발가락에 해당하는 수지골 혹은 족지골(phalanges)만이 지면에 닿는다. 일반적으로 이런 골격 배열은 강한 힘보다는 속도를 내기에 더 적합한 형태다(그림 7-9, 13-8).

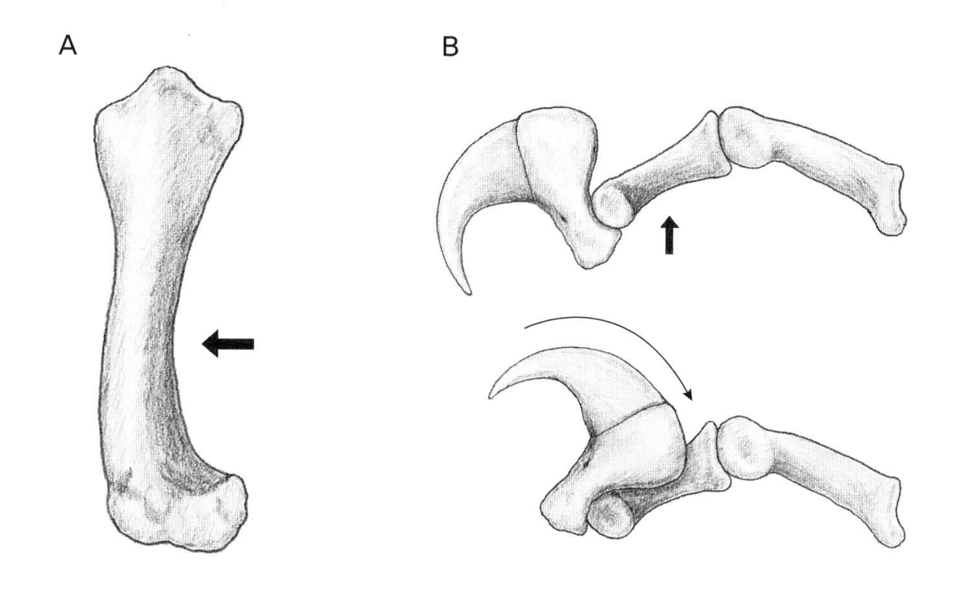

그림 5-6

고양이의 발톱 구조. 고양이과 동물은 발톱을 숨길 수 있는데, 이는 다른 포식자와 다른 골격 구조에서 비롯된다. 이들의 중지골은 한쪽 면이 휘어서 움푹 들어간 공간을 가지고 있다(A). 원위지골의 위쪽에 부착된 근육이 수축하면 발톱이 이 공간으로 말려들어가 발톱을 숨길 수 있게 된다(B).

고양이과 동물의 발가락은 다른 포유류와 마찬가지로 3개의 수지골이나 족지골로 구성되지만 다른 포식자와 달리 **발톱**(claw)을 숨길 수 있는 능력을 가지고 있으며, 발가락 골격 역시 이에 적합한 특징적인 형태를 하고 있다. 즉, 두 번째 발가락 뼈인 중지골(middle phalanx)의 한쪽 면이 휘어서 움푹 들어간 공간을 만들고, 이 공간으로 마지막 발가락 뼈인 원위지골(distal phalanx)을 말아 넣음으로써 발톱을 숨길 수 있는 것이다(그림 5-6).

간혹 치타는 발톱을 숨길 수 없는 고양이과 동물로 인식되기도 하지만 이는 사실이 아니다. 치타는 빠른 주행시 스파이크처럼 사용하기 위해 발톱을 밖으로 내놓는 일이 많으며, 또한 발톱의 근위부를 덮고 있는 피부막이 적어서 발톱을 불완전하게 숨긴 것처럼 보일 따름이지 기본적인 골격 구조는 다른 고양이과 동물과 크게 다르지 않다. 다만 다른 고양이과 동물에 비해 중지골의 휘어 있는 정도가 덜하다.

검치호랑이의 화석 표본을 살펴보면 발톱 부분이 뭉툭하여 현생 고양이과 동물의 날카로운 발톱과는 다른 형태로 보이기도 한다. 발톱은 골성 구조물이 아니며 케라틴(keratin)으로 구성된 피부 부속 기관이다. 따라서 화석 표본에서는 케라틴이 보존되지 않고 원위지골이 직접 노출되어 있기 때문에 뭉툭한 형태로 보이는 것이다(그림 5-7).

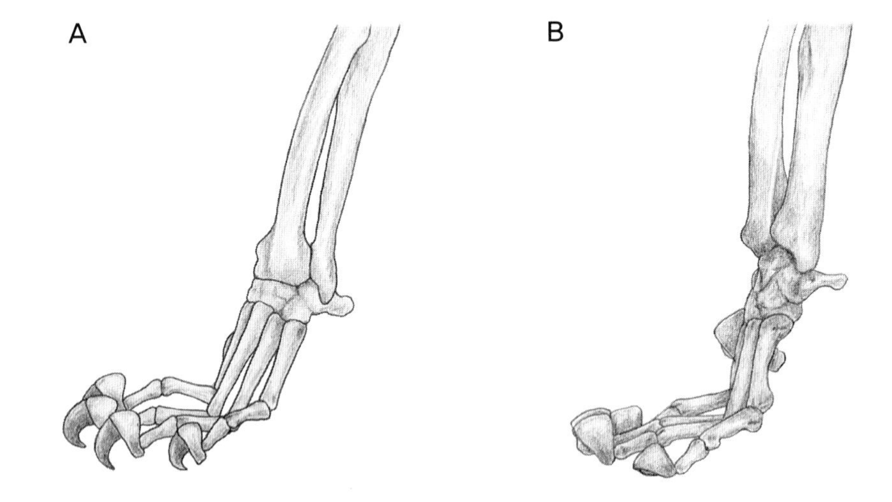

그림 5-7

발톱의 보존. 발톱은 케라틴으로 구성된 피부 부속 기관으로서, 현생 고양이과 동물의 표본에서는 관찰할 수 있지만 화석 표본에서는 케라틴이 보존되지 않기 때문에 원위지골이 직접 노출된 형태를 한다. A. 호랑이의 앞발 골격, B. 스밀로돈의 앞발 골격

근육

1. 안면 및 경부 근육
2. 몸통 및 사지 근육

제6장 근육

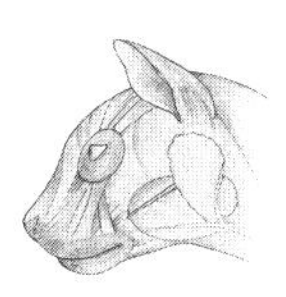

아마도 검치호랑이는 근육질의 포식자였을 것이다. 먹이 사슬의 최상위에 위치한 포식자임을 감안할 때 이런 모습은 당연해 보인다. 근육은 연부 조직의 하나로 화석으로 보존되기가 극히 어렵기 때문에, 화석 표본을 통해 근육에 대한 직접적인 정보를 얻기는 쉽지 않다. 하지만 골격의 형태 및 구조에 대한 분석을 통해서 근육에 관해 의외로 많은 정보를 얻어 낼 수 있으며, 반대로 근육에 대한 이해를 토대로 골격에 대한 보다 심도 있는 분석도 가능하다. 즉 근육과 골격은 밀접한 상관관계를 가지고 있으며, 근육에 대한 해부학적인 지식은 검치호랑이를 이해하는 데 필수적인 요건의 하나인 것이다.

1. 안면 및 경부 근육

근육(muscle)은 크게 골격의 움직임을 담당하는 **골격근**(skeletal muscle), 심장을 구성하는 **심근**(cardiac muscle), 내장의 운동에 관여하는 **평활근**(smooth muscle)의 세 가지 유형으로 구분되지만, 여기에서는 검치호랑이의 화석 골격과 관련된 주된 관심사인 골격근을 대상으로 설명하고자 한다. 골격근은 일반적으로 양쪽 끝은 가늘고 가운데 부분이 두툼한 방추형의 형태인데, 가운데 두툼한 부분은 근복(muscle belly)이라 하며 양쪽의 가는 부분은 각각 기시부(origin)와 부착부(insertion)라 한다.

기시부는 근육이 시작하는 부분으로서 일반적으로 몸의 중심 쪽에 가까우며 상대적으로 고정되어 있는 반면에, 부착부는 몸의 말단 쪽에 위치하며 움직임이 크다. 근육이 수축하면 말단 쪽의 부착부가 기시부 쪽으로 끌어당겨지며 이와 동시에 골격도 기시부 쪽으로 움직이게 된다. 앞다리를 구부리는 근육의 하나인 상완요골근(brachioradialis m.)을 예로 들어 보자. 이 근육은 상완골(humerus)의 아래쪽에서

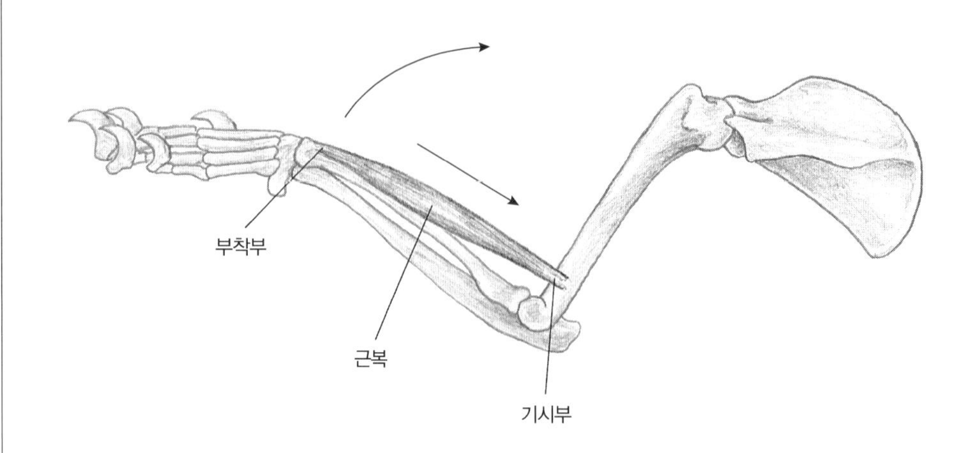

그림 6-1

상완요골근과 전완 골격의 움직임. 근육이 수축하면 근육의 부착부가 기시부 쪽으로 당겨지며, 이와 동시에 전완 골격이 몸통 방향으로 움직여서 앞다리가 구부러지게 된다.

기시하여 요골(radius)의 말단 쪽에 부착하는데, 근육이 수축하면 부착부는 기시부 쪽으로 당겨지며 이와 함께 전완 골격이 몸통 쪽으로 움직여서 앞다리가 구부러지게 된다(그림 6-1).

안면에 분포하는 근육들은 대체로 크기가 작고 섬세하지만 호흡, 먹이 섭취, 눈과 귀의 움직임, 안면의 표정 등 중요한 역할을 수행한다(그림 6-2). 눈 주위에는 원형의 안륜근(orbicularis oculi m.)이 있어서 눈을 감는 역할을 하며, 안와의 내측에는 눈썹을 아래로 당기는 근육인 추미근(corrugator supercilli m.)이 기시하여 외상방으로 주행한다. 안륜근의 외측으로는 전두순상근(frontoscutularis m.)이 귀 쪽으로 연결되어 귀를 앞쪽으로 움직이는 작용을 한다. 주둥이 쪽에는 대관골근(zygomaticus major m.), 소관골근(zygomaticus minor m.), 배세모근(pyramidalis m.), 도금양근(myrtiformis m.), 수염근(moustachier m.), 상순거근(levator labii superioris m.), 구각거근(levator anguli oris m.), 절치근(incisivus m.)이 배열해 있어서 윗입술을 올리면서 콧등을 찡그리고 비구부 수염(mystacial whisker)을 세우는 역할을 수행한다.

구륜근(orbicularis oris m.)은 입 주위를 원형으로 둘러싸는 괄약근(sphincter muscle)으로, 입을 다물고 턱을 최대로 벌릴 수 있는 한계를 결정하며, 새끼의 경우 젖을 빨 수 있도록 해 준다. 이 근육은 검치호랑이에 있어서 입을 얼마나 크게 벌릴 수 있는지, 그리고 긴 검치와 어떤 식으로 연관되어 있는지의 문제로 인해 학자들의

그림 6-2
고양이의 안면 근육

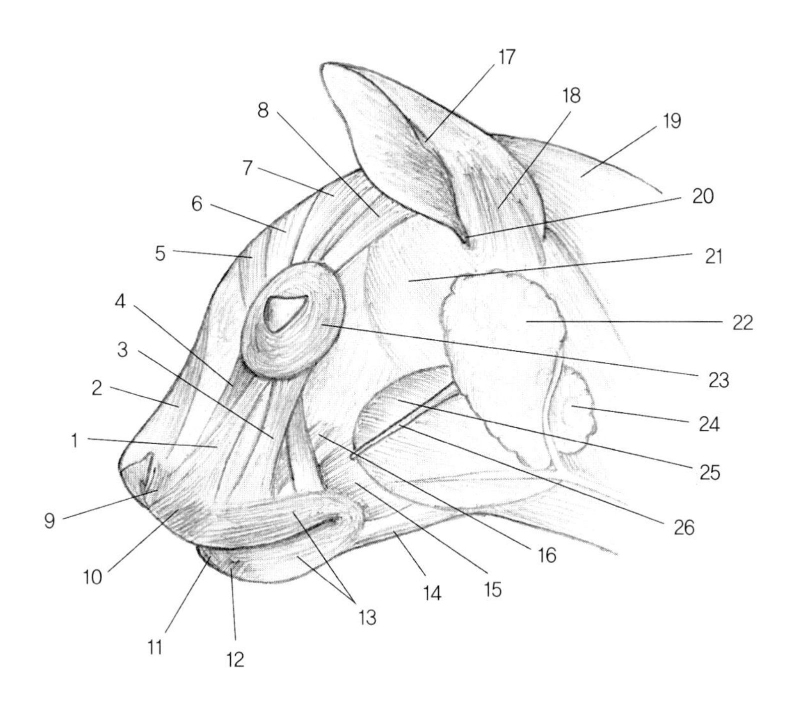

1. 소관골근(zygomaticus minor)
2. 배세모근(pyramidalis)
3. 대관골근(zygomaticus major)
4. 상순거근(levator labii superioris)
5. 내추미근(corrugator supercilii medialis)
6. 외추미근(corrugator supercilii lateralis)
7. 중순상근(scutulorum intermedius)
8. 전두순상근(frontoscutularis)
9. 도금양근(myrtiformis)
10. 수염근(moustachier)
11. 하순하체근(depressor labii inferioris)
12. 이근(mentalis)
13. 구륜근(orbicularis oris)
14. 이복근(digastic)
15. 협근(buccinator)
16. 절치근(incisivus)
17. 피부변연낭(cutaneous marginal pouch)
18. 횡이근(transverse auriculae)
19. 쇄승모근(clavotrapezius)
20. 이주간절흔(incisura intertragica)
21. 측두근(temporalis)
22. 이하선(parotid gland)
23. 안륜근(orbicularis oculi)
24. 악하선(submaxillary gland)
25. 교근(masseter)
26. 이하선관(parotid duct)

관심이 집중되고 있다. 구륜근은 깊이와 방향이 다양한 근섬유들로 구성되며 주둥이, 빰 등 주변의 다른 근육과 밀접하게 연결되어 있다.

협근(buccinator m.)은 빰 부위를 구성하는 근육으로 구륜근과 깊은 부분에서 서로 밀접하게 연결되며 근육의 부착점도 상당 부분 일치한다. 입술의 양쪽 끝, 즉 입술 교련(oral commissure)의 위치는 구륜근과 협근에 의해 결정되며, 턱을 크게 벌릴 수 있는 정도도 이 두 근육에 의해 그 한계가 정해지게 된다. 턱을 다물면서

그림 6-3

고양이의 안면 및 경부 근육

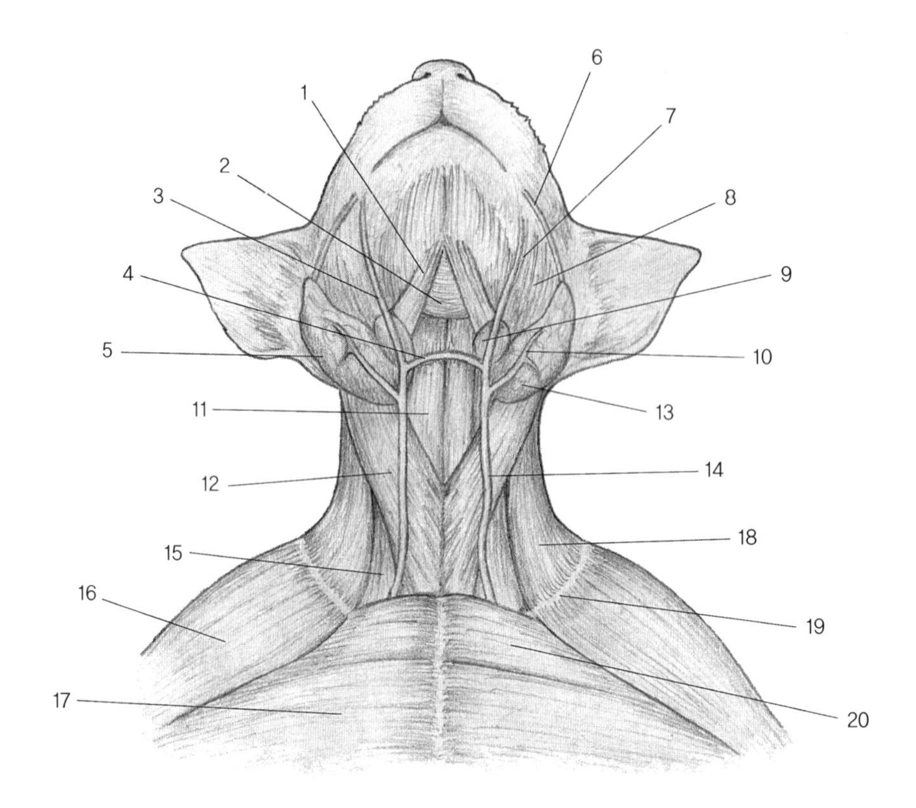

1. 이복근(digastric)
2. 악설골근(mylohyoid)
3. 전안면정맥(anterior facial vein)
4. 횡경정맥(transverse jugular vein)
5. 이하선(parotid gland)
6. 이하선관(parotid duct)
7. 안면신경의 하악분지 (mandibular branch of facial n.)
8. 교근(masseter)
9. 림프절(lymph nodes)
10. 후안면정맥(posterior facial vein)
11. 흉설골근(sternohyoid)
12. 흉유돌근(sternomastoid)
13. 악하선(submaxillary gland)
14. 외경정맥(external jugular vein)
15. 쇄유돌근(cleidomastoid)
16. 쇄상완근(clavobrachialis)
17. 흉전완근(pectoantebrachialis)
18. 쇄승모근(clavotrapezius)
19. 쇄골(clavicle)
20. 대흉근(pectoralis major)

물거나 씹는 기능은 주로 측두근(temporalis m.)과 교근(masseter m.)의 작용에 의하며, 이복근(digastric m.)은 턱을 벌리는 역할을 한다(그림 6-2, 6-3). 따라서 검치호랑이가 턱을 얼마나 크게 벌릴 수 있었고 긴 송곳니는 어떻게 사용되었는가를 알기 위해서는 골격 구조와 함께 안면 근육의 역할을 함께 고려해야만 한다(제12장 참조, 그림 12-2, 12-6).

2. 몸통 및 사지 근육

몸통의 근육은 얕게 위치한 천부 근육(superficial muscles)과 깊게 위치한 심부 근육(deep muscles)의 두 가지로 구분되는데, 일반적으로 천부 근육은 크고 넓적한 형태인 반면에 심부 근육은 작고 폭이 좁다. 등 쪽으로는 쇄승모근(clavotrapezius m.), 극승모근(spinotrapezius m.), 광배근(latissimus dorsi m.), 복부 쪽으로는 외복사근(external oblique m.) 같은 넓적한 천부 근육이 몸통을 덮고 있으며 그 아래로 대원근(teres major m.), 극상근(supraspinatus m.), 복거근(serratus ventralis m.) 같은 심부 근육이 위치한다(그림 6-4, 6-5).

고양이과 동물의 몸통 부분에서 발견되는 특징은 견갑골이 몸통의 외측에 위치하며 운동성이 크다는 점이다. 이는 견갑골이 몸통 골격과 직접적인 연결 없이 극승모근(spinotrapezius m.), 견본승모근(acromiotrapezius m.), 쇄승모근(clavotrapezius m.), 견갑거근(levator scapulae m.) 등의 근육들에 의해 지지되기 때문으로(그림 6-6), 견갑골의 이런 운동성은 달릴 때 보폭을 크게 하여 속도를 얻는 데 보다 유리하게 작용한다.

다리 근육은 견갑골과 골반을 통해 사지를 몸통으로 연결시키면서 다리 관절을 움직이는 역할을 하는데, 일반적으로 몸통 근육에 비해 폭이 좁고 긴 형태를 하고 있다(그림 6-7, 6-8). 이들 근육은 어깨, 팔꿈치, 골반, 무릎, 발가락의 마디를 중심으로 굴곡근(flexor muscles)과 신전근(extensor muscles)이 반대 방향으로 배열해 있어서 각 관절을 구부리거나 펼 수 있도록 되어 있으며, 근육의 주행이 비스듬한 경우에는 관절을 내측이나 외측으로 회전시키기도 한다. 발가락의 경우는 많은 관절로 이루어져 있기 때문에 굴곡근과 신전근의 움직임이 보다 섬세하여 각각의 발가락이나 마디를 개별적으로 움직이는 것이 어느 정도 가능하다.

고양이과 동물의 꼬리는 위쪽의 배천미근(sacrocaudalis dorsalis m.)과 아래쪽의 복천미근(sacrocaudalis ventralis m.)에 의해 움직이면서, 주로 몸통의 움직임에 따라 무게 중심을 잡는 보조적인 역할을 수행한다.

그림 6-4

고양이의 몸통 근육
(등 쪽에서 본 모습)

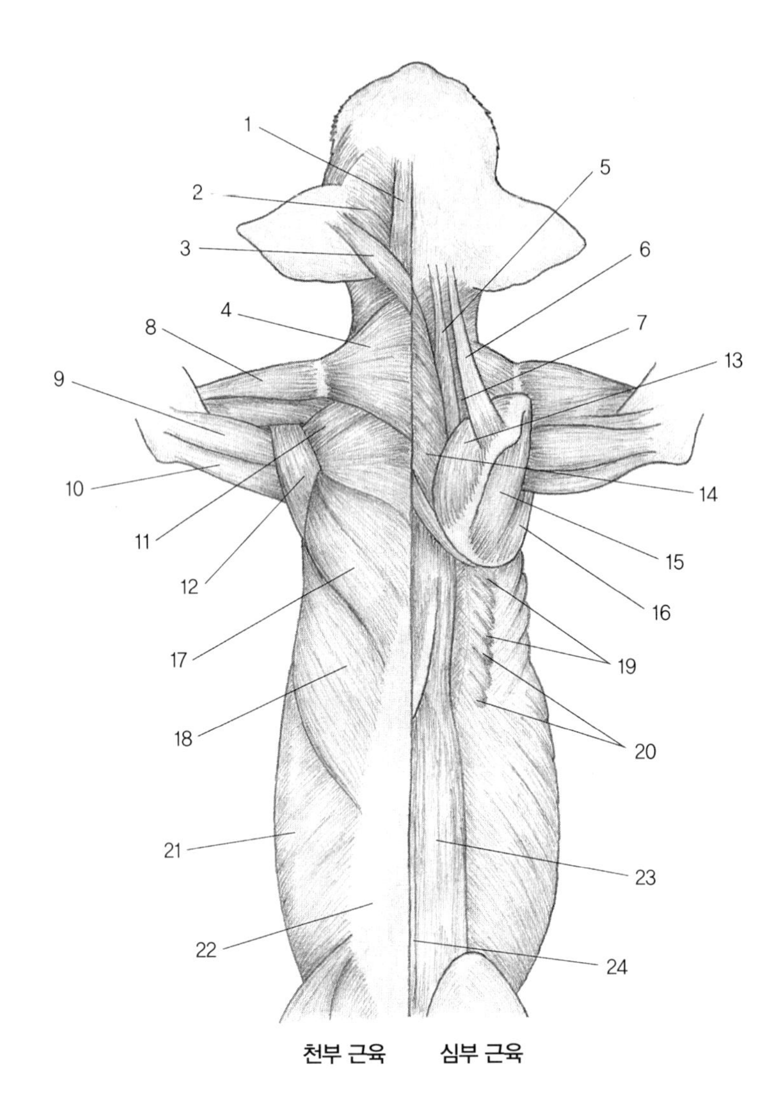

1. 후두개표근(epicranius occipitalis)
2. 측두근(temporalis)
3. 장이개거근(levator auris longus cranialis)
4. 쇄승모근(clavotrapezius)
5. 두능형근(rhomboideus capitis)
6. 복견갑거근(levator scapulae ventralis)
7. 극상근(supraspinatus)
8. 쇄상완근(clavobrachialis)
9. 견봉삼각근(acromiodeltoid)
10. 삼두근 장두(long head of triceps)
11. 복견갑거근(levator scapulae ventralis)
12. 극삼각근(spinodeltoid)
13. 극상근(supraspinatus)
14. 능형근(rhomboideus)
15. 극하근(infraspinatus)
16. 대원근(teres major)
17. 극승모근(spinotrapezius)
18. 광배근(latissimus dorsi)
19. 두배거근(serratus dorsalis cranialis)
20. 미배거근(serratus dorsalis caudalis)
21. 외복사근(external oblique)
22. 요배근막(lumbodorsal fascia)
23. 천극근(sacrospinalis)
24. 극다열근(multifidus spinae)

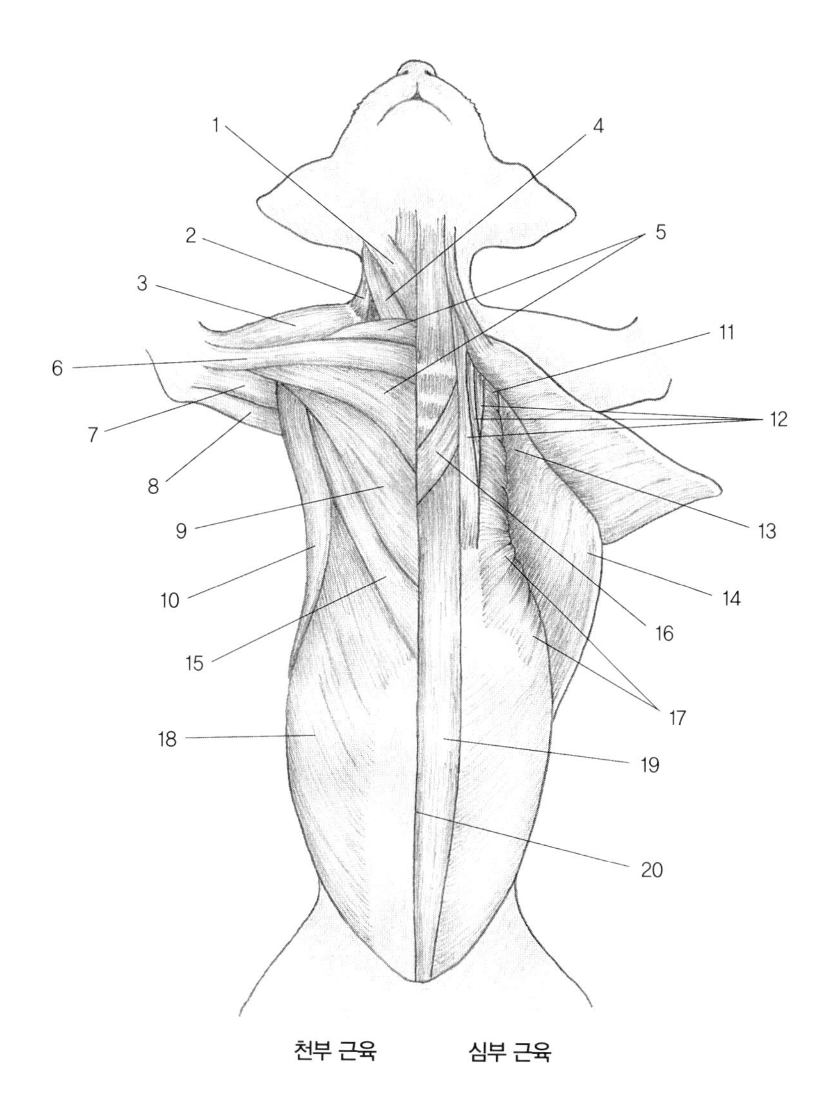

그림 6-5

고양이의 몸통 근육
(배 쪽에서 본 모습)

1. 흉유돌근(sternomastoid)
2. 쇄승모근(clavotrapezius)
3. 쇄상완근(clavobrachialis)
4. 쇄유돌근(cleidomastoid)
5. 대흉근(pectoralis major)
6. 흉전완근(pectoantebrachialis)
7. 상활차근(epitrochlearis)
8. 삼두근 장두(long head of triceps)
9. 소흉근(pectoralis minor)
10. 광배근(latissimus dorsi)
11. 견갑거근(levator scapulae)
12. 사각근(scalenus)
13. 하견갑근(subscapularis)
14. 광배근(latissimus dorsi)
15. 검상완근(xiphihumeralis)
16. 횡늑근(transverse costarum)
17. 복거근(serratus ventralis)
18. 외복사근(external oblique)
19. 복직근(rectus abdominis)
20. 백선(inea alba)

그림 6-6

고양이의 견갑 및 상완 근육

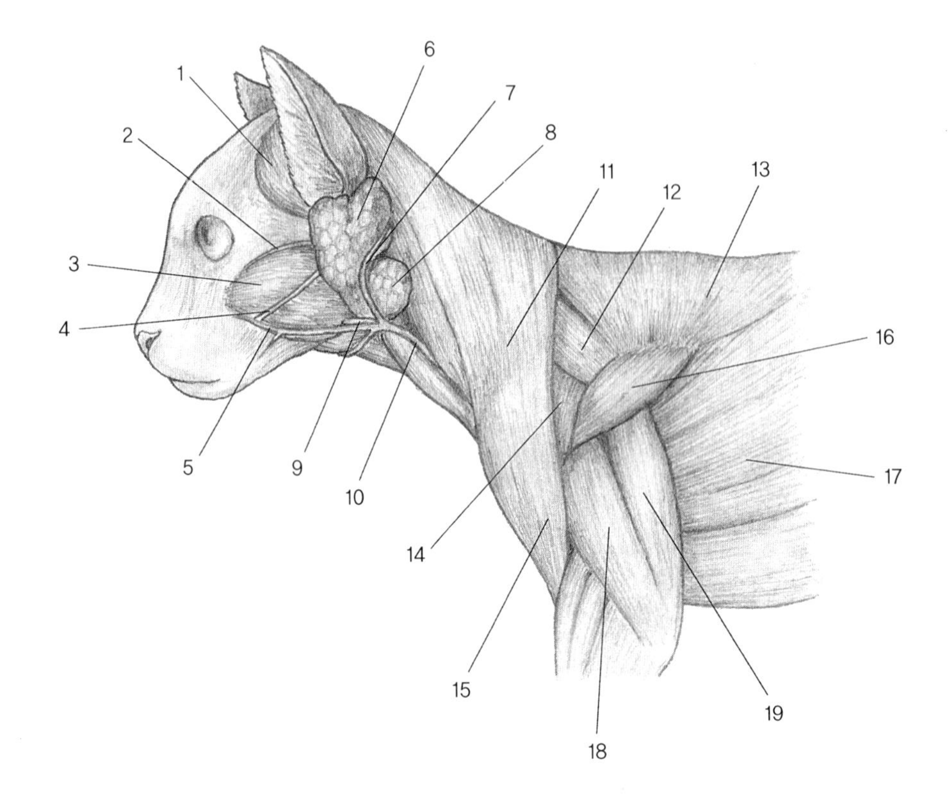

1. 측두근(temporalis)
2. 안면신경의 관골분지 (zygomatic branch of facial nerve)
3. 교근(masseter)
4. 이하선관(parotid duct)
5. 전안면정맥(anterior facial vein)
6. 이하선(parotid gland)
7. 후안면정맥(posterior facial vein)
8. 악하선(submaxillary gland)
9. 림프절(lymph nodes)
10. 외경정맥(external jugular vein)
11. 쇄승모근(clavotrapezius)
12. 복견갑거근(levator scapulae ventralis)
13. 견봉승모근(acromiotrapezius)
14. 견봉삼각근(acromiodeltoid)
15. 쇄상완근(clavobrachialis)
16. 극삼각근(spinodeltoid)
17. 광배근(latissimus dorsi)
18. 삼두근의 외측 근두 (lateral head of triceps)
19. 삼두근의 장근두(long head of triceps)

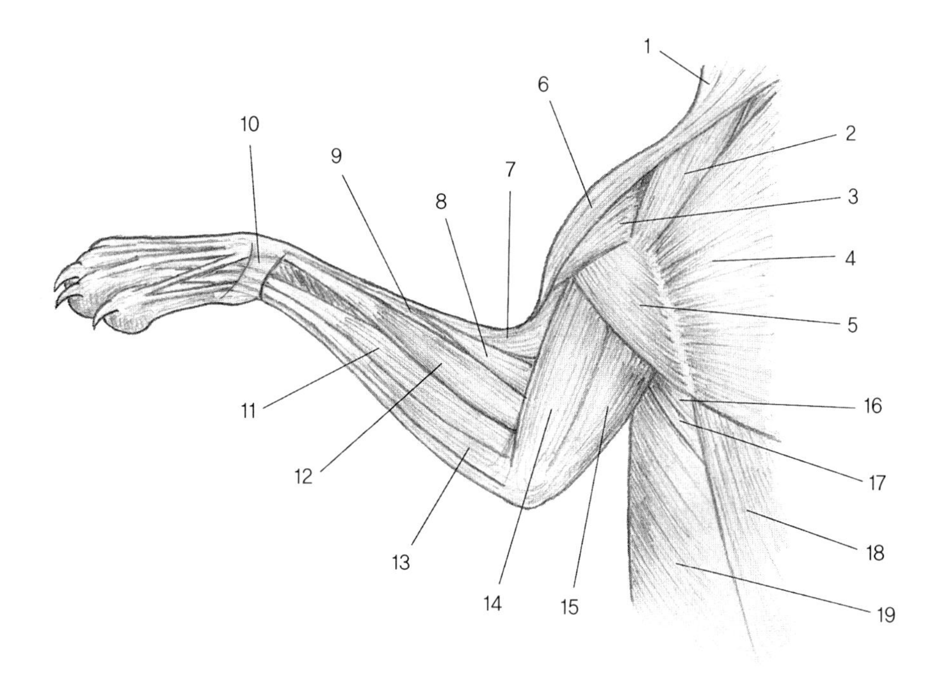

그림 6-7

고양이의 앞다리 근육

1. 쇄승모근(clavotrapezius)
2. 복견갑거근(levator scapulae ventralis)
3. 견봉삼각근(acromiodeltoid)
4. 견봉승모근(acromiotrapezius)
5. 극삼각근(spinodeltoid)
6. 쇄상완근(clavobrachialis)
7. 상완요골근(brachioradialis)
8. 장요측수근신근
   (extensor carpi radialis longus)
9. 단요측수근신근
   (extensor carpi radialis brevis)
10. 복수근인대(dorsal carpal ligament)
11. 외측지신근(extensor digitorum lateralis)
12. 총지신근(extensor digitorum communis)
13. 척측수근신근(extensor carpi ulnaris)
14. 삼두근의 측근두(lateral head of triceps)
15. 삼두근의 장근두(long head of triceps)
16. 극하근(infraspinatus)
17. 대원근(teres major)
18. 극승모근(spinotrapezius)
19. 광배근(latissimus dorsi)

그림 6-8

고양이의 뒷다리 근육

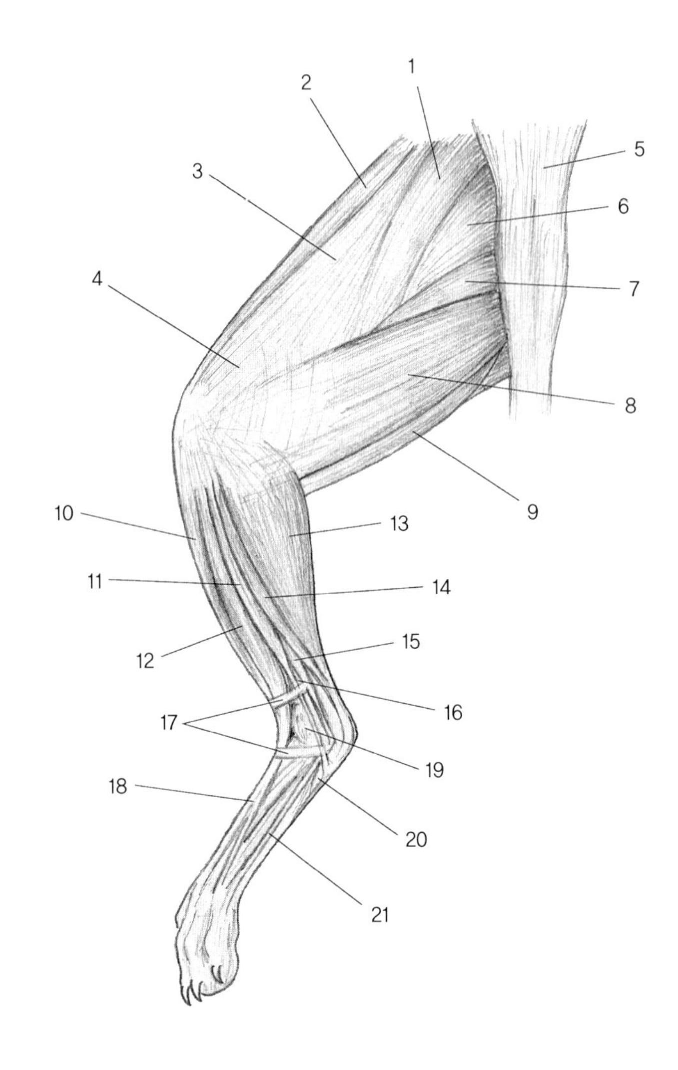

1. 중둔근(gluteus medius)
2. 봉공근(sartorius)
3. 외측광근(vastus lateralis)
4. 대퇴근막(fascia lata)
5. 요배근막(lumbodorsal fascia)
6. 대둔근(gluteus maximus)
7. 미대퇴근(caudofemoralis)
8. 대퇴이두근(biceps femoris)
9. 반건상근(semitendinosus)
10. 전경골근(tibialis anterior)
11. 장비골근(peroneus longus)
12. 장지신근(extensor digitorum longus)
13. 비복근(gastrocnemius)
14. 가자미근(soleus)
15. 단비골근(peroneus brevis)
16. 제삼비골근(peroneus tertius)
17. 횡인대(transverse ligament)
18. 장지신근건(EDL tendons)
19. 외측과(lateral malleolus)
20. 단비복근건(peroneus brevis tendon)
21. 제삼비골근건(peroneus tertius tendon)

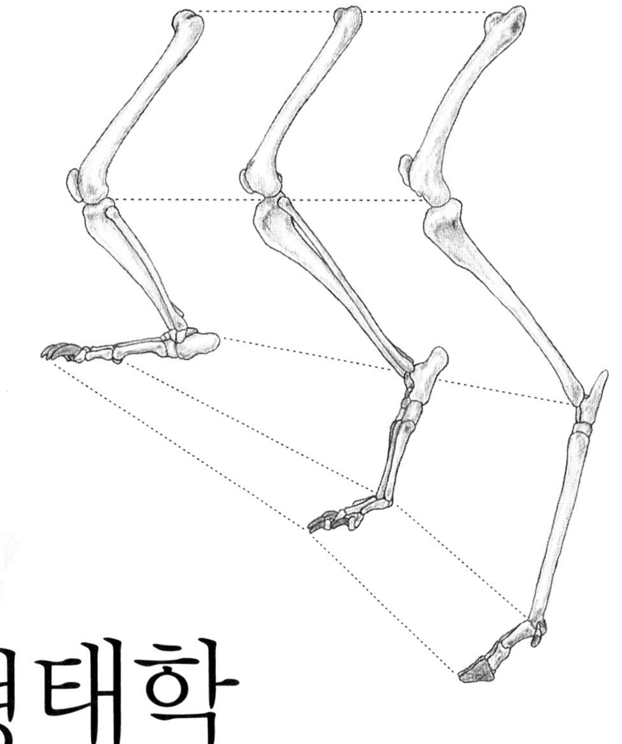

Chapter 7

기능형태학

1. 골격의 구조
2. 크기, 형태, 기능
3. 다리 길이와 보행 형태
4. 골격의 역학적 분석

제7장 기능형태학

척추동물의 움직임은 골격과 근육의 상호작용에 의해 나타나는데, 이런 움직임은 절묘하기 이를 데 없어서 마치 정교하게 맞물리는 톱니바퀴의 움직임처럼 보이기도 한다. 이처럼 형태의 특징을 기능적인 측면에서 접근하여 이해하는 것을 기능형태학(functional morphology)이라 한다. 기능형태학은 단순히 골격의 특징을 파악하는 것이 아니라, 한 걸음 더 나아가 형태와 기능의 필연적일 수밖에 없는 긴밀한 상호 관계를 이해하는 것이기 때문에 비교해부학이나 고생물학에 있어서 가장 흥미로운 분야의 하나다. 더구나 현생 고양이과 동물과는 다른 형태의 골격을 가지고 있는 검치호랑이에 대한 심도 있는 이해는 기능형태학 없이는 불가능하다고 할 수 있다.

1. 골격의 구조

고양이과 동물은 빠르고 날렵한 움직임, 그리고 강한 힘을 발휘할 수 있는 대단히 활동적인 동물이다. 따라서 이들의 골격은 이런 운동성에 부합하는, 극한 상황에서도 견딜 수 있는 견고한 구조로 되어 있다.

포유류의 골격은 발생학적으로 두 가지 유형의 뼈로 구성된다. **연골내골**(endochondral bone)은 먼저 연골이 생겼다가 점차 연골이 흡수되면서 뼈로 대치되는 것으로 사지 골격이 이에 해당한다. **막상골**(membraneous bone)은 결합 조직에 골화점이 생겨서 직접적으로 뼈가 만들어지는 경우로, 두개골이나 척추 뼈 등이 이에 해당한다. 조직학적으로 볼 때 이들 뼈는 **피질골**(cortical bone)과 **해면골**(cancellous bone)로 구성된다(그림 7-1).

피질골은 뼈의 외면을 구성하는 매끄럽고 단단한 부분으로서, 주로 인산칼슘[calcium phosphate, $Ca_{10}(PO_4)_6(OH)_2$] 성분으로 이루어져 뼈를 단단하게 한다. 피질

그림 7-1

뼈의 구조. 일반적으로 뼈의 바깥은 매끄럽고 단단한 피질골로 둘러싸여 있으며, 그 안쪽으로는 스펀지 구조의 해면골이 위치한다. 가운데 비어 있는 공간은 골수로 채워지는 골수강이다.

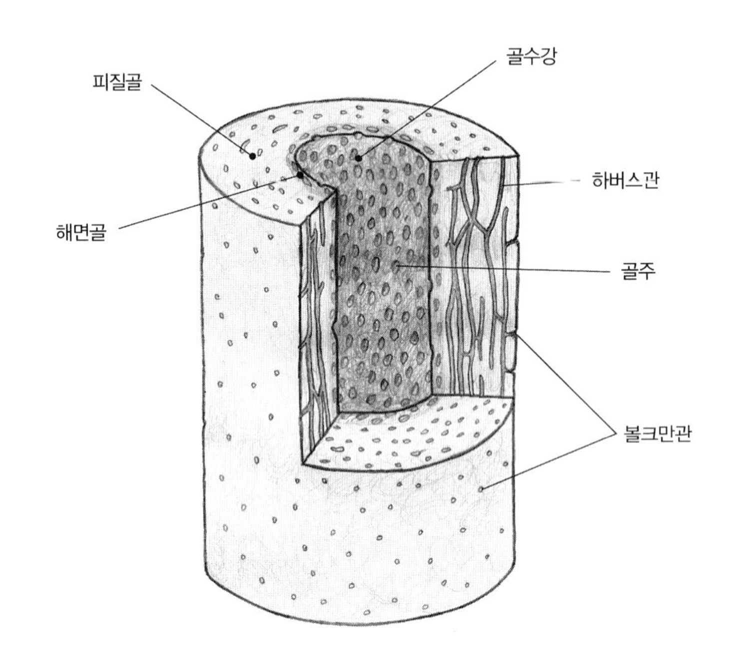

골 부분에는 골세포(osteocyte)가 있고 하버스관(Haversian canal)을 지나는 혈관을 통해 혈액을 공급받으며, 뼛속을 지나는 혈관은 볼크만관(Volkmann's canal)을 통해 골막(periosteum)의 혈관과 연결된다. 피질골의 안쪽으로는 해면골이 위치하여 뼈의 단단함을 보조하면서 새로운 혈액세포와 골세포를 만들어 내는 역할을 수행한다. 뼈의 가운데 비어 있는 공간은 골수강(medullary cavity)이라 하는데, 이곳은 골수(bone marrow)로 채워지게 된다.

골격의 형태와 관련해서 주목해야 할 것 중의 하나는 **부동관절**(synarthrosis)이다. 관절은 2개 이상의 뼈가 연결된 형태를 말하는데, 관절의 결합이 매우 단단하여 운동성이 거의 없는 경우를 부동관절이라 한다. 그러나 부동관절이라도 양쪽 뼈의 운동성이 전혀 없는 것은 아니며 외부 충격, 특히 긴장력에 대한 충격을 흡수할 수 있을 정도로 약간의 운동성은 갖는 경우가 있다. 예를 들어 두개골에서 볼 수 있는 봉합선의 경우, 성장이 끝나기까지는 완전하게 골화(ossification)되지 않고 열려 있기 때문에 부동관절임에도 불구하고 상당한 정도의 유동성이 있다. 성장이 완료되면 골화가 진행되어 뼈 사이의 단단한 결합이 이루어진다.

부동관절은 뼈의 결합 형태에 따라 몇 가지 유형으로 구분된다(그림 7-2). 수직

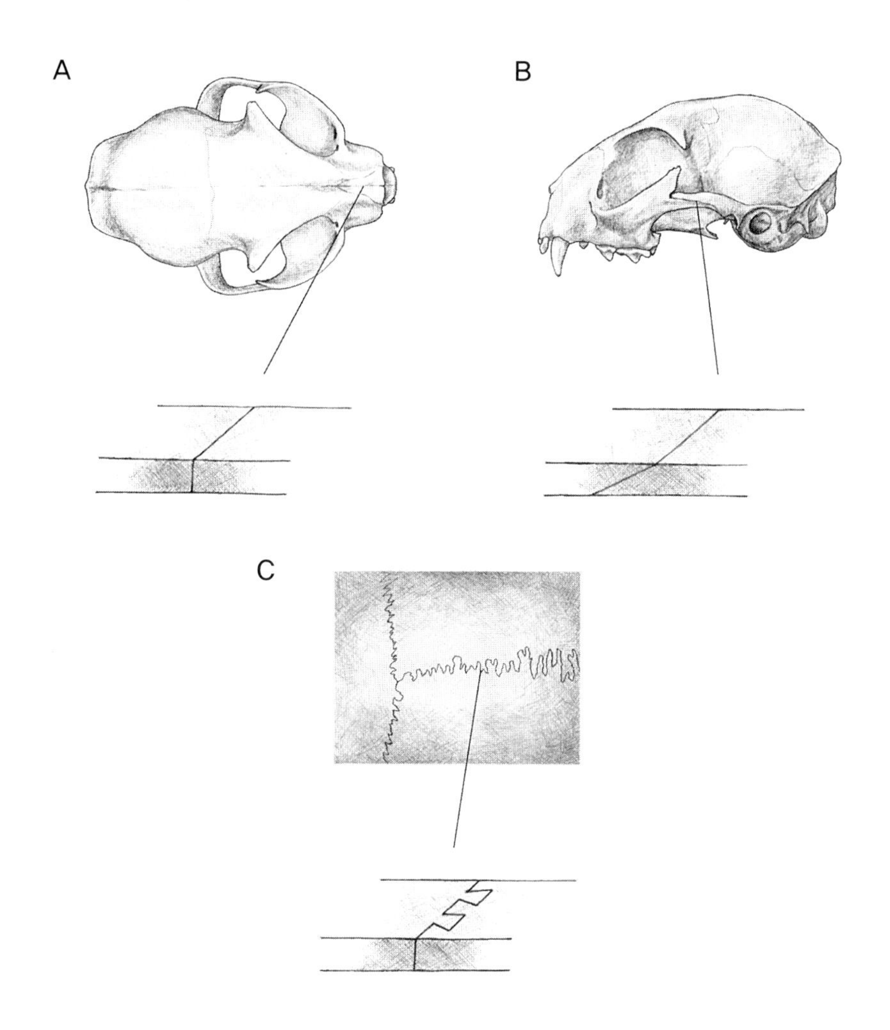

그림 7-2

부동관절의 유형. A. 수직면 결합 관절, B. 사면 결합 관절, C. 거치상 결합 관절

면 결합 관절(butt joint)은 양쪽 비골의 결합에서처럼 마주 보는 양쪽 뼈의 수직면이 만나서 결합된 형태를 말하는데, 이런 유형의 부동관절은 큰 하중을 견뎌 내기 어렵다. 사면 결합 관절(scarf joint)은 양쪽 뼈의 결합면이 사선을 이루면서 상하로 중첩되어 결합되는 형태다. 관골궁의 중앙에서 관골과 측두골이 만나는 봉합선이 그 예인데, 이런 형태의 부동관절은 접촉면의 증가로 인해 뼈의 결합이 단단하여 보다 큰 변형력에도 견뎌 낼 수 있다. 거치상 결합 관절(serrate joint)은 가장 단단한 결합 형태다. 관상봉합(coronal suture)이나 시상봉합(sagittal suture) 등 신경두개의 봉합선에서 이런 형태를 관찰할 수 있는데, 톱니 모양의 복잡한 결합면이 인접 뼈와 만나서 단단하게 연결되기 때문에 외부 충격에 가장 잘 견딜 수 있다.

골격은 기본적으로 지지(support)와 운동(movement)의 두 가지 기능을 수행하는데, 이때 골격은 기본적인 구조를 변형시키려는 외부의 힘에 부딪히게 된다. 만약 골격이 감당할 수 있는 이상의 힘이 가해진다면 뼈는 골절되거나 변형될 것이다.

골격에 작용하는 힘은 크게 압축(compression), 긴장(tension), 염전(shear)의 세 가지로 구분된다(그림 7-3). 압축은 물체에 수직 방향으로 작용하여 물체의 길이를 축소시키려는 힘을 말하며, 긴장은 이와 반대로 힘이 작용하는 방향을 따라 물체의 길이를 늘이려는 힘을 말한다. 그리고 염전은 힘이 물체의 양단에서 서로 다른 방향

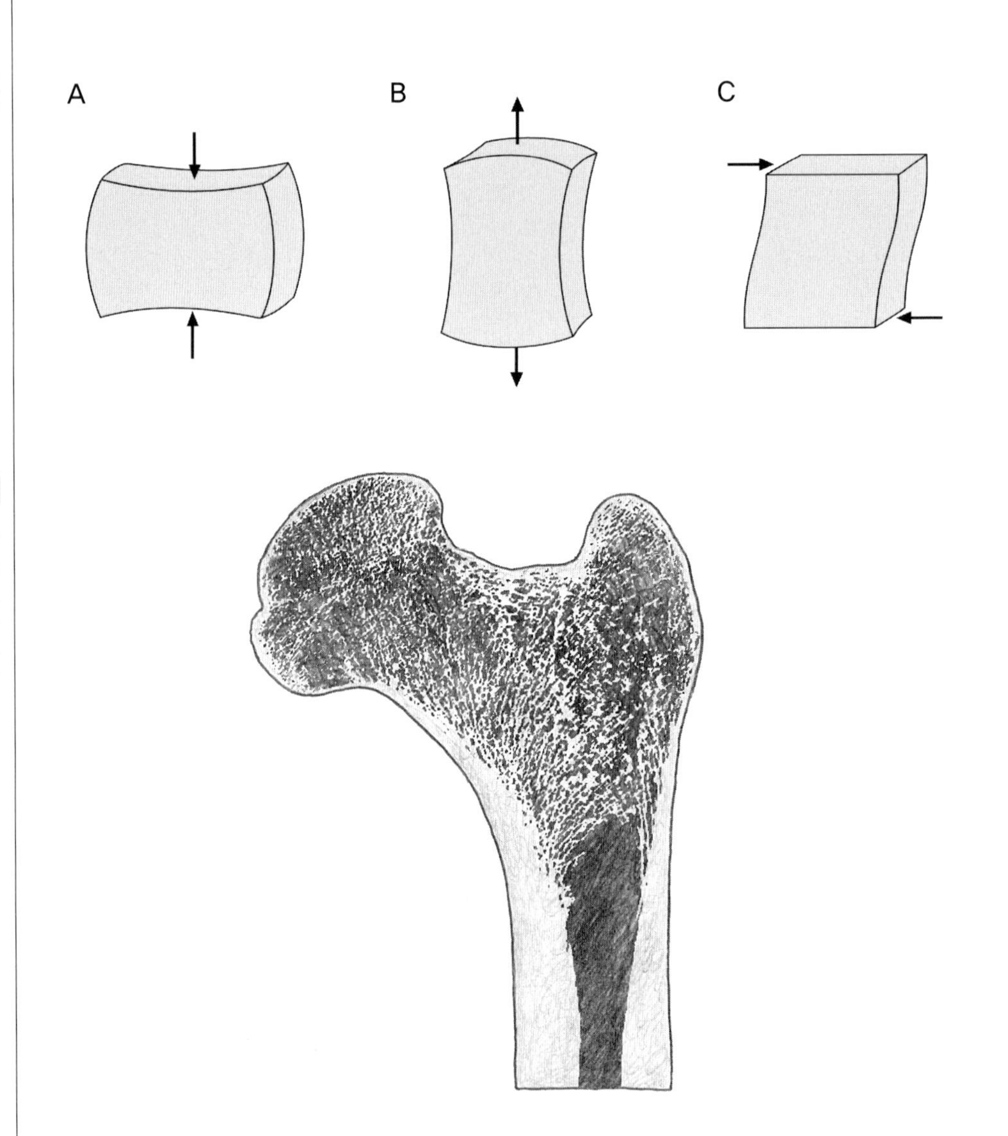

그림 7-3

골격에 작용하는 변형력의 유형. 골격에 작용하는 외부의 힘은 크게 압축(A), 긴장(B), 염전(C)의 세 가지 유형으로 구분된다.

그림 7-4

대퇴골의 단면 구조. 뼈는 경량화와 강도를 동시에 갖기에 적합한 구조이다. 골두 부분은 판상으로 배열된 골주들이 외부 힘의 방향에 따라 아치형으로 배열되어 있으며, 골간 부분은 피질골이 원통형을 이루면서 그 안은 비어 있다.

으로 작용하여 물체를 뒤틀리도록 하는 것을 말한다. 따라서 골격은 이런 변형력에 대처하기 위한 강한 구조를 가져야 하며, 이와 동시에 기민한 움직임을 위해 무게는 가급적 줄여야 한다.

뼈의 단면을 살펴보면 뼈의 기본적인 구조가 이에 부합하는 형태로 되어 있음을 확인할 수 있다. 뼈의 중간에 해당하는 골간(shaft) 부분은 단단한 피질골이 원통형을 이루면서 속이 비어 있는 형태를 하고 있으며, 골두(head) 부분은 수많은 골주(trabecula)들이 작용하는 힘의 방향을 따라 판상 구조(lamellar structure)를 이루면

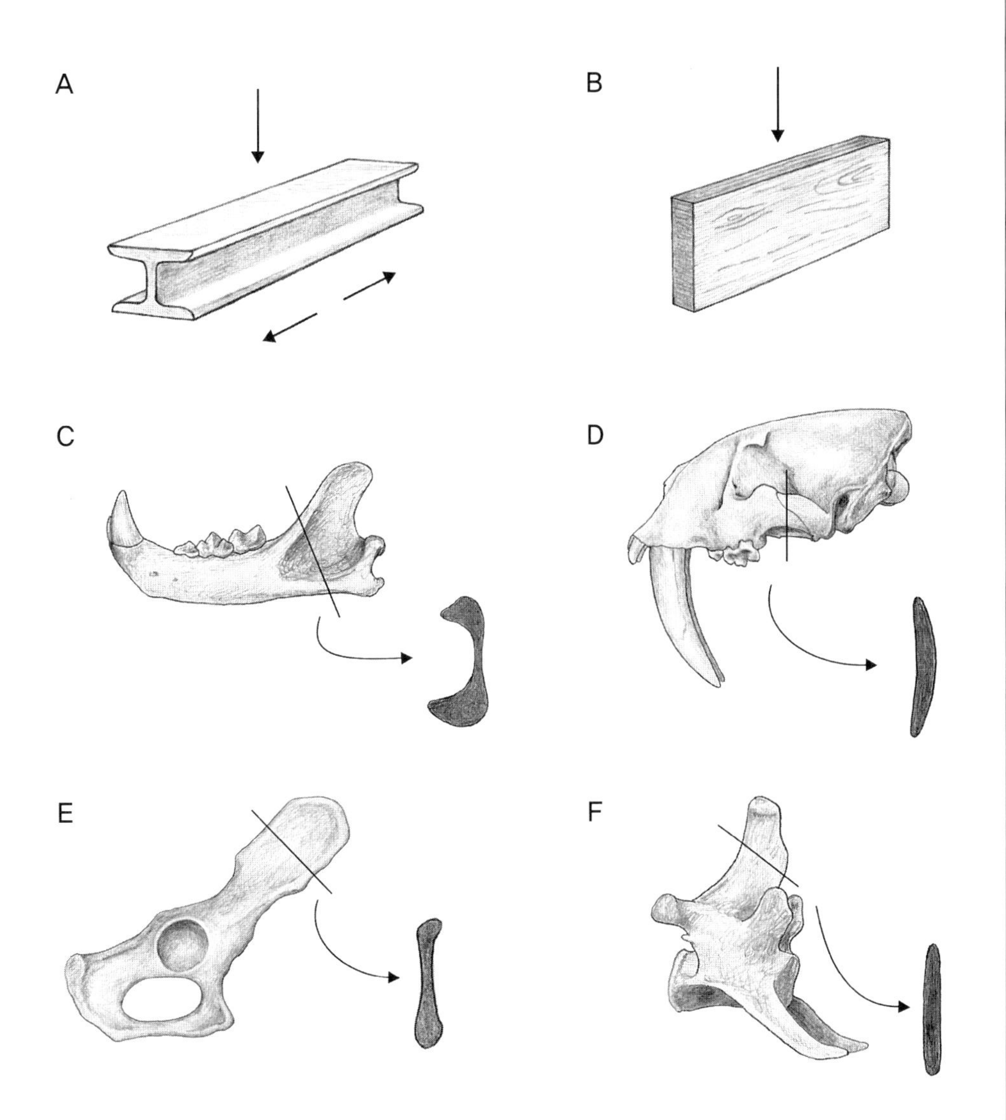

그림 7-5

H빔, 널빤지와 골격의 비교. 골격 중에는 H빔이나 널빤지 같은 건축 자재와 유사한 구조로 되어 있는 경우가 드물지 않다. 사자의 하악지(C)나 고양이 골반의 장골익(E) 단면은 H빔과 유사하여 상하 방향으로 작용하는 압축력과 긴장력에 대처하기 위해 뼈의 위아래 부분이 두껍다. 스밀로돈의 관골궁(D)이나 사자의 요추 극돌기(F)는 널빤지를 세로로 세워 놓은 것과 유사한 형태를 하고 있어서 측면의 힘에는 약하지만 상하 방향의 하중에는 효과적으로 대처할 수 있다.

서 아치형으로 배열되어 있는 것을 관찰할 수 있다(그림 7-4).

골격이 외부의 변형력에 대처하기에 적합한 형태를 하고 있다는 것은 건축에 사용되는 자재와 비교해 보면 더욱 명확히 알 수 있다(그림 7-5). 건물의 골조로 흔히 사용되는 H빔을 살펴보면 압축력과 긴장력에 대처하기 위해 위아래 부분이 넓게 되어 있는데, 이런 구조는 하악골의 하악지(ramus)나 골반의 장골익(wing of ilium)

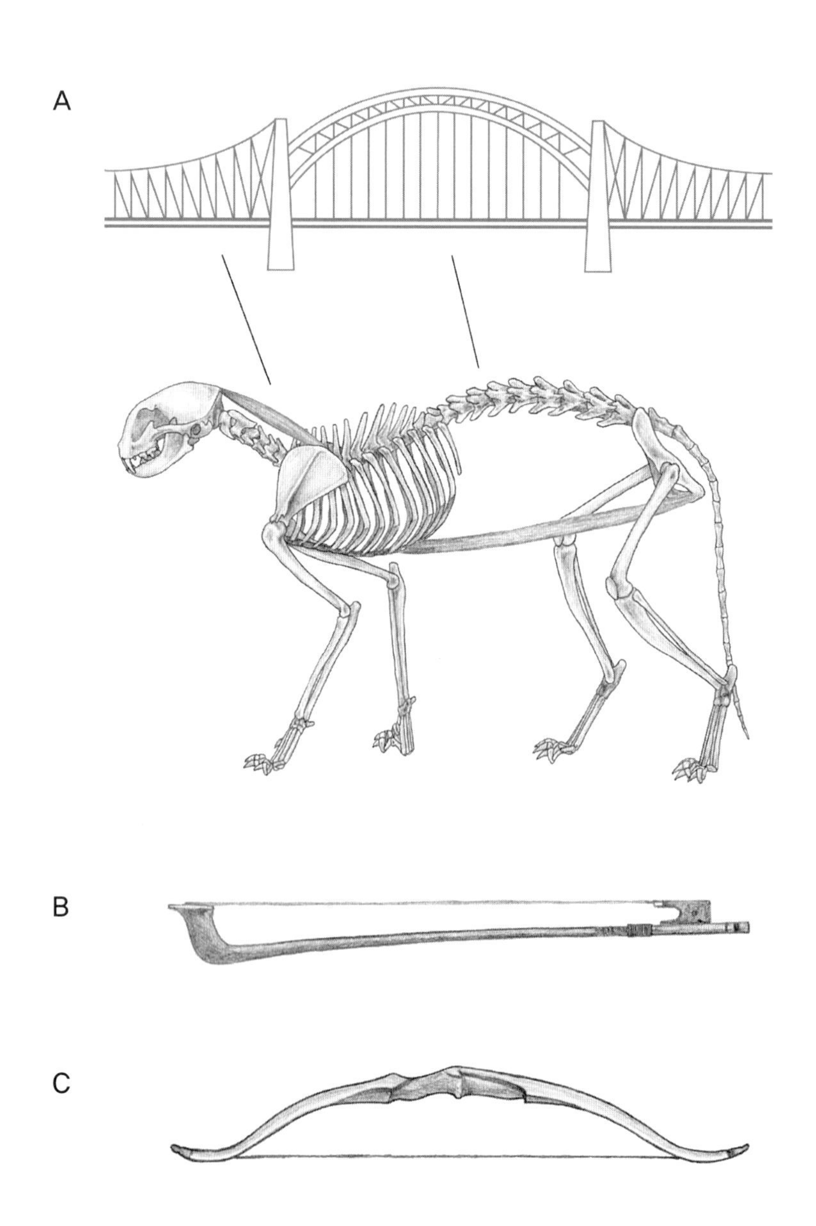

그림 7-6

교량과 전신 골격 구조의 비교. 사지로 척추를 떠받치고, 근육으로 척추에 미치는 하중의 균형을 잡는 골격 형태는 칸틸레버 교량(A)이나 바이올린 활(B), 활시위(C) 등의 기본 구조와 매우 유사하다.

등의 골격에서도 찾아볼 수 있다. 즉 턱이나 골반의 경우 측면에서 작용하는 힘보다는 상하로 작용하는 압축력과 긴장력이 훨씬 크기 때문에 골격의 위아래 부분이 두껍게 보강된 형태를 하고 있는 것이다. 또다른 예로 건축에서 널빤지가 어떻게 사용되는지를 살펴보자. 널빤지를 눕혀 놓은 경우에는 위쪽에서 작용하는 압축력으로 인해 아래쪽으로 휘어지므로 위쪽에서 작용하는 하중이 클 때에는 널빤지를 세로로 세워 놓는 것이 보다 효과적이다.

이와 유사한 구조와 배열은 골격의 여러 부분에서도 찾아볼 수 있다. 예를 들어 두개골의 관골궁(zygomatic arch)이나 척추의 극돌기(spinous process) 등은 두께가 상당히 얇아서 측면에서 작용하는 힘에는 취약한 반면에 상하로 작용하는 힘에는 매우 효과적으로 대처할 수 있는 형태로 되어 있다.

이처럼 골격의 구조가 건축 자재와 유사한 역학적인 형태로 되어 있다는 사실은 일부분이 아닌 전체적인 골격 형태를 통해서도 알 수 있다. 고양이의 전신 골격을 살펴보면 척추가 수평 방향으로 놓여 있고 앞뒤 다리가 수직 방향에서 이를 받치고 있는 형태를 하고 있으며, 머리 부분은 목 근육을 통해 척추에 의해 지지되고 있음을 알 수 있다. 그리고 척추는 다시 복부의 근육에 의해 아치 형태를 이루는데, 이와 같은 형태는 현수교(suspension bridge)나 칸틸레버 교량과 매우 유사하다. 활시위나 바이올린의 활(bow)도 이와 유사한 구조로 볼 수 있다(그림 7-6).

2. 크기, 형태, 기능

현생 고양이과 동물의 체구는 작은 집고양이부터 체중이 280kg을 넘는 아무르호랑이에 이르기까지 매우 다양하다. 검치호랑이의 경우도 크게 다르지 않아서, 집고양이보다 약간 큰 체구의 프로에일루루스(*Proailurus*)부터 현생 호랑이를 능가하는 스밀로돈 포퓰레이터(*Smilodon populator*)에 이르기까지 매우 다양하다. 이처럼 다양한 크기의 고양이과 동물을 이해하기 위해서는 체구 차이가 어떤 의미를 가지고 있는지를 구체적으로 알아볼 필요가 있다. 왜냐하면 체구의 변화는 신체 모든 부분의 비례적인 증가를 가져오는 것이 아니며, 또한 이로 인해 형태와 기능에도 변화를 초

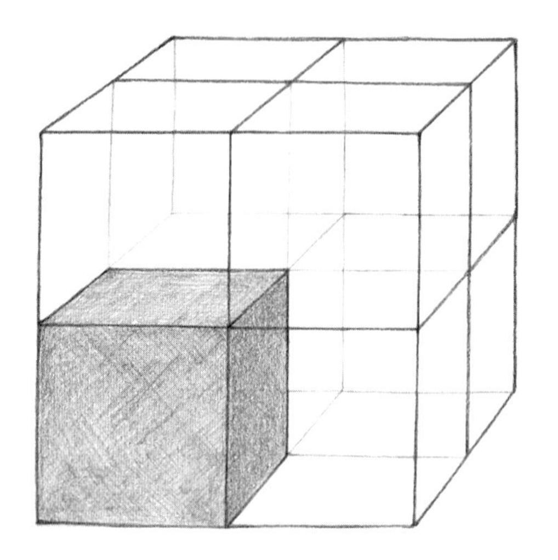

그림 7-7

길이 증가에 따른 표면적과 부피의 상관관계. 길이가 증가함에 따라 표면적은 제곱, 부피는 세제곱으로 증가한다.

래하기 때문이다.

크기의 증가나 감소는 길이, 표면적, 부피의 세 가지 요소에 변화를 가져온다. 하지만 이들의 변화는 정비례 관계에 있지 않고, 길이 증가에 대해 표면적은 제곱으로, 부피는 세제곱으로 증가하게 된다. 예를 들어 정육면체는 길이가 2배 증가하면 표면적은 4배, 부피는 8배 증가한다(그림 7-7). 이런 변화는 신체 각 부분에 지대한 영향을 미치게 된다. 근육을 예로 들어 보자.

근육이 발휘하는 힘은 대략적으로 근육의 단면적(cross-sectional area)에 비례하게 된다. 근육의 길이가 x배 증가한다고 가정할 때 표면적은 x^2, 부피는 x^3배 증가하며 근육의 단면적은 $x^3/x^2=x$, 즉 x배 증가한다. 다시 말해서 x배 증가한 근육의 힘으로 x^3배 증가한 부피를 감당해야 한다는 이야기가 된다. 따라서 형태와 기능의 변화를 동반하지 않는다면 산술적으로 볼 때 근육 힘의 증가는 체구 증가에 제대로 대처할 수 없게 된다.

이와 같은 표면적과 부피 변화의 상관관계는 여러 상황에서 나타날 수 있다. 폐의 표면을 통해 흡수된 산소는 전신의 부피에 공급되어야 하며, 창자의 표면을 통해 흡수된 영양소 역시 체구 부피 전체에 공급되어야만 한다. 새의 경우에는 제곱으로 증가한 날개의 표면적을 이용해 세제곱으로 증가한 체구를 부양시킬 수 있어야 한다. 이처럼 크기의 증가는 필연적으로 형태와 기능의 변화를 유발하게 된다.

체구 증가에 대처할 수 있는 일차적인 방법은 표면적과 관련된 기능의 필요성을 감소시키는 것이다. 폐를 통한 산소의 흡입, 창자를 통한 영양분의 흡수, 신장을 통한 대사산물의 배출 등은 전신의 기초 대사율과 밀접한 관계를 가진다. 따라서 척추동물들은 기초 대사율을 다소 떨어뜨림으로써 체구 증가에 대처하는 경향을 보인다. 체구 증가에 대처하는 두 번째 방법은 표면적 자체를 증가시키는 것이다. 예를 들어 신장 기질의 표면을 보다 복잡한 형태로 하고 대뇌 피질의 요철을 증가시킴으로써 표면적이 커질 수 있다. 초식 동물의 경우에는 이빨의 교합면이 체구 증가 이상으로 넓어지는 경향을 보이기도 한다.

크기의 증가는 전신의 근육과 골격 형태에도 지대한 영향을 미치게 된다. 크기의 증가는 여러 요소의 변화를 동반하는 복잡한 과정이지만, 간단히 정리하면 두 가지 모델로 설명될 수 있다.

먼저 모든 길이 요소가 같은 비율로 증가하는 경우를 가정해 볼 수 있을 것이다. 이런 변화는 마치 사진을 확대해 놓은 것처럼 모든 신체 부위가 비례해서 커지게 되는데, 이를 기하학적 유사성(geometric similarity)(그림 7-8, A)이라 한다. 그러나 이런 변화는 세제곱으로 증가한 부피에서 오는 하중을 견뎌 내기 어렵다는 문제

그림 7-8

크기 증가의 두 가지 모델. 기하학적 유사성(A)은 모든 길이 요소가 같은 비율로 커지는 것을 말하며, 탄성적 유사성(B)은 하중을 지지하는 골격 부분이 집중적으로 커지는 것을 말한다.

점을 안고 있다. 따라서 이런 문제를 해결하기 위해 하중을 지지하는 근육과 골격 부분이 신체의 다른 부분에 비해 집중적으로 커지는 변화를 생각해 볼 수 있는데, 이를 탄성적 유사성(elastic similarity)(그림 7-8, B)이라 한다. 그러나 실제적으로 이 두 가지 모델 중의 한 가지로 설명될 수 있는 경우는 거의 없으며, 두 가지 모델이 혼재되어 나타나는 경우가 대부분이다. 예를 들어 척추의 추체 부분은 전체적으로 기하학적 유사성을 따르지만 수직으로는 탄성적 유사성이 함께 적용된다.

또한 체구 증가에 따른 변화에 골격 형태만으로 대처하는 것은 그리 쉬운 일이 아니다. 기하학적 유사성으로는 무거운 체구를 안정적으로 떠받치기 어려우며, 탄성적 유사성에 따르게 되면 사지가 두껍고 무거워져 민첩성을 상실하기 쉽다. 따라서 실제적으로는 골격 변화의 폭이 생각만큼 크지 않으며, 대신에 자세와 행동 패턴을 변화시켜서 이에 대응하려는 경향을 보이게 된다.

3. 다리 길이와 보행 형태

일반적으로 고양이과 동물의 사지는 뛰거나 빠른 주행에 적합한 형태를 하고 있다. 먼저 다리의 길이를 살펴보자. 일반적으로 긴 다리를 가지고 있다면 보폭이 커서 먹이를 사냥하거나 적으로부터 도망치는 데 효과적일 수 있다. 그러나 다리가 길어지면 하중을 지지하거나 강한 힘을 발휘하는 능력은 상대적으로 떨어지므로, 포식자에게 있어서 긴 다리가 필수적인 요소라고 말하기는 어렵다.

뒷다리는 크게 위쪽의 대퇴골, 중간 부분의 경골과 비골, 맨 아래쪽의 발 부분으로 구분할 수 있다. 다리가 짧은 동물과 긴 동물을 비교해 보면 이 세 부분의 비율이 서로 다름을 알 수 있다(그림 7-9). 즉 다리가 긴 동물일수록 다리의 윗부분보다는 아랫부분이 상대적으로 더 길다. 짧은 다리를 가지고 있는 곰과 긴 다리를 가지고 있는 사슴을 비교해 보면 알 수 있는데, 이런 차이는 달리는 속도와 밀접한 연관이 있다.

동물이 걷거나 달릴 때 다리의 세 부분은 같은 방향으로 각각 따로 움직이게 되지만, 각 부위는 별개로 움직이는 것이 아니라 윗부분의 움직임이 점차 아랫부분의

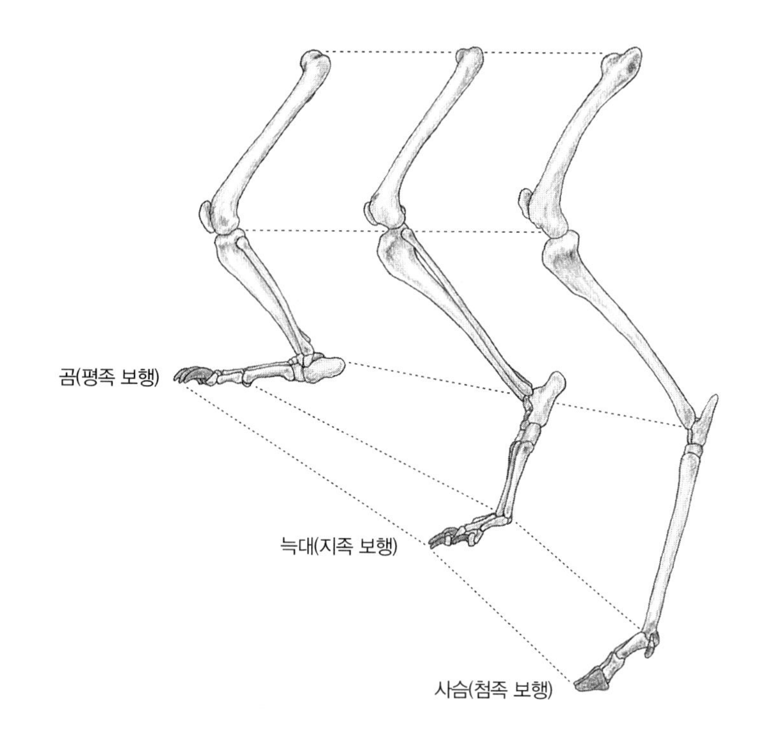

그림 7-9

뒷다리 골격의 길이 비율과 보행 형태. 다리가 길수록 상대적으로 아래쪽 골격의 길이가 더욱 길어져서 빠르고 민첩한 걸음걸이가 가능해진다. 첨족 보행은 이런 관점에서 볼 때 가장 효율적인 보행 형태다.

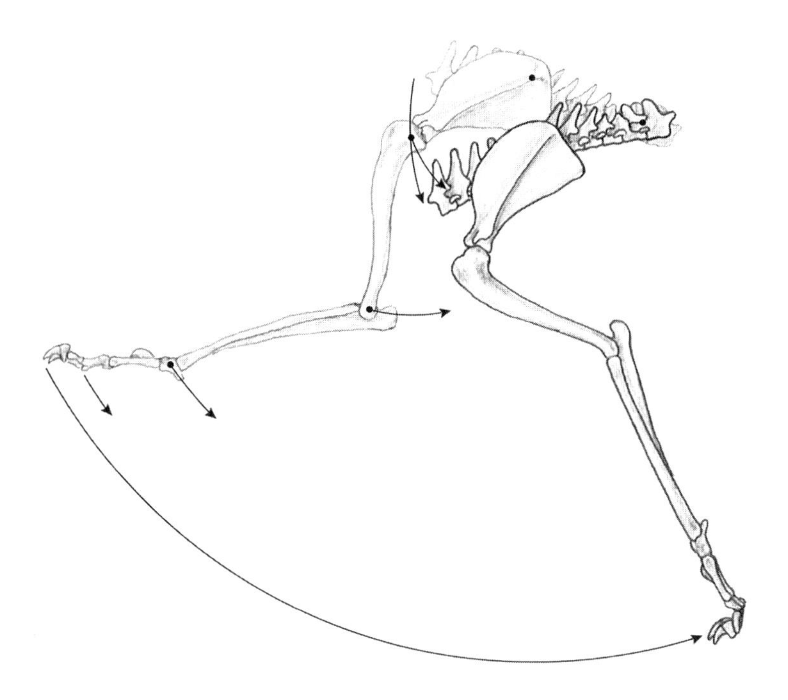

그림 7-10

하지 골격의 부위에 따른 운동량. 다리의 움직임은 각 부분의 운동량이 합해진 결과로 나타나기 때문에 아래쪽 골격이 상대적으로 길수록 에너지 소비를 최소화하는 효과적인 보행이 가능하다.

움직임에 더해져서 나타나게 된다(그림 7-10). 에스컬레이터를 생각해 보자. 바쁜 사람들은 에스컬레이터에 올라탄 후에도 에스컬레이터 위를 걸어 올라가는데, 이때 이동한 거리는 에스컬레이터의 이동 거리와 걸어서 올라간 거리가 합해진 결과로 나타난다.

다리의 움직임도 이와 비슷하다. 전체적인 다리의 길이는 같다고 하더라도 위쪽이 상대적으로 긴 경우에는 다리를 움직이기 위해 많은 에너지를 필요로 하게 된다. 반면 다리의 아랫부분이 긴 경우에는 각 부분의 작은 움직임으로도 같은 거리를 이동할 수 있기 때문에 에너지 소모 면에서 보다 효과적이라고 할 수 있다. 이런 이유로 빠른 속도로 달릴 수 있는 동물들은 상대적으로 긴 아랫부분을 가지고 있는 것이다. 예를 들어 골격 화석을 비교해 볼 때, 대퇴골은 짧은 대신에 경골과 비골이 상대적으로 긴 경우라면 비교적 빠른 속도를 낼 수 있었으리라 추정할 수 있다.

발과 발가락의 모습도 이런 내용을 반영한다. 발의 길이가 짧으면 보행 자체는 매우 안정적이지만 빠른 속도로 걷거나 뛸 수 없다. 따라서 빠른 속도를 내기 위해서는 하지의 아랫부분이 길어야 하며, 이를 위해서 발꿈치를 들어올려야 한다. 곰, 너구리 등의 동물은 발꿈치를 땅에 대고 발바닥을 이용해 걷는데 이러한 보행 형태를 **평족 보행**(plantigrade)이라 한다. 이 경우 보행이 매우 안정적이며 장거리를 걸을 수 있지만 빠른 속도를 내는 데는 적합하지 않다. 한편 늑대, 고양이 등은 발꿈치를 들고 발가락을 이용해 걷는다. 이런 형태는 빠른 보행에 적합하며 **지족 보행**(digitigrade)이라고 한다. 사슴이나 영양 등은 속도를 높이기 위해 아예 발가락 끝, 즉 발굽만을 이용해 걷는데 이런 형태는 **첨족 보행**(unguligrade)이라 하며, 주로 빠르고 민첩하게 뛸 수 있는 우제류 동물에서 관찰되는 보행 형태다(그림 7-9).

이처럼 사지를 구성하는 골격의 길이 비율은 보행 속도를 추정하는 중요한 근거가 된다. 고양이과 동물의 앞다리는 위쪽으로 상완골(humerus), 그 아래쪽으로 요골(radius)과 척골(ulna)로 구성되는데, 이 뼈들의 길이 비율을 통해 대략적인 보행 속도를 추정해 낼 수 있다(그림 7-11). 상완골에 대한 요골의 길이 비율을 살펴보면 치타(*Acinonyx jubatus*)의 경우 100%인 데 반해 사자(*Panthera leo*)는 92%, 호모테리움 라티덴스(*Homotherium latidens*)는 88%, 재규어(*Panthera onca*)는 77%, 그리고 스밀로돈 포퓰레이터(*Smilodon populator*)는 73% 정도다. 이 수치상으로 본

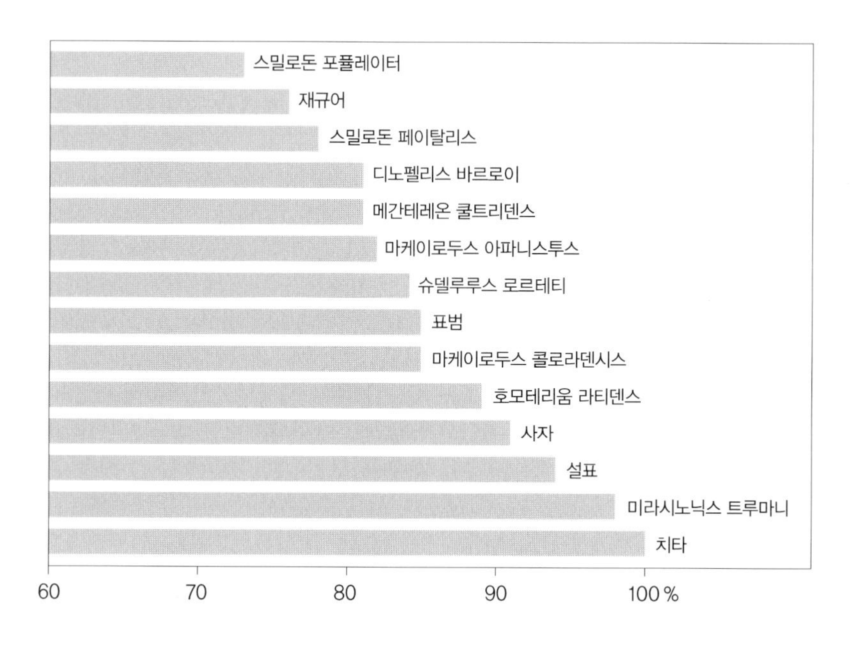

그림 7-11

상완골에 대한 요골의 길이 비율. 요골의 길이가 상완골의 길이와 거의 같은 치타의 골격은 빠른 주행에 적합하지만, 상완골에 대한 요골의 길이 비가 73% 정도에 지나지 않는 스밀로돈 포퓰레이터의 골격은 빠른 주행보다는 강한 힘을 내기에 적합한 형태다.

다면 치타는 매우 빠르고 날렵한 주행이 가능하지만, 스밀로돈 포퓰레이터의 골격은 빠른 주행보다는 강한 힘을 내기에 더 적합하다는 것을 알 수 있다. 사자, 호모테리움 라티덴스, 재규어는 그 중간 정도에 해당한다.

일반적으로 긴 다리는 빠른 주행에 적합하지만 예외적인 경우도 있다. 서벌(*Felis serval*)은 치타처럼 상대적으로 가늘고 긴 다리를 가지고 있다. 하지만 서벌의 긴 다리는 사바나의 긴 수풀 속에서 뛰어오르면서 작은 설치류를 사냥하기에 적합한 형태로, 치타처럼 빠른 주행을 목적으로 하는 것은 아니다(그림 7-12).

고양이과 동물의 골격에서는 빠른 주행에 적합한 또다른 특징을 찾아볼 수 있다. 쇄골(clavicle)은 견갑골(scapula)을 흉골(sternum)에 연결시켜 주는 뼈로, 대부분의 척추동물에서 흉곽의 안정감을 견고히 하는 역할을 한다. 하지만 고양이과 동물의 경우에는 쇄골이 아예 없거나 아니면 매우 축소되어 있으며, 흉골이나 견갑골과의 직접적인 결합 없이 인대를 통해 연결된다. 이러한 골격의 형태로 인해 견갑골은 보다 큰 운동성을 갖게 되며, 결과적으로 보폭을 더 크게 할 수 있는 것이다(그림 7-13).

대부분의 고양이과 동물에서 이런 특징을 찾아볼 수 있지만 견갑골의 형태에

그림 7-12

서벌의 사냥. 서벌은 치타처럼 상대적으로 긴 다리를 가지고 있다. 하지만 서벌의 긴 다리는 사바나의 긴 수풀 속에서 뛰어오르면서 작은 먹잇감을 사냥하기에 적합한 형태로서, 빠른 주행을 목적으로 하는 것은 아니다.

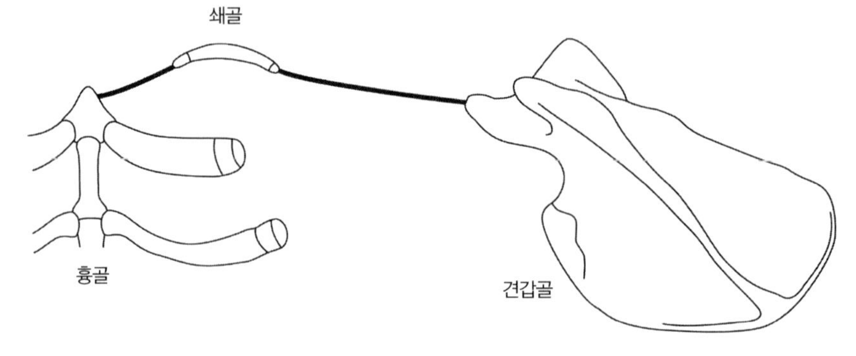

그림 7-13

고양이과 동물의 쇄골 및 견갑골 구조. 일반적으로 쇄골은 흉골과 견갑골에 연결되어 흉곽을 안정적으로 지지하는 역할을 한다. 그러나 고양이과 동물의 쇄골은 발육이 상당히 미흡할 뿐 아니라 흉골 및 견갑골과 골성 결합 없이 인대를 통해 연결되어 있다. 이런 구조로 고양이과 동물의 견갑골은 상당한 정도의 운동성을 갖게 되며, 결과적으로 보폭을 더 크게 할 수 있다.

있어서는 계통에 따라 다소 차이를 보인다. 치타의 경우 견갑골이 수직으로 폭이 좁은 사각형에 가까운 형태를 하고 있으며, 근육들이 수직에 가까운 방향으로 붙어 있어서 앞뒤 방향으로의 움직임이 상당히 강조되어 있다. 반면에 빠른 주행보다는 나무에 오르는 능력이 필요한 표범의 견갑골은 옆으로 넓적한 부채꼴이며, 근육들이 아래쪽으로 붙어 있어서 견갑골을 몸통 쪽으로 붙이기에 적합하지만 앞뒤 방향으로 움직이는 운동 능력은 떨어진다. 사자의 견갑골과 이에 부착된 근육의 형태는 치타와 표범의 중간 정도로, 빠른 주행과 나무에 오르는 능력을 어느 정도 가지고 있다.

4. 골격의 역학적 분석

골격에 작용하는 근육의 힘은 크기(magnitude)와 방향성(direction)을 갖는다. 다시 말해서 근육과 골격의 움직임은 벡터(vector)를 이용한 역학적인 분석으로 표현될 수 있다는 것이다. 벡터는 화살표를 이용하여 힘이 작용하는 크기와 방향을 나타내게 된다. 즉, 화살표의 시점은 근육의 부착점, 화살표의 길이는 근육의 힘, 화살표의 방향은 근육이 작용하는 방향을 나타낸다. 고양이의 앞다리(상완골)에 작용하는 근육의 움직임을 예로 들어 벡터를 이용한 분석을 어떻게 적용하는지 알아보자.

그림 7-14의 A는 상완삼두근의 장두(long head of triceps muscle), B는 상완삼두근의 내측두(medial head of triceps muscle), C는 주근(anconeus muscle)의 배열 상태를 나타낸다. 그림 D, E, F의 F_1, F_2, F_3는 이 세 근육이 작용하는 힘(force, F)의 방향과 정도를 벡터를 이용하여 표현한 것이다. 이 세 근육은 거의 같은 지점, 즉 척골의 주두돌기(olecranon process)에 부착되며, 세 근육의 힘이 합쳐져서 척골을 움직이게 되지만 힘의 크기와 작용 방향은 조금씩 다르다.

먼저 삼두근의 장두와 내측두의 힘을 합쳐서 두 근육의 합력(resultant, R)을 구한다. F_1과 F_2를 두 변으로 하는 평행사변형을 그리고, 시점에서 점선으로 표시된 F_1과 F_2의 대변이 만나는 점까지 화살표를 그려서 합력 R_1을 얻는다(그림 7-14, G). 그리고 나서 R_1에 주근의 벡터 F_3를 마찬가지 방법으로 합하면 합력 R_2를 얻을 수 있다(그림 7-14, H). 결국 R_2는 세 근육이 합쳐진 힘을 벡터로 나타낸 것이며, 이 과정은 그림 7-14의 I처럼 표현할 수도 있다.

벡터를 이용한 분석은 근육과 골격의 움직임에만 국한되지 않는다. 동물이 움직이는 다양한 동작과 이에 따라 파생되는 움직임의 속도도 벡터로 표현할 수 있다. 그림 7-15는 퓨마가 공중으로 뛰어오르는 동작을 벡터를 이용해 분석한 것이다.

척추동물의 골격에서 찾아볼 수 있는 또다른 역학적인 특징은 지레(lever) 시스

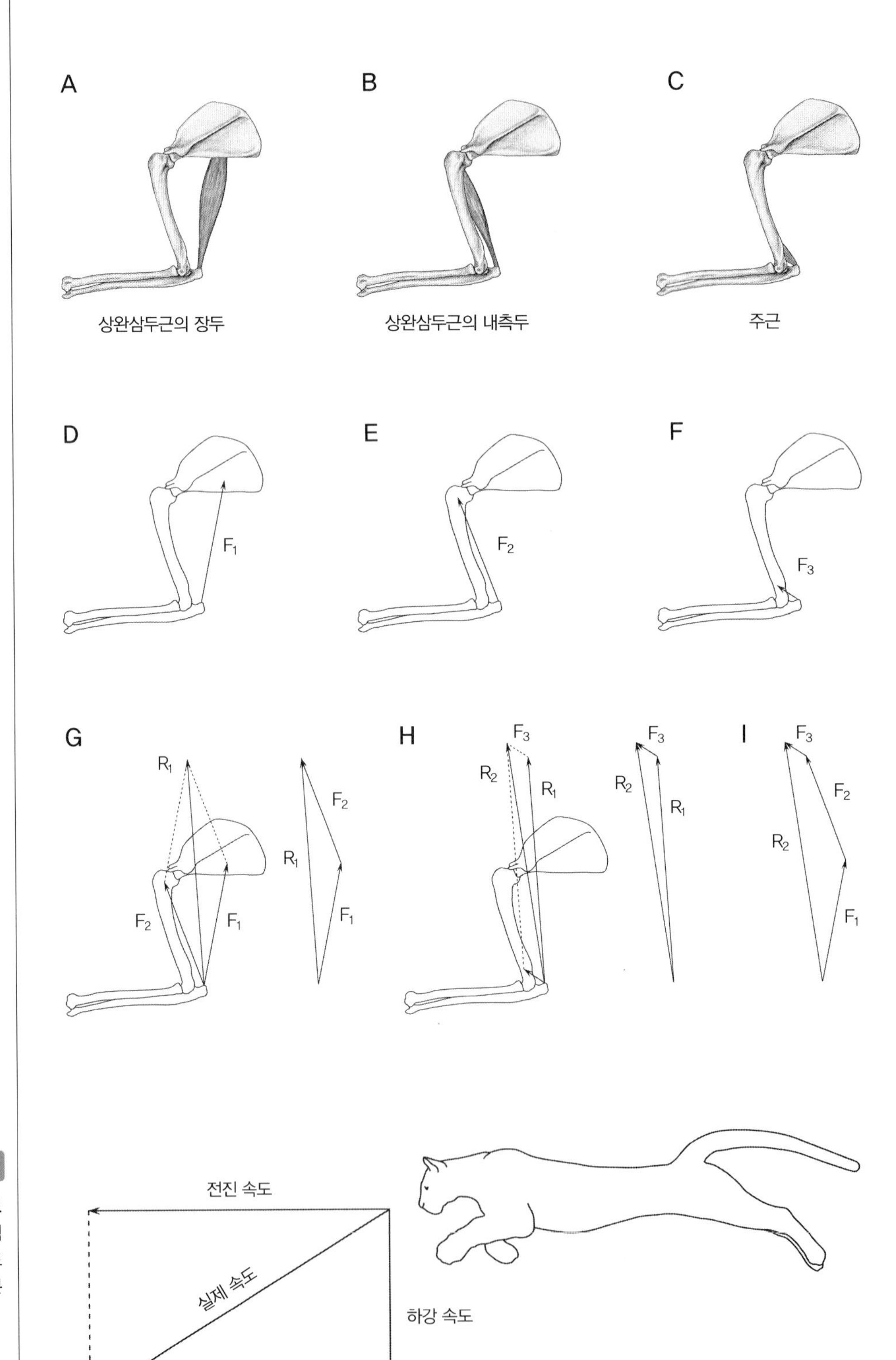

그림 7-14

벡터를 이용한 근육과 골격 움직임의 역학적 분석

그림 7-15

벡터를 이용한 퓨마의 동작 및 속도의 역학적 분석. 근육과 골격의 움직임뿐 아니라 동물의 움직임과 속도 역시 벡터를 이용해 역학적으로 분석하는 것이 가능하다.

템이다. 지레는 막대의 한쪽 끝에 힘이 가해지면 받침점을 중심으로 막대의 다른 쪽이 반대 방향으로 움직이는 기계적인 구조를 말한다. 놀이 기구 시소를 대표적인 예로 들 수 있다.

기본적으로 지레는 막대 부분인 지렛대와 받침점의 두 부분으로 구성되며, 지렛대의 한쪽 끝에 가해진 힘은 받침점을 중심으로 반대 방향으로 전달되도록 되어 있다. 이때 지렛대의 한쪽 끝에 가해진 힘은 내력(in-force, F_i)이라 하고, 받침점을 통해 반대 방향으로 전달된 힘은 외력(out-force, F_o)이라 한다. 그리고 받침점을 중심으로 힘이 가해진 방향의 막대 부분은 내지렛대(in-lever arm, l_i)라 하고, 반대편의 막대 부분은 외지렛대(out-lever arm, l_o)라 한다. 지레의 가장 일반적인 형태는 내지렛대와 외지렛대가 받침점의 양쪽에 위치하고, 내력과 외력의 방향이 반대되는 것이다(그림 7-16, A).

그러나 실제 골격 시스템에서는 이런 형태의 지레 구조 외에도 여러 형태의 지레 구조를 발견할 수 있다. 예를 들어서 발꿈치를 들어올리는 동작은 내지렛대와 외지렛대가 한쪽으로 치우쳐 있으며, 바깥쪽의 움직임에 의해 안쪽 골격이 이차적으로 같은 방향으로 움직이는 구조로 해석할 수 있다(그림 7-16, B). 또다른 예로 턱을 다무는 동작을 살펴보면 내지렛대와 외지렛대가 한쪽으로 치우쳐 있으면서, 내력이 외력의 안쪽에서 작용하여 골격의 말단부를 이차적으로 끌어올리는 구조인 것을 알 수 있다(그림 7-16, C).

지레의 움직임은 작용하는 힘의 크기뿐 아니라 지렛대의 길이에 의해서도 영향을 받게 된다. 지렛대의 전체 길이가 같다고 하더라도 받침점이 내력 쪽으로 치우치면 내지렛대의 길이는 짧아지고 외지렛대의 길이는 길어진다. 이렇게 되면 외지렛대의 움직임은 빨라지지만 외력의 크기는 작아진다. 반대로 내지렛대가 길고 외지렛대의 길이가 짧은 경우에는 외지렛대의 움직이는 속도는 감소하는 대신에 보다 큰 외력을 얻을 수 있다. 즉 내지렛대와 외지렛대의 길이 비율은 외력의 크기, 속도와 밀접한 상관관계가 있는 것이다.

척추동물의 골격에서도 이런 형태의 차이가 관찰된다. 예를 들어서 오소리(*Taxidea taxus*)의 앞다리를 살펴보면, 앞다리의 전체 길이에 대해 척골의 주두돌기(olecranon process) 부분이 상대적으로 길어서 내지렛대가 길고 외지렛대는 짧은

그림 7-16

골격에서 관찰되는 지레 구조의 여러 유형

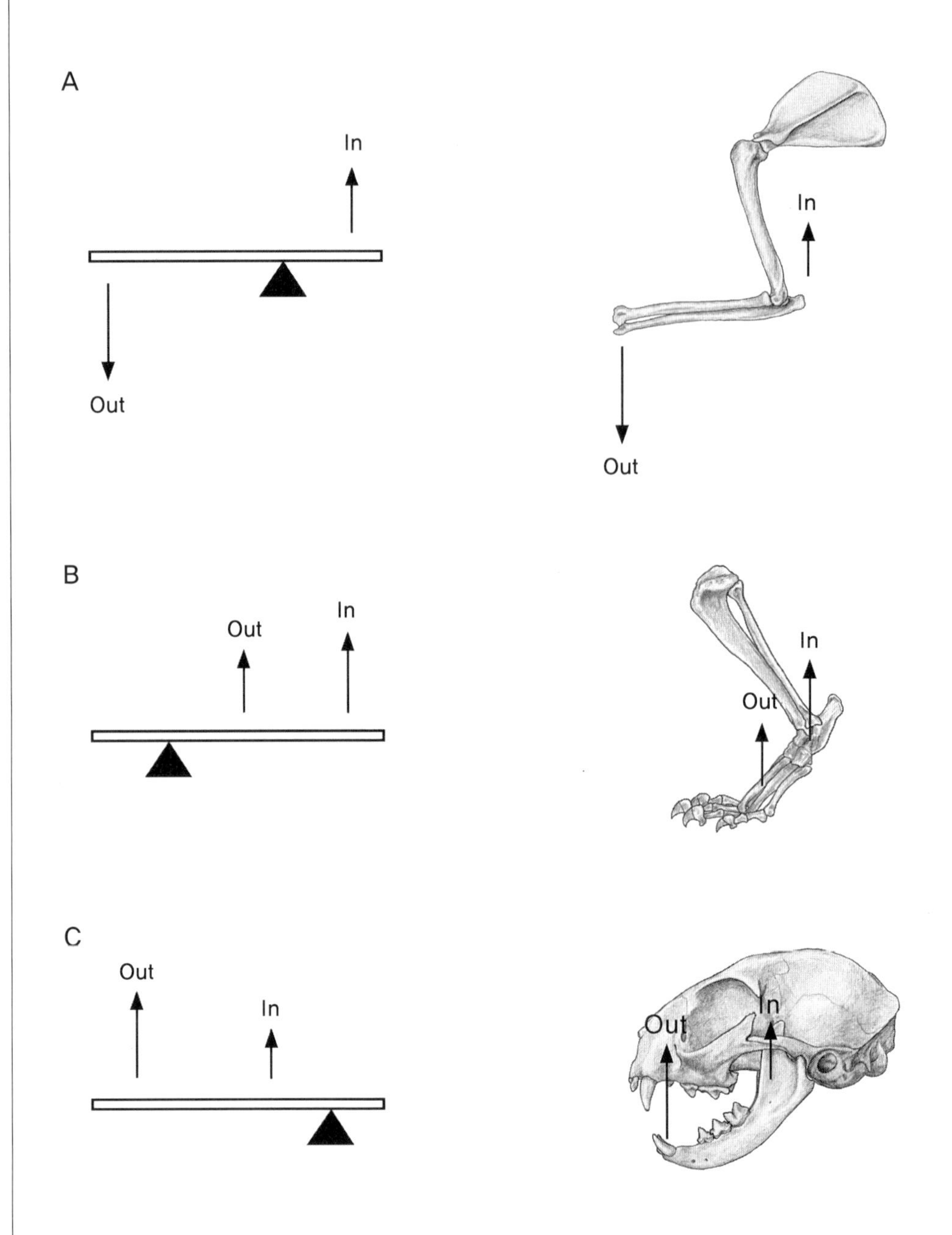

형태를 하고 있다(그림 7-17, A). 이런 형태의 골격은 강한 힘을 발휘하기에 적합하지만 빠른 속도를 내기는 어렵다. 치타의 앞다리는 이와 반대되는 구조를 가지고 있다. 즉, 주두돌기에 비해 그 앞쪽의 골격 부분이 훨씬 길어서 강한 힘을 얻을 수 없는 대신에 속도를 내기에 적합한 구조다(그림 7-17, B).

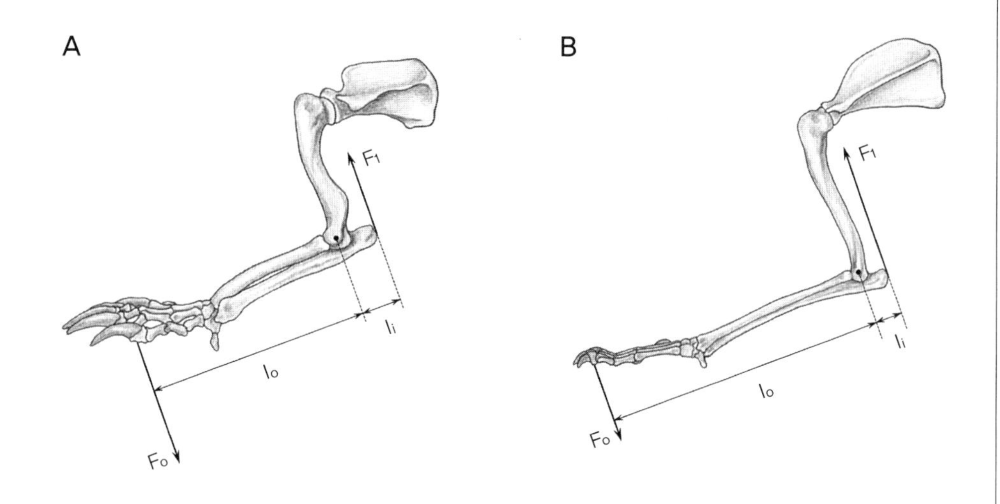

그림 7-17

오소리(A)와 치타(B) 앞다리 골격의 지레 구조

이런 원칙은 다른 형태의 지레 시스템에도 그대로 적용시킬 수 있다. 그림 7-18은 치타와 사자의 상완 골격으로, 내지렛대와 외지렛대가 한쪽으로 몰려 있으면서 내력이 외력의 안쪽에서 작용하는 구조다. 대원근(teres major m.)을 기준으로 한 외지렛대와 내지렛대의 길이비(l_o/l_i)를 보면 치타는 4.45, 사자는 3.36이다. 즉 치타의 대원근과 상완골은 속도에 치중한 형태를 하고 있음에 반해, 사자의 경우 속도는 다소 줄더라도 보다 강한 힘을 얻을 수 있는 구조임을 알 수 있다.

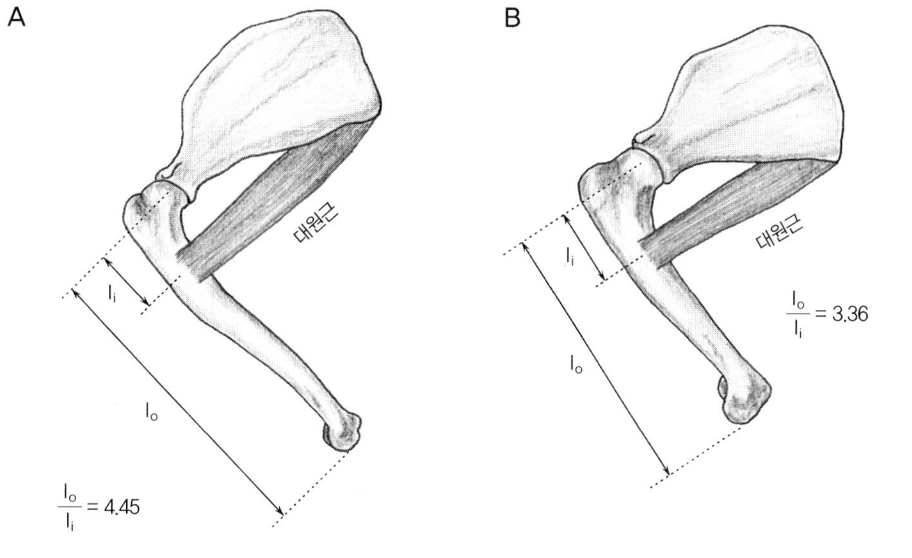

그림 7-18

치타(A)와 사자(B) 상완 골격의 지레 구조. 대원근을 기준으로 한 외지렛대와 내지렛대의 길이비(l_o/l_i)를 통해 속도와 힘의 상관관계를 알 수 있다.

검치호랑이의 분류

1. 개요
2. 님라비드
3. 펠리드

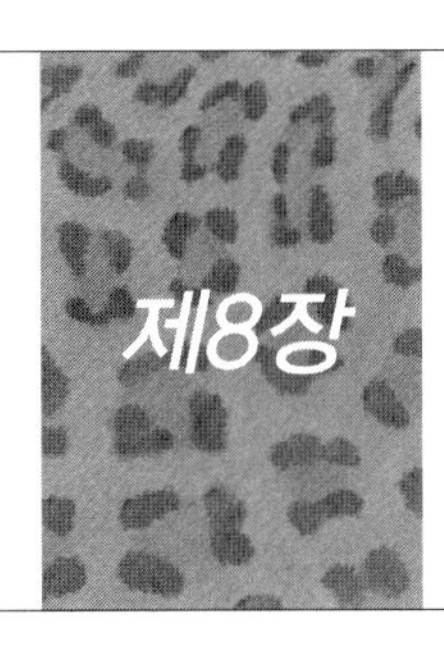

제8장 검치호랑이의 분류

이제 우리의 주된 관심사인 검치호랑이에 대해 구체적으로 알아보도록 하자. 검치호랑이라는 표현이 널리 사용되고 있지만 사실 이들은 현생 호랑이와는 다른 계통의 동물이며, 또한 모든 검치호랑이가 긴 송곳니를 가지고 있었던 것도 아니다. 신생대에 등장한 검치호랑이의 생태는 오늘날과 유사했을 것으로 생각된다. 지역에 따라 사자나 호랑이와 비슷한 종류가 있었는가 하면 표범이나 치타와 유사한 종류도 있었다. 뿐만 아니라 유대류 포식자처럼 골격의 형태, 특히 송곳니의 모습은 검치호랑이와 매우 흡사하지만 계통적으로는 완전히 다른 경우도 있었다.

1. 개 요

늑대, 곰, 사자, 그리고 검치호랑이 등의 포식자는 계통 분류학적으로 **식육목**(Order Carnivora, Carnivores)으로 분류된다. 이름에서 알 수 있듯이 식육목에 속하는 포유류의 대부분은 육식성의 포식자지만, 예외적으로 자이언트팬더와 레서팬더는 초식성, 곰과 여우 등은 잡식성이다. 그리고 물개, 바다표범, 바다코끼리를 제외한 대부분의 식육목 동물들은 육지를 서식지로 한다. 식육목은 현생 동물 14개 과와 이미 멸종된 2개 과를 포함한다(표 8-1).

식육목의 분류에 대해서는 학자에 따라 차이를 보이기도 하지만 일반적으로 고양이아목(Feliformia)과 개아목(Caniformia)의 두 그룹으로 구분하는데, 이는 식육목에 속하는 포식자들이 고양이과나 개과 중 어느 한쪽의 특징을 보다 많이 공유하고 있기 때문이다. 예를 들어서 하이에나는 고양이과에 더 가깝고, 곰은 개과와 더 많은 특징을 공유한다(그림 8-1).

표 8-1
식육목의 계통 분류

식육목(Order Carnivora)

고양이아목(Suborder Feliformia)
- 고양이과(Family Felidae) : 고양이, 사자 등
- 몽구스과(Family Herpestidae) : 몽구스, 줄무늬몽구스 등
- 하이에나과(Family Hyaenidae) : 하이에나, 아드울프 등
- 아프리카사향고양이과(Family Nandiniidae) : 아프리카사향고양이
- 님라비드(Family Nimravidae) : 디닉티스, 유스밀루스 등(멸종)
- 사향고양이과(Family Viverridae) : 사향고양이, 린생 등

개아목(Suborder Caniformia)
- 레서팬더과(Family Ailuridae) : 레서팬더
- 곰개과(Family Amphicyonidae) : 곰개(멸종)
- 개과(Family Canidae) : 개, 늑대, 여우 등
- 스컹크과(Family Mephitidae) : 줄무늬스컹크, 흰등스컹크 등
- 족제비과(Family Mustelidae) : 족제비, 담비 등
- 바다코끼리과(Family Odobenidae) : 바다코끼리
- 물개과(Family Otariidae) : 바다사자, 물개 등
- 물범과(Family Phocidae) : 물범 등
- 미국너구리과(Family Procyonidae) : 미국너구리, 코아티 등
- 곰과(Family Ursidae) : 불곰, 말레이곰 등

우리는 이미 멸종된 식육목의 포유류 중에 긴 송곳니를 가지고 있으면서 전체적인 외형이 현생 고양이과 동물과 비슷하게 생긴 동물들을 검치호랑이(saber toothed tigers, saber toothed cats)라고 부른다. 그러나 사실 이들은 현생 호랑이나 고양이과 동물과는 다른 계통의 동물이었다. 논란이 없는 것은 아니지만 검치호랑이, 혹은 이들과 유사하게 긴 검치를 가지고 있던 포식자들은 크게 크레오돈, 님라비드, 펠리드, 유대류 포식자의 네 그룹으로 분류하는 것이 일반적인 추세다.

크레오돈(Creodonts)은 팔레오세 후반에서 에오세에 이르는 기간 동안 북미, 유럽, 아시아, 아프리카 등의 지역에서 크게 번성하였던 포식자다. 이들을 한때 현생 육식 동물의 직접적인 조상으로 보기도 했지만, 현재 대부분의 학자들은 현생 식육목과 다른 독립된 목(Order Creodonta)으로 구분하고 있다.

크레오돈은 크게 옥시에니드와 하이에노돈티드 두 그룹으로 분류된다. 옥시에니

그림 8-1

고양이아목(A)과 개아목(B). 식육목의 동물들은 크게 고양이에 가까운 고양이아목과 개에 가까운 개아목의 두 그룹으로 분류된다. 예를 들어서 하이에나와 미어캣은 고양이과에, 너구리와 족제비는 개과에 더 가깝다.

드(Oxyaenids, Family Oxyaenidae)는 보다 일찍 등장했던 형태로서, 현생 고양이과 동물에 가까운 외모였던 것으로 보인다. 특히 아파텔루루스(*Apataelurus*)와 마케로이데스(*Machaeroides*) 등의 이빨이나 두개골은 검치호랑이에 가까운 모습이었다고 알려져 있다. 하이에노돈티드(Hyaenodontids, Family Hyaenodontidae)는 조금 늦게 등장한 그룹으로, 개과 동물에 가까운 외모와 오늘날의 늑대처럼 장거리 주행에 적합한 골격 특징을 가지고 있었다.

님라비드(Nimravids, Family Nimravidae)는 이미 멸종되어 사라진 계통으로, 검치호랑이나 현생 고양이과 동물과 함께 식육목으로 분류된다. 하지만 님라비드는 현생 고양이과 동물은 물론이거니와 검치호랑이의 직접적인 조상도 아니다. 일반적으로 검치호랑이를 언급할 때는 님라비드도 포함시키지만, 사실 검치호랑이와 님라비드는 지금으로부터 대략 5,000만 년 전부터 서로 다른 계통으로 갈라졌던 것으로 보인다(그림 8-2).

님라비드는 에오세 중반 유라시아와 북미 대륙에 처음 등장하였다. 이들은 주

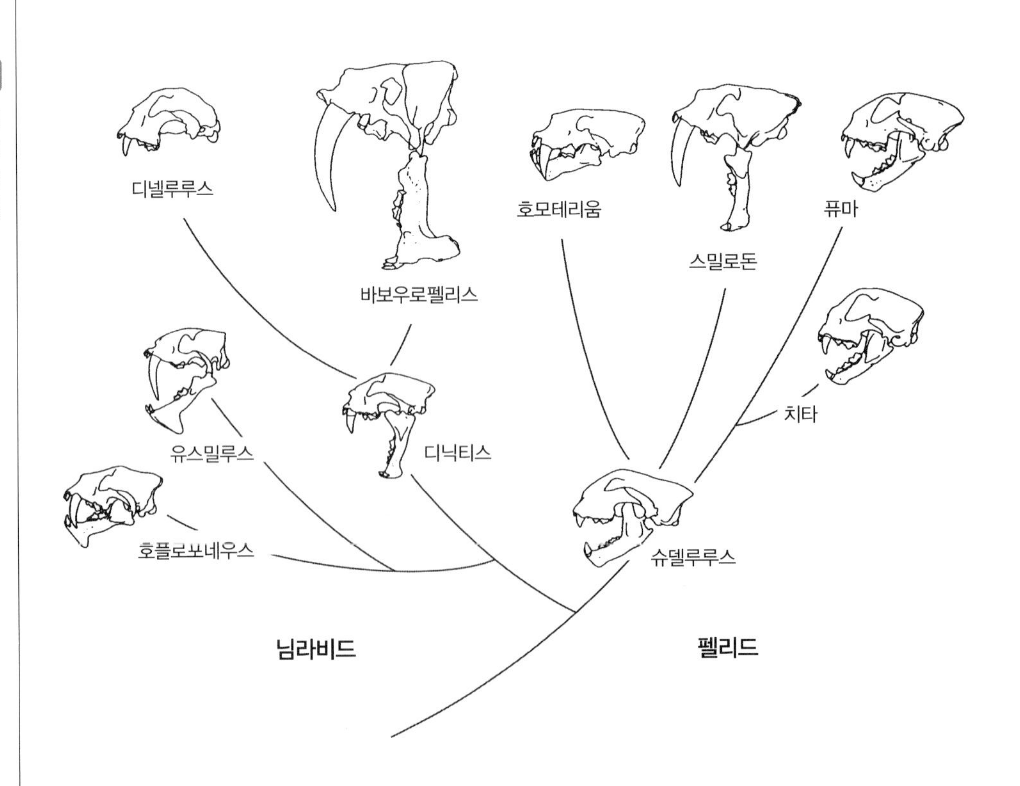

그림 8-2

검치호랑이의 계통. 님라비드와 펠리드는 검치를 포함한 여러 특징을 공유하고 있지만, 대략 5,000만 년 전에 이미 다른 계통으로 분기된 것으로 보인다(Martin).

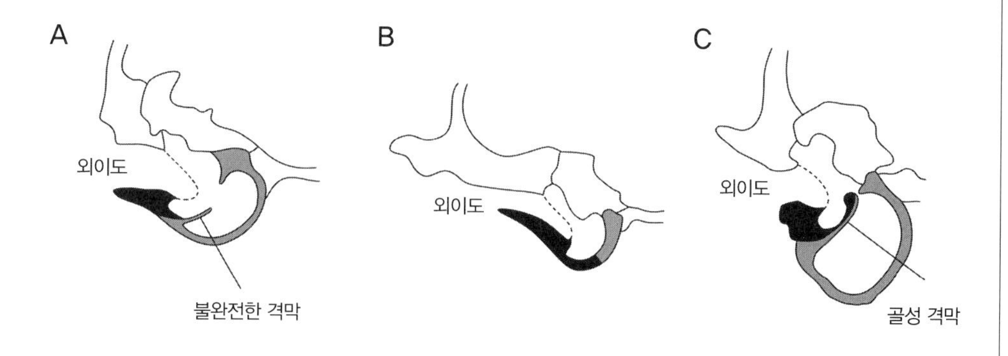

그림 8-3

청각융기의 단면 구조. 일반적으로 포식자는 잘 발달된 청각융기를 가지고 있지만, 그 내부 구조는 계통에 따라 차이를 보인다. 고양이과 동물의 청각융기는 뼈로 된 격막에 의해 청각융기가 이분되지만, 개과나 님라비드의 경우에는 골화가 불충분하여 연골로 된 격막만이 관찰된다. 검은색 부분은 외고실골이며 회색 부분은 내고실골을 나타낸다. A. 개, B. 수달, C. 고양이

둥이가 짧고, 육치를 가지고 있으며, 대구치의 개수가 적고, 발톱을 숨길 수 있는 등 고양이과 동물에서 볼 수 있는 많은 특징을 가지고 있었다. 님라비드가 고양이과 동물과 구별되는 가장 중요한 특징은 이들이 평족 보행(plantigrade)에 가까운 골격 형태를 하고 있었다는 것과, 청각융기(auditory bulla)에 뼈로 된 격막 구조를 가지고 있지 않았다는 것이다. 포식자에게 있어서 청각은 매우 중요하기 때문에 귀를 통해 감지한 소리를 청각중추로 전달하는 이소골(ossicle)과 이를 포함하는 청각융기가 잘 발달되어 있다. 그러나 청각융기의 내부 구조는 계통에 따라 차이를 보여서, 고양이과 동물의 경우는 골성 격막(bony septum)에 의해 청각융기의 내부가 이분되지만, 개과나 님라비드의 경우는 골화가 불충분하여 연골로 된 격막만 관찰된다(그림 8-3).

님라비드 중에는 검치호랑이에서 볼 수 있는 것과 유사한 긴 검치를 가지고 있는 계통들이 있었다. 따라서 님라비드를 마케이로돈티네아과의 전형적인 검치호랑이와 구분하여 의사 검치호랑이(false saber toothed cats)라고 부르기도 한다.

래리 마틴(Martin L. D.)은 이들의 검치 형태를 세 가지 유형으로 분류하였다(그림 8-4). **원추형 검치**(conical-toothed forms)는 짧고 둥근 형태며, **단검형 검치**(scimitar-toothed forms)는 어느 정도 길면서 테두리에 거친 톱날 구조를 가지고 있는 납작한 형태고, **군도형 검치**(dirk-toothed forms)는 상당히 길며 테두리가 가는 톱날 구조인 납작한 이빨 형태를 말한다.

군도형 검치 유형에는 유스밀루스(*Eusmilus*), 호플로포네우스(*Hoplophoneus*), 바보우로펠리스(*Barbourofelis*) 등이 포함되는데, 이들은 비교적 다리가 짧고 평족

그림 8-4

검치 형태의 세 가지 유형. 마틴이 제시한 검치호랑이의 분류 방법으로, 원추형 검치는 짧고 둥근 형태, 단검형 검치는 어느 정도 길면서 거친 톱날 구조를 가진 납작한 형태, 군도형 검치는 가는 톱날 구조를 가진 매우 긴 검치를 말한다. 화살표는 검치의 단면 모습이다.

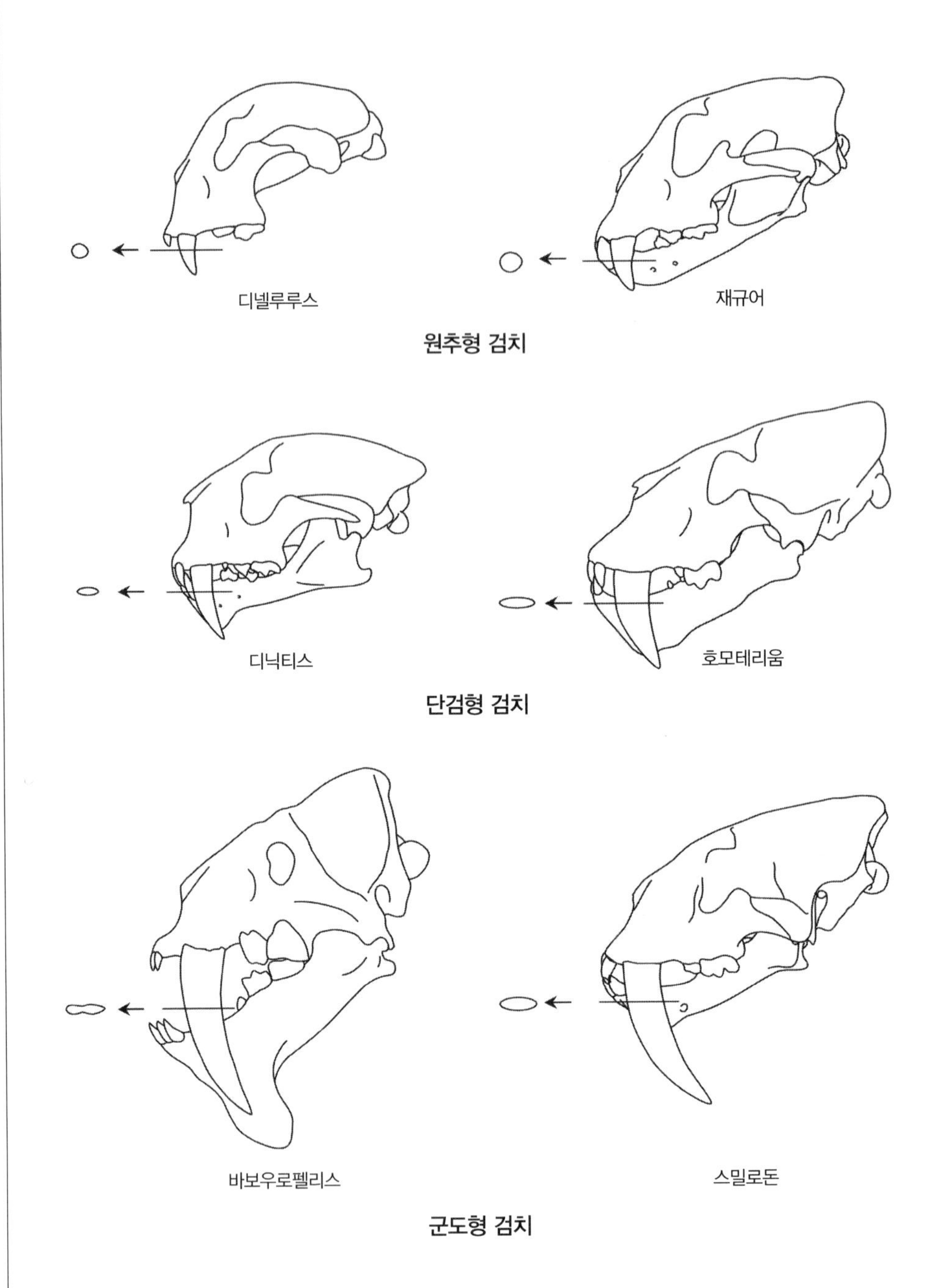

보행을 하였던 것으로 보인다. 단검형 검치 유형에는 디닉티스(*Dinictis*), 포고노돈(*Pogonodon*), 님라부스(*Nimravus*) 등이 포함되며, 이들은 상대적으로 긴 다리를 가지고 있어서 빠른 주행이나 장거리 보행에 적합했을 것으로 추정된다. 원추형 검치를 가지고 있던 님라비드로는 현재까지 디넬루루스(*Dinaelurus*)만이 보고되어 있다.

펠리드(Felids, Family Felidae)는 현생 고양이과 동물과 검치호랑이를 포함하는 그룹이다. 대부분의 고생물학자들은 프랑스의 초기 마이오세 지층에서 발견된 프로에일루루스(*Proailurus*)를 펠리드의 가장 초기 형태로 지목하고 있다. 그러나 프로에일루루스는 현생 고양이과 동물보다는 사향고양이(civet)나 포사(fossa)에 더 가까운 모습을 하고 있었을 것으로 추정된다. 북미와 유럽의 마이오세 지층에서 발견된 슈델루루스(*Pseudaelurus*)도 가장 일찍 모습을 나타낸 펠리드의 하나로 여겨진다. 일부 학자들은 슈델루루스를 현생 고양이과 동물의 직접적인 조상으로 보고 있다.

논란이 없는 것은 아니지만, 일반적으로 펠리드는 마케이로돈티네(Machairodontinae)와 펠리네(Felinae)의 두 아과(subfamily)로 다시 세분된다. 마케이로돈티네는 진정한 의미의 검치호랑이 무리를 말하는데, 이들의 검치 역시 님라비드와 마찬가지로 형태에 따라 세 가지 유형으로 구분한다(그림 8-4). 메간테레온(*Megantereon*), 스밀로돈(*Smilodon*) 등의 검치호랑이는 군도형의 긴 검치와 상대적으로 짧은 다리를 가지고 있었다. 마케이로두스(*Machairodus*)나 호모테리움(*Homotherium*)은 단검형 검치 호랑이의 대표적인 예로, 검치의 길이가 다소 짧고 거친 톱날 구조를 가지고 있었으며, 다리가 길어서 빠른 주행이 가능했을 것으로 보인다. 검치의 세 번째 유형인 원추형 검치에는 펠리네아과, 즉 모든 현생 고양이과 동물들이 포함된다.

신생대 대부분의 기간 동안 남미 대륙은 다른 대륙과 단절되어 있었기 때문에 다른 지역에서는 볼 수 없는 독특한 생물군을 형성하고 있었다. 남미 대륙에서 가장 성공적으로 번성한 동물은 유대류였는데, 유대류 중에서 그 외모가 검치호랑이와 매우 유사한 것들이 있었다. 이들을 유대류 검치호랑이나 유대류 포식자(marsupial carnivores), 혹은 틸라코스밀리드(Thylacosmilids)라 한다. 유대류 포식자 중에는 틸라코스밀루스 아트록스(*Thylacosmilus atrox*)가 가장 널리 알려져 있는데, 이들은 님라비드나 펠리드 검치호랑이와 매우 유사한 형태의 검치를 가지고 있었다(그림 8-5).

이처럼 원래는 다른 계통의 동물이지만 비슷한 환경에 적응하다가 유사한 형태를 띠게 되는 경우를 수렴(convergence), 혹은 생태 형태 유사성(ecomorphs)이라 한다. 이런 예는 다른 동물들에서도 어렵지 않게 찾아볼 수 있다. 어류인 상어와 해

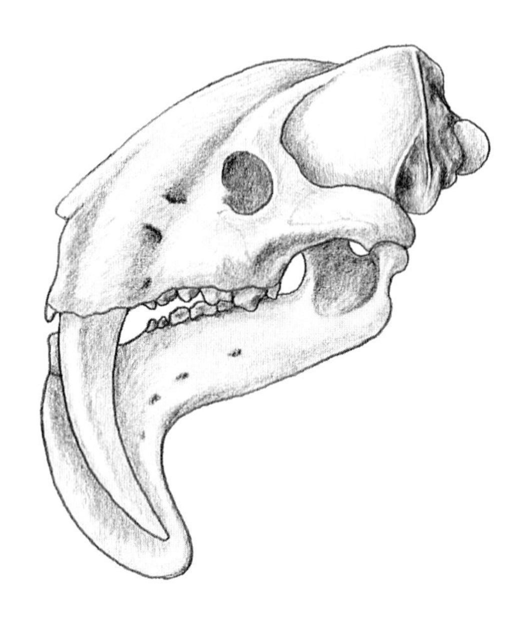

그림 8-5

틸라코스밀루스 아트록스의 두개골. 유대류 포식자는 님라비드나 펠리드 검치호랑이와는 계통적으로 완전히 다름에도 불구하고 매우 유사한 형태의 긴 검치를 가지고 있다.

양 파충류인 익티오사우루스(Ichthylosaurs), 그리고 포유류인 돌고래는 완전히 다른 계통임에도 불구하고 물 속에서의 유영으로 인해 매우 유사한 유선형의 몸매를 가지고 있다(그림 8-6). 하늘을 나는 익룡, 시조새, 조류 역시 수렴의 또다른 예가 될 수 있을 것이다.

검치호랑이의 분류는 아직도 명확하게 정립되지 않아서 학자에 따라서 상당한 차이를 보이며, 또한 동일한 종을 다른 학명으로 부르는 경우도 적지 않다. 예컨대 디닉티스(*Dinictis*)는 답토필루스(*Daptophilus*)라는 학명으로, 님라부스(*Nimravus*)는 엘루로갈레(*Aelurogale*)라는 학명으로 혼동되어 사용되기도 한다.

최근에는 검치호랑이의 계통 분류와 관련해서 **근속**(tribe)이라는 개념이 사용되고 있다. 근속은 어떤 과의 여러 속 중에서 계통적으로 보다 가까운 속들을 하나의 무리로 묶어 놓은 것을 말한다. 예를 들어 검치호랑이의 마케이로돈티네아과(Subfamily Machairodontinae)는 메테일루리니(Metailurini), 호모테리니(Homotheriini), 스밀로돈티니(Smilodontini)의 세 가지 근속으로 분류된다. 표 8-2는 검치호랑이의 가장 일반적인 분류를 정리해 놓은 것이다.

1965년 독일의 곤충학자 헤닉(Hennig W.)은 분기도(cladogram)를 이용한 **계통**

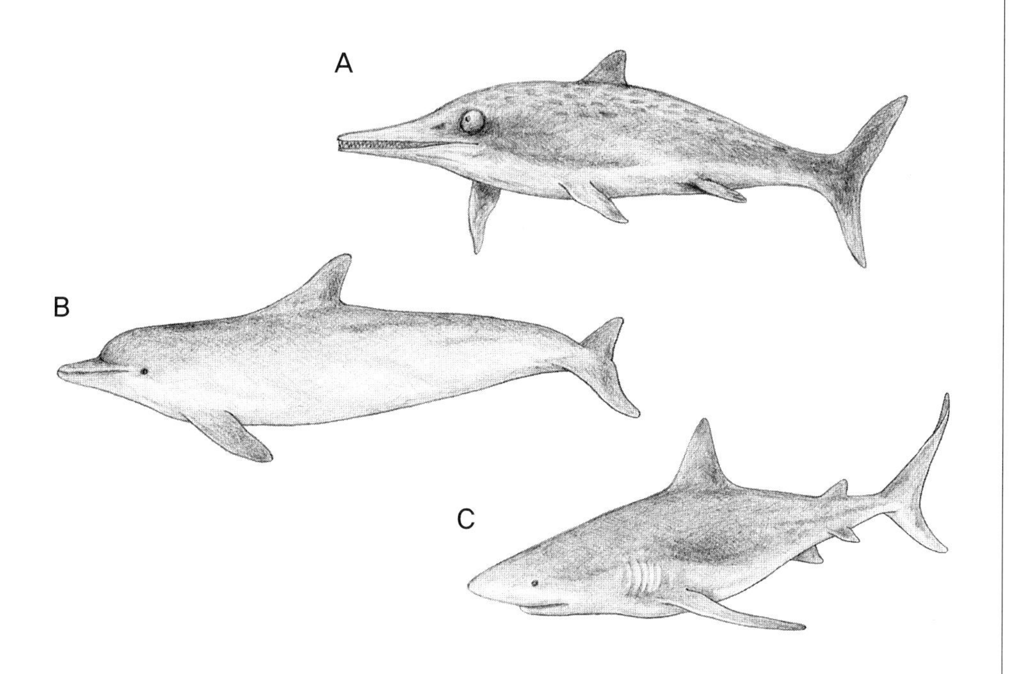

그림 8-6

수렴. 익티오사우루스(A), 돌고래(B), 상어(C)는 완전히 다른 계통임에도 물 속에서의 유영이라는 공통점으로 인해 유선형의 매우 유사한 형태를 하고 있다. 이처럼 다른 계통의 동물이지만 비슷한 환경 때문에 유사한 형태를 가지게 되는 경우를 생태 형태 유사성 혹은 수렴이라 한다.

발생학적 분류법(phylogenetic classification)을 제시하였다. 이 분류법은 공룡 등을 통해 이미 널리 알려져 있지만, 처음 접하는 독자들을 위해 기본적인 개념을 간단히 소개하고자 한다. 생물을 진화론의 선상에서 관찰하다 보면 종이 나뉘는 분기점에서 어떠한 특징들이 발견된다. 이러한 분기 특징에 의해 진화 계통을 그림으로 나타낸 것을 분기도라 하며, 이런 분류 방법을 계통 발생학적 분류 혹은 분기 분류법(cladistic classification)이라고 한다. 간단한 예를 통해 알아보자(그림 8-7).

먼저 연골어류인 활유어는 척추와 턱이 없다는 점에서 다른 동물들과 구분이 되기 때문에 이 지점에서 별개의 계통으로 분기해 나간다. 경골어류인 베스는 척추와 턱을 가지고 있으며 도마뱀부터는 양막과 4개의 다리가 나타나기 때문에 각각 따로 분기해 나간다. 마찬가지로 털과 유선 조직을 가지고 있는 말과 원숭이는 따로 분기해 나가며, 결국 말과 원숭이는 계통 발생학적으로 매우 가까운 관계에 있음을 알 수 있다.

이 방법은 매우 논리적이며 진화의 핵심을 정확히 지적하고 있는 듯이 보인다. 하지만 분기도는 지질학적 시대 구분 혹은 시간의 개념을 포함하지 않기 때문에 언제 종의 분기가 일어났는지를 알 수 없다. 또한 이미 멸종된 생물도 현생종들과 같

표 8-2

검치호랑이의 일반적인 계통 분류

FAMILY: NIMRAVIDAE

SUBFAMILY: NIMRAVINAE

Genus: *Dinictis* (synonym: *Daptophilus*)
Dinictis cyclops
Dinictis felina
Dinictis priseus
Dinictis squalidens
Genus: *Dinaelurus*
Dinaelurus crassus
Genus: *Dinailurictis*
Dinailurictis bonai
Genus: *Eofelis*
Eofelis edwardsii
Eofelis major
Genus: *Nimravus* (synonyms: *Archaelurus*, in part; *Dinictis*, in part)
Nimravus altidens
Nimravus brachyops
Nimravus edwardsi
Nimravus gomphodus
Nimravus intermedius
Nimravus sectator
Genus: *Pogonodon* (synonyms: *Hoplophoneus*, in part; *Dinictis*, in part)
Pogonodon platycopis
Pogonodon brachyops
Genus: Quercylurus
Quercylurus major
Genus: Archaelurus
Archaelurus debilis

SUBFAMILY: HOPLOPHONINAE

Genus: *Eusmilus*
Eusmilus bidentatus
Eusmilus cerebralis
Eusmilus sicarius
Genus: *Hoplophoneus*
Hoplophoneus belli
Hoplophoneus dakotensis
Hoplophoneus occidentalis
Hoplophoneus latidens
Hoplophoneus mentalis
Hoplophoneus primaevus
Hoplophoneus robustus

Genus: ***Nanosmilus***
Nanosmilus kurteni

SUBFAMILY: BARBOUROFELINAE

Genus: ***Barbourofelis***
Barbourofelis fricki
Barbourofelis loveorum
Barbourofelis morrisi
Barbourofelis osborni
Barbourofelis piveteaui
Barbourofelis vallensiensis
Barbourofelis whitfordi

FAMILY: FELIDAE

Genus: ***Proailurus***
Proailurus lemanensis
Genus: ***Pseudaelurus*** (***Schizailurus***)
Pseudaelurus quadridentalis
Pseudaelurus transitorius
Pseudaelurus lorteti

SUBFAMILY: MACHAIRODONTINAE

TRIBE METAILURINI

Genus: ***Metailurus***
Metailurus major
Metailurus mongoliensis
Metailurus pamiri
Metailurus boodon
Metailurus parvulus
Metailurus minor
Genus: ***Dinofelis*** (synonyms: ***Therailurus***; ***Panthera***, in part)
Dinofelis abeli
Dinofelis barlowi
Dinofelis diastemata
Dinofelis paleoonca
Dinofelis piveteaui
? Dinofelis cristata
? Dinofelis petteri
? Dinofelis aronoki

표 8-2
검치호랑이의 일반적인 계통 분류
(계속)

Genus: ***Nimravides*** (synonym: *Archaelurus*, in part)
Nimravides pedionomus
Nimravides catacopis
Nimravides galiani
Nimravides pediomus
Genus: ***Adelphailurus***
Adelphailurus kansensis

TRIBE HOMOTHERIINI

Genus: ***Machairodus*** (synonym: ***Heterofelis***)
Machairodus africanus
Machairodus aphanistus
Machairodus giganteus
Machairodus oradensis
Machairodus colorandensis
? Machairodus transvaalensis
? Machairodus alberdiae
? Machairodus copei
? Machairodus laskarevi
? Machairodus irtyschensis
? Machairodus kurteni
? Machairodus fires
? Machairodus ischimicus
? Machairodus schlosseri
? Machairodus palanderi
? Machairodus palmidens
? Machairodus inexpectatus
? Machairodus giganteus (Amphimachairodus giganteus)
Genus: ***Homotherium*** (synonyms: *Dinobastis*, in part; *Ischyrosmilus*)
Homotherium crenatidens
Homotherium ethiopicum
Homotherium hadarensis
Homotherium latidens
Homotherium nestianus
Homotherium nihowanensis
Homotherium sainzelli
Homotherium serum (Dinobastis serus)
Homotherium ultimum
? Homotherium problematicus
? Homotherium darvasicum
? Homotherium davitasvilii
Genus: ***Xenosmilus***
Xenosmilus hodsonae

TRIBE SMILODONTINI

Genus: *Paramachairodus*
- *Paramachairodus ogygia*
- *Paramachairodus orientalis*
- *? Paramachairodus maximiliani* (*Propontosmilus, Sivasmilus*)

Genus: ***Megantereon*** (***Machairodus***, in part; ***Ischyrosmilus***, in part)
- *? Megantereon nihowanensis*
- *Megantereon cultridens*
- *? Megantereon whitei*
- *? Megantereon gracile*
- *? Megantereon eurynodon*
- *? Megantereon megantereon*
- *? Megantereon vakhshensis*
- *? Megantereon ekidoit*

Genus: ***Smilodon*** (***Ischyrosmilus***, in part; ***Smilodontopsis***; Trucifelis)
- *Smilodon fatalis* (*S. f. californicus, S. f. floridana*)
- *Smilodon gracilis*
- *Smilodon populator* (*Smilodon neogaeus*)

SUBFAMILY: FELINAE

Genus: *Panthera*
- *Panthera leo* (Lion; *Panthera leo spelaea, Panthera leo atrox*)
- *Panthera tigris* (Tiger)
- *Panthera onca* (Jaguar)
- *Panthera Gombaszoegensis* (European jaguar)
- *Panthera pardus* (Leopard)

Genus: *Puma*
- *Puma concolor* (Puma)

Genus: *Acinonyx*
- *Acinonyx pardinensis* (European Cheetah)
- *Acinonyx jubatus* (Cheetah)

?Genus: Miracinonyx
- *Miracinonyx inexpectatus*
- *Miracinonyx trumani*

Genus: *Uncia*
- *Uncia uncia* (Snow Leopard)

Genus: Neofelis
- *Neofelis nebulosa* (Clouded Leopard)

Genus: Lynx
- *Lynx lynx* (Lynx)

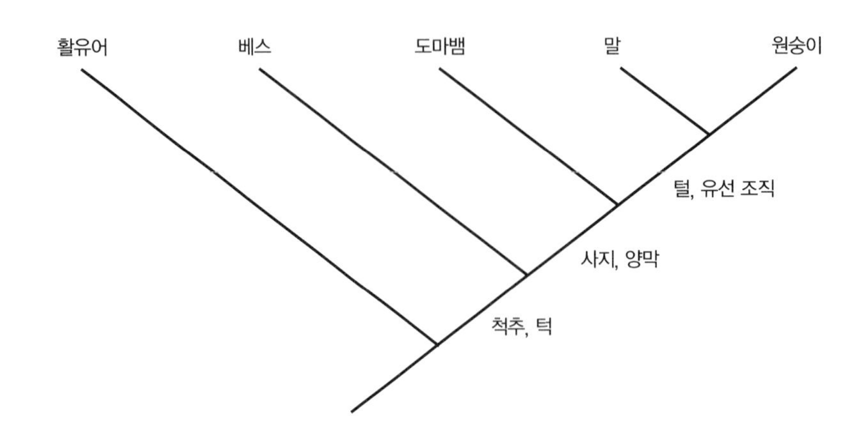

그림 8-7
분기도를 이용한 계통 발생학적 분류법의 간단한 예

은 선상에 위치하므로 멸종의 여부나 시기를 알 수 없다는 단점을 가지고 있다. 그럼에도 불구하고 현재 분기도를 이용한 계통 발생학적 분류는 고생물학 영역에서 널리 받아들여지고 있다. 검치호랑이의 분류에 있어서는 래리 마틴이 제시한 분기도가 여러 책이나 논문을 통해 가장 널리 인용되고 있다.

2. 님라비드

님라비드는 에오세 말 북미와 유라시아 대륙에 거의 동시에 등장한다. 아마도 북반구 전반에 걸쳐 분포했던 것으로 짐작된다. 이들은 짧은 주둥이, 육치, 감소된 대구치, 숨길 수 있는 발톱 등 펠리드와 많은 특징을 공유하고 있었지만, 평족 보행과 나무를 탈 수 있는 능력 등 차이점도 가지고 있었다. 이미 에오세 당시에 님라비드와 펠리드는 완전히 다른 계통으로 분기된 것으로 보인다. 일부 학자들은 님라비드는 평족 보행을 했으며, 또한 현생 표범처럼 나무에 오를 수 있었기 때문에 수풀과 초원의 접경 부분을 주서식지로 했을 것이라고 주장하기도 한다.

님라비드는 일반적으로 님라비네(Nimravinae)와 바보우로펠리네(Barbourofelinae)의 두 아과로 분류되지만, 학자에 따라서는 유스밀루스(*Eusmilus*), 호플로포네우스(*Hoplophoneus*) 등을 호플로포니네아과(Sbufamily Hoplophoninae)로 따로 독립시켜 분류하는 경우도 있다. 이런 계통 분류와 함께 래리 마틴이 제시한 분기도도 님

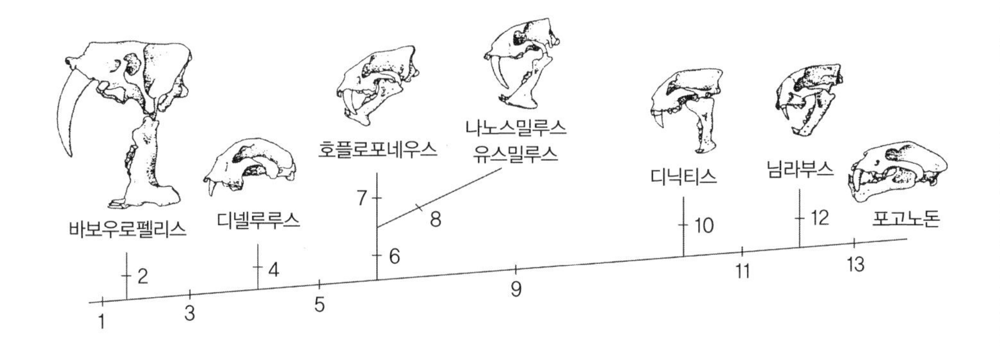

1. 검치 유치의 늦은 발육
2. 바보우로펠리네 : 검치의 수직 홈과 청각융기의 골화
3. 님라비네 : 청각융기의 불완전한 골화
4. 돔 형태의 두개골과 비강의 발달
5. 칼 모양의 상악 견치
6. 측유양돌기의 발달
7. 사지 골격의 짧은 말단부
8. 날카로운 육치
9. 사지 골격의 큰 말단부
10. 상대적으로 긴 검치
11. 검치의 길이가 다소 짧고 톱날 구조
12. 하악골의 교근 융기 발달
13. 하악익 발달

그림 8-8

마틴이 제시한 님라비드의 분기도

라비드의 분류에 널리 인용되고 있다(그림 8-8).

님라비네는 먼저 등장한 무리로, 올리고세 말에서 초기 마이오세에 이르는 기간 동안에 북미 대륙에서 멸종하여 사라진다. 바보우로펠리네는 늦게 등장한 무리로, 마이오세 초기에 등장했다가 마이오세가 끝날 무렵 지구상에서 자취를 감추게 된다. 바보우로펠리네의 쇠퇴는 비슷한 시기에 등장한 펠리네의 번성과 밀접한 관계를 가지고 있는 것으로 보인다. 이들은 새롭게 등장한 고양이과 동물들과 먹이 및 서식지를 놓고 경쟁하였고, 그 결과 바보우로펠리네가 경쟁에서 밀림으로써 멸종의 길로 접어들었을 가능성이 크다.

님라비드의 두개골은 초기 형태의 펠리드와 유사한 점을 많이 가지고 있다. 전체적으로 보면 전후 길이에 비해 관골을 가로지르는 좌우 폭이 상대적으로 넓다. 고양이과 동물과 마찬가지로 콧등과 주둥이를 구성하는 안면 골격은 짧으며, 안와 뒤쪽의 신경두개 역시 초기 펠리드에 비해 짧은 편이다. 경구개는 발달이 미약하며 비중격을 구성하는 설골(vomer)이 많이 노출되어 있다.

님라비드가 펠리드와 구별되는 가장 큰 특징은 청각융기의 구조다. 청각융기의 외부는 외고실골(ectotympanic bone)과 내고실골(entotympanic bone)로 구성되며,

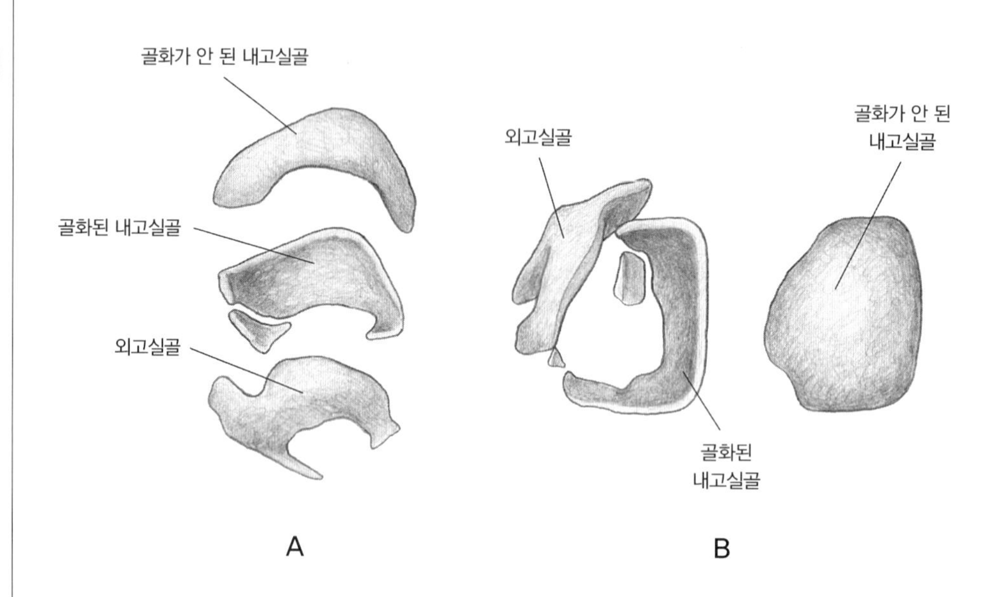

그림 8-9

님라비드의 청각융기 구조. 님라비드는 청각융기의 골화가 불충분하여 외부의 내고실골과 내부의 격막이 뼈가 아닌 연골 조직으로 구성되어 있다. A는 측면, B는 아래쪽에서 바라본 그림이며, 그림에 격막은 표시되어 있지 않다.

내부는 격막에 의해 2개의 공간으로 나누어진다. 펠리드의 경우에는 청각융기의 외부와 내부의 격막이 모두 뼈 조직으로 되어 있다. 반면에 님라비드의 청각융기는 골화(ossification)가 불완전하여 내고실뼈와 격막이 뼈가 아닌 연골 조직으로 구성되었다(그림 8-9). 다만 님라비드 중 바보우로펠리스는 청각융기가 완전히 골화되어 있으면서도 내부에 격막이 없는 독특한 형태를 보인다.

이빨은 님라비드와 펠리드가 많이 닮았다. 님라비드는 상악의 송곳니가 길게 자라서 검치의 형태를 보이며, 대구치 M2, M3는 없고 M1도 크기가 매우 작다. 특이한 점은 검치의 발육이 매우 늦다는 것이다. 님라비드의 새끼는 성장이 빨라서 1년이 넘으면 체구가 거의 어미 수준에 이르고 대부분의 유치도 나지만, 유독 검치의 유치만이 성장이 늦어서 1년이 넘어도 완전히 자라 나오지 않는 것으로 알려져 있다.

님라비드의 다리 골격은 말단으로 갈수록 뼈의 길이가 짧아지며 앞다리와 뒷다리 발목은 회전 가능한 형태를 하고 있는데, 일부 학자들은 이에 근거하여 이들이 평족 보행을 하였으며 나무에 오를 수 있었을 것이라고 주장하고 있다.

래리 마틴은 바보우로펠리네의 등장 시기와 두개골 형태의 상관관계에 주목하였다. 바보우로펠리스 프릭키(*Barbourofelis fricki*)는 엄청나게 긴 검치를 가지고 있었으며, 이에 따라 턱뼈도 115° 이상으로 크게 벌릴 수 있었을 것으로 추정된다. 따라서 이들의 두개골에서는 이에 적합한 여러 특징을 찾아볼 수 있다. 후두부는 수직에 가까우며, 측두골의 위유양돌기(paramastoid process)가 발달해 있고 하악와(glenoid fossa)는 낮게 위치하며, 하악골 근육돌기의 높이가 낮은 특징이 관찰된다. 그리고 하악골의 앞쪽에는 긴 검치를 보호하기 위한 하악익(mandibular flange)이 아래쪽으로 길게 발달되어 있다. 또한 상악의 육치는 매우 크지만 그 앞쪽의 전구치 P3는 작아서 육치의 썹는 기능이 상당히 강조되었음을 알 수 있다.

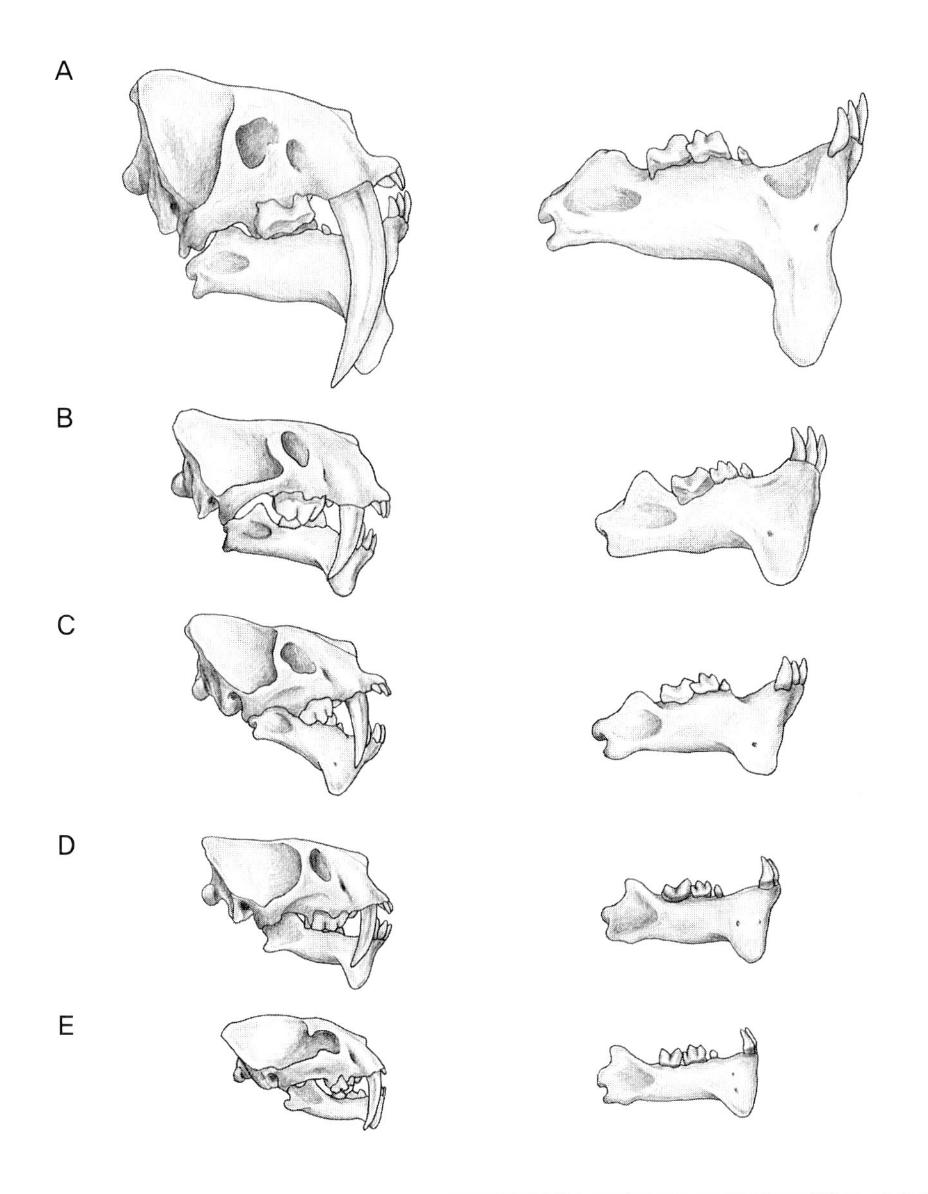

그림 8-10

바보우로펠리네의 등장 시기와 두개골 형태. 시간이 지남에 따라 두개골과 검치의 크기가 증가하다가 바보우로펠리스 프릭키에 와서 정점에 이른다. A. 바보우로펠리스 프릭키(*Barbourofelis fricki*), B. 바보우로펠리스 로베이(*B. lovei*), C. 바보우로펠리스 모리시(*B. morrisi*), D. 바보우로펠리스 휘트포르디(*B. whitfordi*), E. 산사노스밀루스 팔미덴스(*Sansanosmilus palmidens*)

마틴은 바보우로펠리네 여러 속의 두개골을 비교하여, 먼저 등장한 계통에서는 이러한 특징들이 미미하지만 늦게 등장한 계통일수록 이런 특징들이 보다 분명해지다가 바보우로펠리스 프릭키에서 가장 발달된 형태로 나타난다고 하였다(그림 8-10). 즉 시간이 지남에 따라 두개골의 크기와 검치의 길이가 증가하는 일련의 흐름을 보이다가 바보우로펠리스 프릭키에 와서 정점에 이르렀다는 것이다.

3. 펠리드

현재까지의 화석 기록에 근거할 때 프랑스의 후기 올리고세에서 초기 마이오세에 이르는 지층에서 발견된 **프로에일루루스**(*Proailurus*)(그림 8-11), 북미와 유럽의 마이오세 지층에서 발견된 **슈델루루스**(*Pseudaelurus*)(그림 8-12)가 펠리드의 가장 초기 형태인 것으로 보인다. 이들의 모습은 오늘날의 고양이과 동물들과는 다소 차이가 있었으며, 오히려 사향고양이(civet)나 포사(fossa)에 가까웠던 것으로 보인다.

하지만 마이오세를 거치면서 현생 고양이과 동물에 보다 가까운 모습을 한, 다양한 체구의 펠리드들이 등장하여 빠르게 퍼져 나가기 시작한다. 이 무렵에는 마지막까지 살아남은 님라비드, 즉 바보우로펠리스 무리가 초기 펠리드와 공존하였지만 마이오세가 끝날 무렵에는 모든 님라비드가 멸종하여 펠리드만이 살아남았으며, 플

그림 8-11

프로에일루루스. 프로에일루루스는 3,000만 년 전으로 추정되는 프랑스의 올리고세 지층에서 발견된 종으로, 학자들은 현생 고양이과 동물의 가장 초기 형태로 보고 있다. 골격에서는 현생 고양이과 동물과 유사한 점들을 찾아볼 수 있지만 전체적으로 보면 오히려 사향고양이에 가까운 형태였을 것으로 생각된다. 그림은 프로에일루루스 레마넨시스(*Proailurus lemanensis*)의 복원 모습이다.

그림 8-12

슈델루루스. 슈델루루스는 프로에일루루스와 함께 고양이과 동물의 가장 초기 형태라고 알려져 있는 종으로 프랑스, 스페인 등 유럽의 마이오세 지층에서 발견되었다. 전체적인 골격의 형태는 현생 고양이과 동물과 상당히 유사하지만, 척추 부위가 더 길며 사지의 말단 쪽 골격 길이가 짧은 차이점을 보인다. 스라소니보다 큰 크기에 전체적인 형태는 퓨마와 비슷한 것으로 알려져 있다. 그림은 슈델루루스 로르테티(*Pseudaelurus lorteti*)의 복원 모습이다.

라이스토세에 이르면 가장 큰 체구의 스밀로돈이 등장하게 된다.

님라비드와 펠리드가 실제적으로 다른 계통이었음에도 불구하고 매우 유사한 외모, 특히 길게 발달된 검치를 가지고 있었다는 사실은 수렴 혹은 생태 형태 유사성의 대표적인 예로서 많은 고생물학자들의 관심을 끌어 왔다. 님라비드와 마찬가지로 펠리드의 검치 역시 형태에 따라 원추형 검치, 단검형 검치, 군도형 검치의 세 가지 유형으로 구분되는데, 이는 이 두 계통이 많은 유사점을 가지고 있었다는 사실을 입증하는 것이기도 하다.

초기 형태의 펠리드는 님라비드와 마찬가지로 안면부가 짧지만, 신경두개 부분이 더 길고 두개골의 안쪽 면이 보다 복잡한 형태를 하고 있어서 님라비드와는 차이를 보인다. 펠리드의 청각융기와 격막의 완전한 골화는 이 두 계통을 구분짓는 가장 큰 차이점이다. 펠리드의 검치에서는 수직으로 움푹 들어간 홈이 발견되며, 육치는 날카롭게 날이 서 있다. 초기 형태의 펠리드는 나중에 등장한 형태나 현생 고양이과 동물에 비해 빠른 주행에 적합한 골격의 발달은 미약하였지만, 이들 역시 지족 보행(digitigrade)을 하였으며 발톱을 뒤로 말아서 숨길 수 있었다.

펠리드의 분류는 아직도 명확하게 정립되어 있지 않다. 심지어 현생 고양이과 동물의 분류조차 학자에 따라 상당한 차이를 보이고 있는 실정이다. 래리 마틴은 분기도를 이용한 펠리드의 분류를 제시하였지만(그림 8-13), 이에 대해서 다른 견해가 없는 것은 아니다. 그러나 펠리드를 이미 멸종된 검치호랑이를 포함하는 마케이

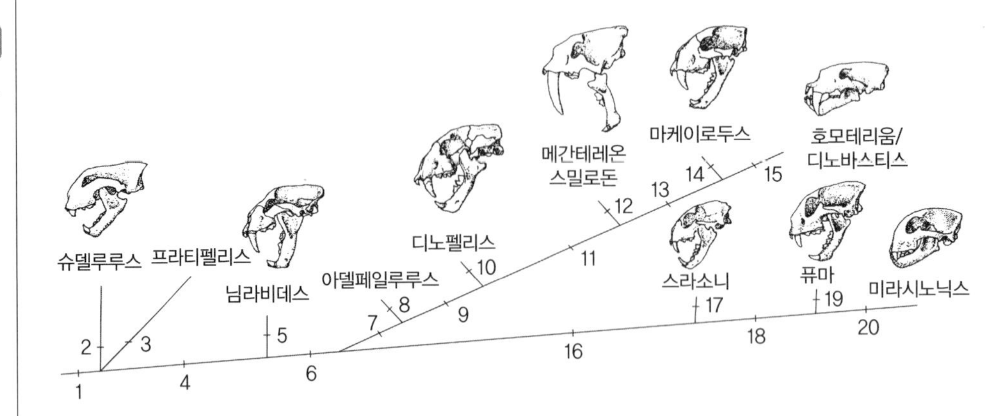

그림 8-13
마틴이 제시한 펠리드의 분기도

1. 펠리드 : 완전히 골화된 청각융기 격막과 보다 복잡해진 대뇌 표면
2. 신경두개의 길이 증가
3. 하악 육치의 발달
4. 하악각의 발달
5. 사지의 길이 증가, 칼 모양의 상악 견치, 하악 견치의 크기 감소
6. 하악 육치의 완만화
7. 마케이로돈티네 : 상악 견치의 길이 증가
8. 상악 견치의 수직 홈이 명확해짐
9. 하악 견치의 크기 감소
10. 상악 견치가 칼 모양으로 길어짐
11. 상악 견치의 톱날 구조
12. 사지 말단부와 꼬리가 짧아짐
13. 검치의 톱날 구조가 거칠어짐
14. 안면부가 길어짐
15. 다리가 길어지고 꼬리가 짧아짐
16. 학명 불명 : 견치의 단면이 원형이며, 외측에 깊은 수직 홈이 나타남
17. 짧은 꼬리, 상악 견치의 외측에 3개의 수직 홈이 나타남
18. 돔 형태의 짧은 두개골
19. 육치가 작음
20. 청각융기의 외고실골이 커짐, 사지의 길이 증가

로돈티네(Machairodontinae)와 대부분의 현생 고양이과 동물을 포함하는 펠리네(Felinae)의 두 아과로 분류하고, 마케이로돈티네를 다시 메테일루리니 근속, 호모테리니 근속, 스밀로돈티니 근속의 세 가지로 세분하는 것이 가장 일반적으로 받아들여지고 있다.

메테일루리니 근속(Tribe Metailurini)은 후기 마이오세에서 초기 플라이스토세에 이르는 기간 동안에 주로 유라시아 대륙에 서식하였던 부류로, 대부분 현생 표범 정도의 체구에 중간 정도 길이의 납작한 검치를 가지고 있었다. 호모테리니 근속(Tribe Homotheriini)은 마케이로두스와 호모테리움 등을 포함하는 그룹으로, 마이오세 중반 처음 모습을 나타낸 후 유라시아를 중심으로 전세계적으로 널리 분포하였다. 이들의 체구는 표범이나 재규어 정도로 나중에 등장하는 스밀로돈티니 근속에 비해 약간 작은 편이었으며, 앞다리가 뒷다리보다 긴 특징적인 골격 구조를 가지고 있었다. 스밀로돈티니 근속(Tribe Smilodontini)은 가장 늦게 나타난 무리로 메간테레온, 스밀로돈 등 가장 전형적이고도 널리 알려진 검치호랑이들을 포함한다. 메간테레온은 아프리카, 유라시아, 북미 등 광범위한 지역에 서식하였지만, 스밀로돈의 경우는 북·남미 대륙에서만 화석이 발견되었을 뿐 유라시아 대륙에서 발견된

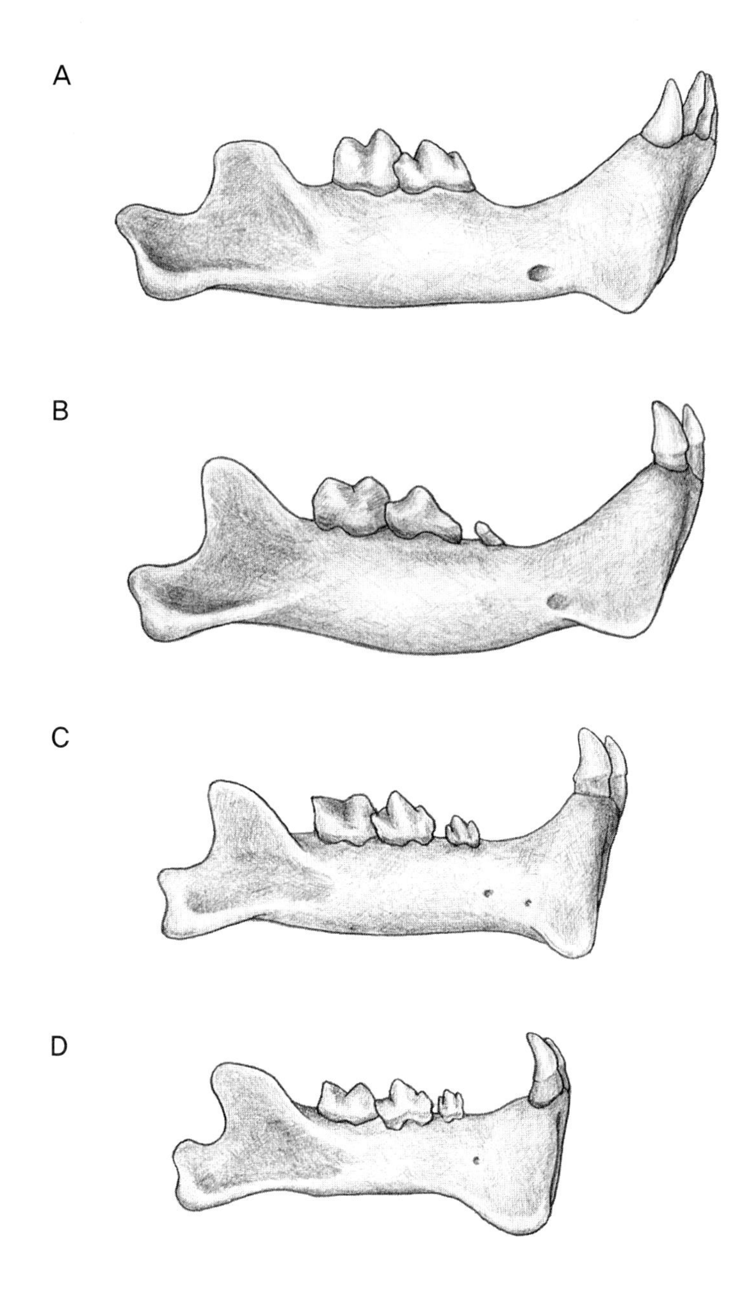

그림 8-14

스밀로돈티니 근속의 등장 시기와 하악골 형태. 가장 먼저 등장한 메간테레온 헤스페루스로부터 늦게 등장한 종으로 갈수록 하악골의 전체 크기는 증가하지만 하악익은 점차 작아진다. A. 스밀로돈 플로리다누스(*Smilodon floridanus*), B. 스밀로돈 페이탈리스(*Smilodon fatalis*), C. 메간테레온 그라실리스(*Megantereon gracilis*), D. 메간테레온 헤스페루스(*Megantereon hesperus*)

예는 아직 보고된 바 없다.

마틴은 스밀로돈티니 근속의 하악골이 바보우로펠리네와 마찬가지로 시간의 경과에 따라 일련의 흐름을 보인다는 점을 지적하였다(그림 8-14). 다만 바보우로펠리네의 경우에는 점차 하악익이 커지는 경향이 나타나는 반면에, 스밀로돈티니는 전체적인 크기는 증가하지만 하악익은 오히려 작아지는 경향을 보인다는 차이점이 있다.

Chapter 9

님라비드

1. 디닉티스 Dinictis
2. 디넬루루스 Dinaelurus
3. 디네일루릭티스 Dinailurictis
4. 에오펠리스 Eofelis
5. 님라부스 Nimravus
6. 포고노돈 Pogonodon
7. 퀴실루루스 Quercylurus
8. 아르켈루루스 Archaelurus
9. 유스밀루스 Eusmilus
10. 호플로포네우스 Hoplophoneus
11. 나노스밀루스 Nanosmilus
12. 바보우로펠리스 Barbourofelis

제9장 님라비드

님라비드는 에오세 후기에서 마이오세에 이르는 기간 동안 북반구 전반에 걸쳐 나타났던 무리이다. 이들은 전형적인 검치호랑이나 현생 고양이과 동물과는 다른 계통의 포식자였지만, 또한 많은 공통점을 가지고 있었다. 학자에 따라 다소 견해가 다르기는 하지만 일반적으로 님라비드는 님라비네와 바보우로펠리네의 두 아과로 분류된다. 님라비네는 먼저 등장하였던 무리로 후기 에오세부터 초기 마이오세에 이르는 기간 동안 크게 번성하였다. 바보우로펠리네는 보다 늦게 등장하여 마지막까지 살아남은 그룹으로, 새롭게 등장한 펠리드 무리와 피할 수 없는 경쟁 관계를 가졌던 것으로 보인다. 그러나 마이오세가 끝날 무렵 모든 님라비드는 지구상에서 자취를 감추고 그 자리를 고양이과 동물들에게 넘겨주고 만다.

1. 디닉티스 Dinictis

디닉티스는 후기 에오세에서 초기 올리고세에 이르는 기간 동안에 번성하였던 님라비드로서, 19세기 중반 레이디(Leidy J.)에 의해 디닉티스의 두개골 화석이 처음 보고된 이후 미국의 콜로라도, 몬태나, 네브래스카, 와이오밍, 오리건, 그리고 캐나다의 서스캐처원 등 북미 대륙에 국한되어 화석이 산출되고 있다. 체구는 스라소니에서 퓨마 정도에 이르렀던 것으로 보이며, 다리는 짧은 편이고 평족 보행을 했으며, 긴 꼬리를 가지고 있었다. 디닉티스의 두개골은 안면 골격 부위가 짧고 전체적으로 둥근 돔 형태를 하고 있어서 고양이과 동물의 두개골과 매우 유사하다. 생존 당시의 모습은 고양이과 동물에 가까웠을 것으로 보인다(그림 9-1).

두개골은 전체적으로 보면 비교적 가벼운 형태를 띠고 있지만 턱뼈와 검치는 상당히 발달한 편이다. 치식은 I3/3, C1/1, P3/3, M1/2로서 상악 견치는 단검형 검치 형태로 다른 님라비드에 비해 긴 편이고, 검치를 보호하기 위한 하악익(mamdibular

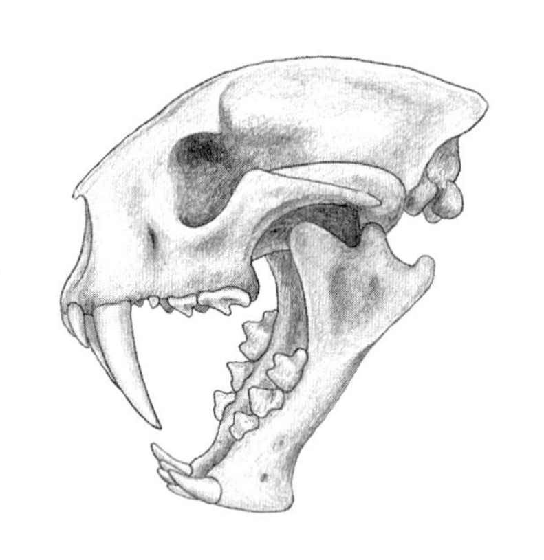

그림 9-1

디닉티스의 두개골과 복원도. 디닉티스의 두개골은 전체적으로 보면 고양이과 동물과 매우 유사하며, 검치가 발달해 있어서 다른 님라비드에 비해 상당히 긴 편이다.

flange)의 발달도 관찰된다. 이들의 검치는 호플로포네우스에 비하면 길이는 짧지만 폭은 더 넓으며, 님라부스에 비하면 더 길고 폭이 좁다.

디닉티스는 호플로포네우스와 많은 유사점을 가지고 있다. 특히 청각융기의 형태나 골화 정도는 상당히 비슷하다. 디닉티스의 사지는 말단 쪽의 골격이 상대적으로 짧아서 평족 보행을 했던 것으로 보인다. 그러나 호플로포네우스에 비하면 말단 쪽 골격의 길이는 다소 긴 편이다. 현재까지 디닉티스 시클롭스(*Dinictis cyclops*), 디닉티스 펠리나(*Dinictis felina*), 디닉티스 스쿠알리덴스(*Dinictis squalidens*) 등의 종이 알려져 있다. 디닉티스 시클롭스와 펠리나의 두개골은 전체적인 형태가 매우 유사하다. 하지만 시클롭스의 두개골은 펠리나에 비해 안면 골격 부분이 다소 길고, 신경두개 부분은 더 짧으며, 상악의 이빨이 조금 약하다는 차이점을 보인다(그림 9-2).

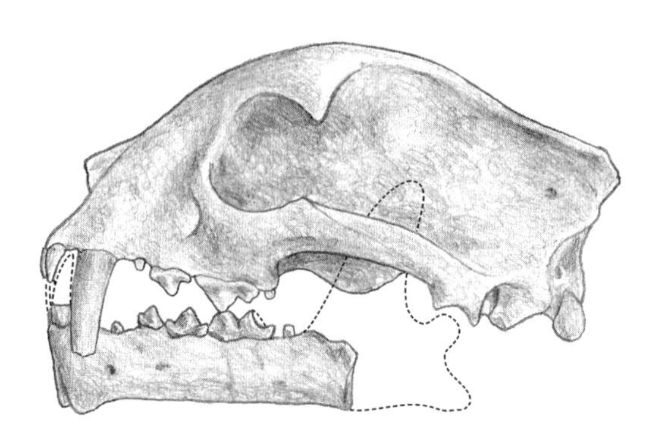

그림 9-2

디닉티스 시클롭스의 두개골. 디닉티스 시클롭스의 두개골은 디닉티스 펠리나와 매우 유사하나, 안면 골격 부분이 길고 신경두개는 짧으며 상악의 이빨이 다소 약한 차이점이 있다.

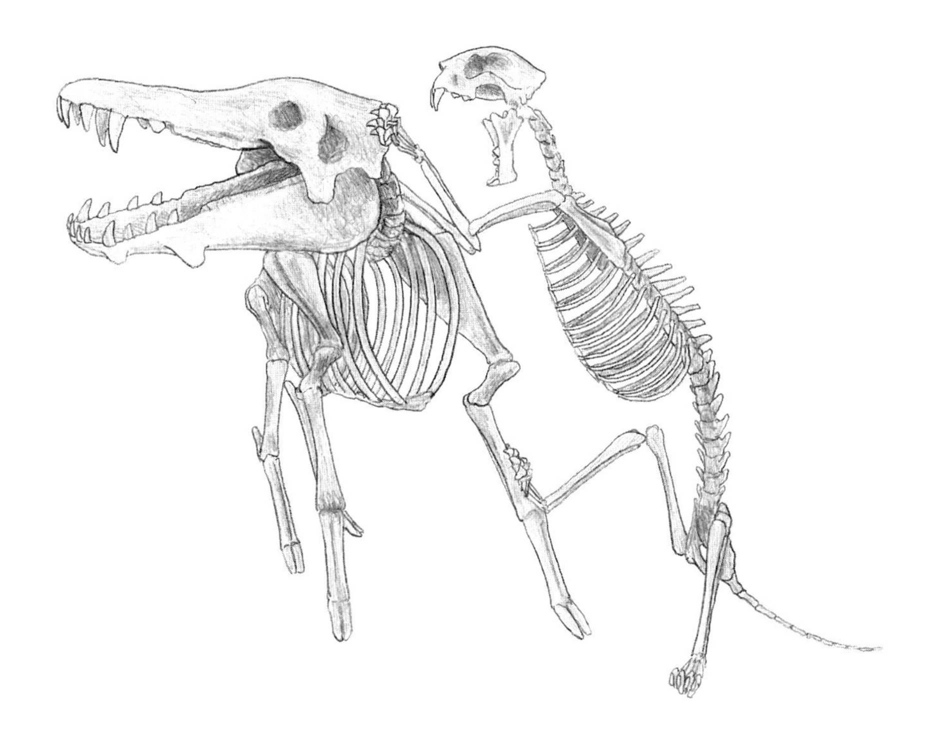

그림 9-3

디닉티스의 골격. 로스앤젤레스 자연사박물관에는 아르케오테리움을 사냥하는 모습의 디닉티스 골격이 전시되어 있다. 주변에서 흔하게 볼 수 있는, 적당한 체구의 아르케오테리움은 디닉티스의 주된 먹잇감이었을 것이다.

디닉티스는 당시에 먹이 사슬의 상위를 차지하는 포식자였던 것으로 보인다. 미국 로스앤젤레스 자연사박물관(Natural History Museum of Los Angeles County)에서는 디닉티스가 아르케오테리움(*Archaeotheium*)을 사냥하는 모습으로 골격을 전시해 놓고 있다(그림 9-3). 아르케오테리움은 초기 올리고세에서 초기 마이오세에 이르는 기간 동안 북미 대륙에서 크게 번성했던, 멧돼지와 유사한 동물이다. 이들은 기괴한 모습의 두개골로 인해 위협적으로 보이지만 실상은 몸길이 1.2m 정도로 그리 큰 편이 아니었으며, 또한 크게 번성했기 때문에 디닉티스의 주된 먹잇감이었을 가능성이 상당히 크다.

2. 디넬루루스 Dinaelurus

디넬루루스는 후기 올리고세에서 초기 마이오세에 이르는 기간 동안 북미 대륙에 나타났던 님라비드다. 체구는 대략 재규어 정도였을 것으로 짐작된다. 아직 이들에

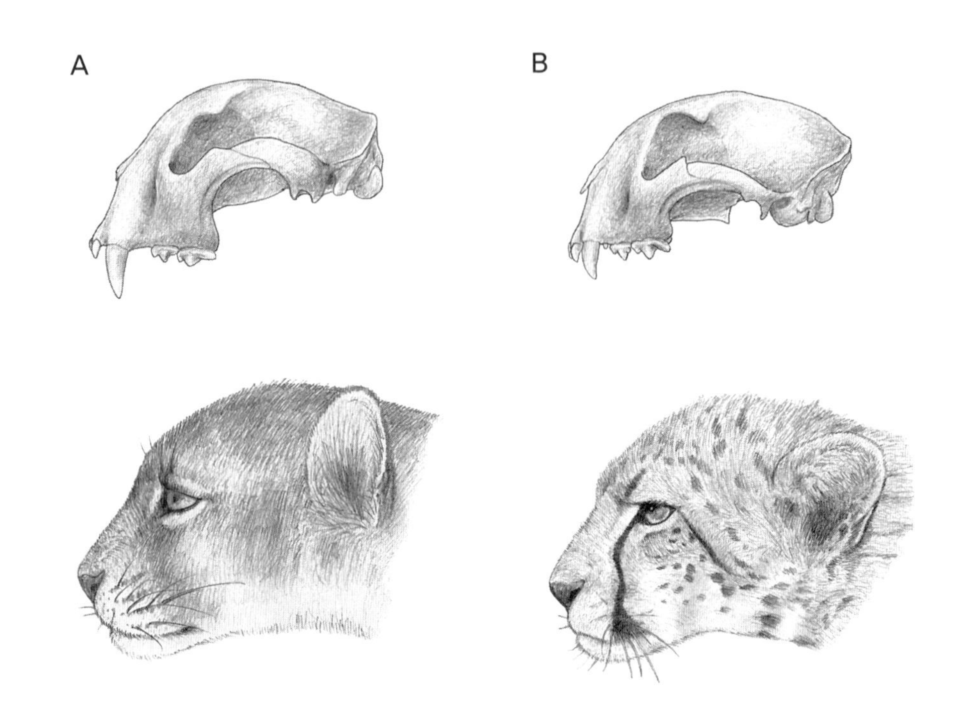

그림 9-4

디넬루루스 크라수스(*Dinaelurus crassus*, A)와 현생 치타(B). 현재까지 디넬루루스는 원추형 검치를 가지고 있는 유일한 님라비드로 알려져 있는데, 이들의 두개골과 상악 견치는 치타와 놀라울 정도로 닮았다. 수렴이나 생태 형태 유사성의 또 다른 예로서, 이들의 생활 양식이나 사냥 기술은 치타와 유사했을 것으로 짐작된다.

대한 화석 정보가 그리 충분하지 않음에도 불구하고 디넬루루스는 독특한 두개골과 이빨 형태로 인해 학자들의 많은 주목을 받고 있다. 이들은 님라비드 중에서 고양이과 동물에 가장 가까운 외모였던 것으로 보인다. 특히 이들의 두개골과 상악 견치는 현생 치타와 매우 닮았다(그림 9-4). 두개골은 전체적으로 돔 형태의 둥근 모습을 하고 있으며, 안면 골격 부분이 짧고, 콧구멍과 비강이 상당히 발달되어 있다.

현재까지 디넬루루스는 원추형의 검치를 가지고 있는 유일한 님라비드로 알려져 있다. 이들의 상악 검치는 다른 님라비드에 비해 상대적으로 작은 편이며, 톱날 구조도 발견되지 않는다. 그러나 이처럼 디넬루루스의 두개골이 치타와 매우 유사함에도 불구하고 둘은 계통적으로 직접적인 상관관계가 없는 것으로 보인다. 수렴(convergence)이나 생태 형태 유사성(ecomorphs)의 또다른 예로 보는 것이 옳을 것이다. 현재까지 다른 골격 부분에 대한 정보가 거의 알려지지 않았기 때문에 보다 구체적인 접근이 제한적이긴 하지만, 아마도 디넬루루스는 치타와 유사한 생활 양식이나 사냥 기술을 가지고 있었을 것으로 짐작된다.

3. 디네일루릭티스 Dinailurictis

디네일루릭티스는 1922년 헬빙(Helbing H.)이 3개의 상악 이빨 표본에 근거해서 처음 보고한 속이다. 이후에도 몇몇 연구 결과가 발표되기는 했으나 아직까지는 화석 표본의 양이나 보존 상태가 상당히 미흡한 형편이다. 현재는 프랑스의 초기 올리고세 지층과 스페인의 후기 올리고세 지층에서의 화석 발견이 보고되어 있다. 두개골 표본에 근거할 때 이들은 암사자 정도의 체구였던 것으로 보인다.

화석 정보가 부족함에도 디네일루릭티스를 독립된 속으로 구분하는 이유는 시상능선(sagittal crest)이 상당히 발달되어 있어서 다른 님라비드와는 확연히 구분되기 때문이다(그림 9-5). 님라비드 중에서는 오직 북미에서 발견된 포고노돈만이 이와 유사한 정도의 시상능선을 가지고 있을 뿐이다.

상악의 송곳니는 짧고 납작한 형태인데 비교적 큰 편이기는 하지만 검치화는 다소 미흡하며, 이에 따라 하악익의 발달도 관찰되지 않는다. 두개골과 이빨의 전체적인 형태는 포고노돈과 매우 유사하다. 하지만 디네일루릭티스는 전구치 P3의 치근이 3개이며, 대구치 M2가 없는 대신에 전구치 P1을 가지고 있다는 차이점을 보인

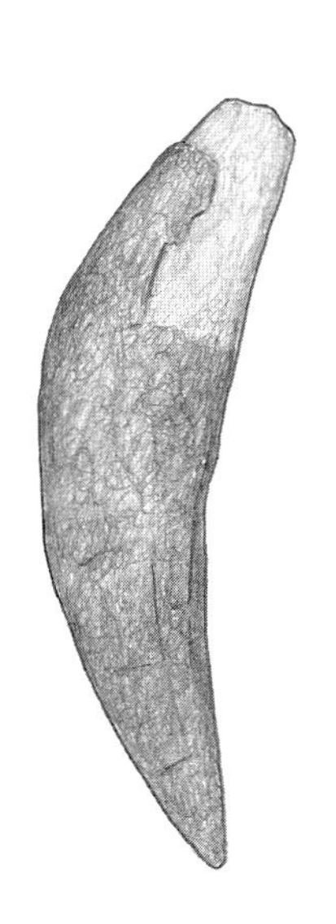

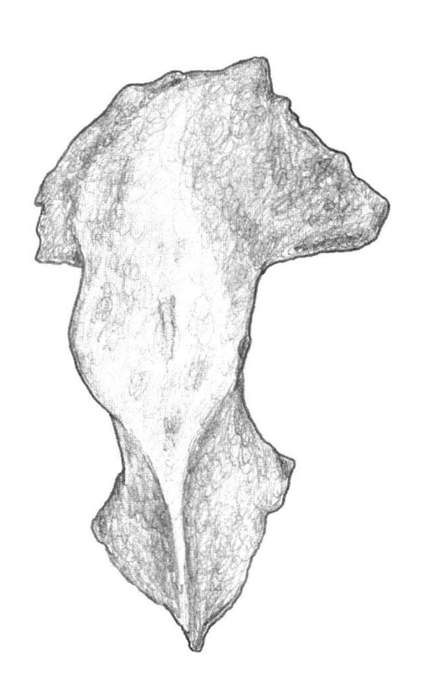

그림 9-5

디네일루릭티스 보날리(*Dinailurictis bonali*)의 상악 견치와 두개골 표본. 디네일루릭티스의 상악 견치는 짧고 납작한 형태지만 검치화는 다소 미흡하며, 두개골에는 시상능선이 잘 발달되어 있어서 다른 님라비드와 확연히 구분된다.

다. 또한 포고노돈은 디네일루릭티스에 비해 상악 송곳니의 검치화가 보다 진행되어 있으며 하악익의 발달도 눈에 띈다.

4. 에오펠리스 Eofelis

에오펠리스는 프랑스의 올리고세 지층에서 발견된 초기 형태의 님라비드로 알려져 있다. 한때는 님라부스의 한 종으로 본 적도 있으나 최근에는 독립된 속으로 분류하고 있는데, 화석 정보가 극히 미미하여 많은 내용이 알려져 있지 않다. 또한 하악골의 형태가 디네일루릭티스나 쿼실루루스와 유사하여 학자들조차 혼동하는 경우가 적지 않다.

에오펠리스의 가장 큰 특징은 하악골에서 근육돌기가 상당히 높게 발달해 있다는 것과 전구치 P3의 치근이 3개라는 점이다(그림 9-6). P3의 치근이 3개인 경우는 디네일루릭티스를 제외한 다른 님라비드에서는 거의 관찰되지 않는다. 하악골의 수평 부분은 상당히 튼튼하게 생겼으며, 하악익은 발견되지 않는다. 대구치 M1은 크기가 다소 작으며, 전구치 P1의 유무는 표본에 따라 차이를 보인다. 체구에 따라 에오펠리스 에드워드시(*Eofelis edwardsii*)와 에오펠리스 마요르(*Eofelis major*)의 두 종으로 구분된다.

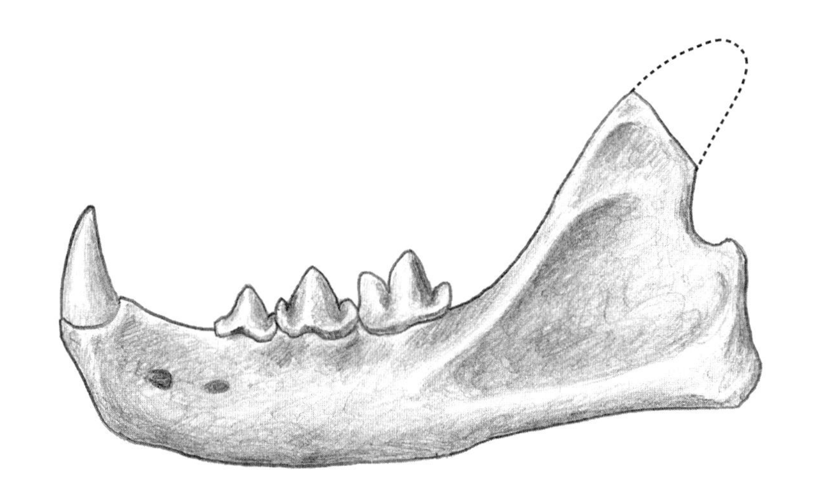

그림 9-6

에오펠리스의 하악골 표본. 에오펠리스는 프랑스의 올리고세 지층에서 발견된 님라비드로, 화석 정보가 부족하여 아직 밝혀지지 않은 부분이 많다. 하지만 전체적으로 매우 강하고, 근육돌기가 길게 발달한 하악골은 다른 계통과 구분되는 중요한 기준이 된다.

5. 님라부스 Nimravus

님라부스는 북미와 서유럽의 올리고세 지층에서 발견된 중대형 포식자로서, 체구는 현생 설표에서 암호랑이 정도에 이르렀던 것으로 보인다. 최근 중국에서 님라부스와 유사해 보이는 화석이 산출되었지만, 이들 역시 님라부스로 볼 것인지는 아직 명확하지 않다. 현재까지 북미와 유럽에서 발견된 님라부스 화석의 대부분은 두개골로, 골격 전체에 대한 정보는 상당히 부족한 형편이다. 하지만 지금까지 발견된 다리나 발 골격 화석에 근거할 때, 이들은 호플로포네우스 등 다른 님라비드에 비해서 다소 가벼운 체구를 가지고 있었던 것으로 보인다.

두개골에 대해서는 많은 내용이 알려져 있다. 전체적으로 보면 이들의 두개골은 현생 고양이과 동물과도 매우 유사하지만 이빨, 하악골, 청각융기 등에서 다소 차이를 보인다. 상악의 송곳니는 짧으면서 조금 납작한 형태로 전형적인 검치와는 차이가 있다.

님라부스의 학명에 대해서는 아직도 혼돈이 많은 편이다. 한동안은 엘루로갈레(*Aelurogale*), 오엘루로갈레(*Oelurogale*) 등의 학명이 혼용되기도 했으나 현재는 그리 널리 사용되지 않는다. 1945년 크레초이(Kretzoi M.)는 기존의 님라부스에 비해 상악의 송곳니가 작고 송곳니와 소구치 사이가 벌어져 있다는 점을 들어서 님라비누스(*Nimravinus*)라는 새로운 속을 제시하기도 했는데, 현재는 이를 님라부스의 어린 개체로 보고 있다.

현재 님라부스로는 님라부스 섹타토르, 님라부스 브라키옵스, 님라부스 곰포두스, 님라부스 인터메디우스 등의 종이 널리 알려져 있다. 님라부스 섹타토르(*Nimravus sectator*)는 북미에서 발견된 종으로 체구가 가장 컸는데, 학자들 중에는 섹타토르를 독립된 종으로 분류하는 것 자체에 의문을 제기하기도 한다.

님라부스 브라키옵스(*Nimravus brachyops*) 역시 북미에서 발견된 종으로, 섹타토르와 인터메디우스의 중간 정도 체구를 가지고 있었던 것으로 보인다(그림 9-7). 님라부스 곰포두스(*Nimravus gomphodus*)는 미국 오리건 주에서 발견된 종으로 두개골과 상악 송곳니의 형태가 호모테리움과 상당히 유사하며, 검치의 발달도 다른 종에 비해 두드러지는 편이다(그림 9-8). 또 님라부스 인터메디우스(*Nimravus*

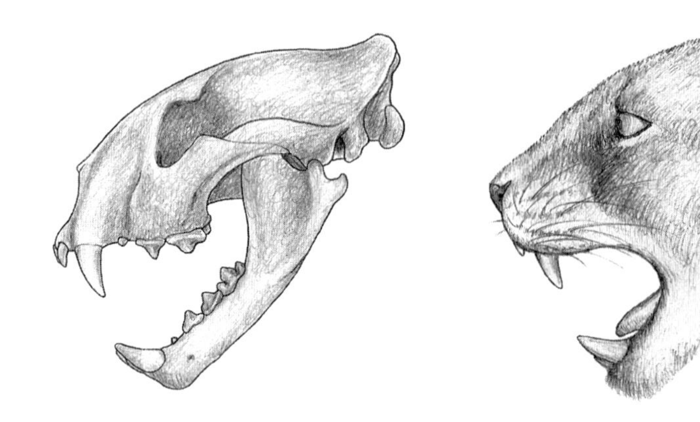

그림 9-7

님라부스 브라키옵스의 두개골과 복원도. 님라부스 브라키옵스는 북미 대륙에 서식하였던 종으로서, 암호랑이 정도의 체구였던 것으로 보인다. 검치의 발달은 미약한 편이다.

intermedius)는 프랑스와 독일 등 유럽에서 발견된 종인데, 현생 설표에서 암호랑이 정도의 크기로 체구가 가장 작았다.

님라부스의 상악 송곳니는 나노스밀루스, 디닉티스, 포고노돈, 호플로포네우스, 유스밀루스 등 다른 님라비드에 비해 검치로서의 발달이 다소 미약했으며, 따라서 검치를 보호하기 위한 하악익 역시 거의 형성되어 있지 않다. 하악골은 전체적으로 갸름한 형태를 하고 있지만 대구치가 있는 부위는 상하 폭이 꽤 큰 편이다. 님라부스 브라키옵스에서는 소구치 P1과 대구치 M2가 발견되지만, 님라부스 인터메디우스에서는 거의 발견되지 않는다(그림 9-9). 두개골의 전체적인 형태는 북미와 유럽

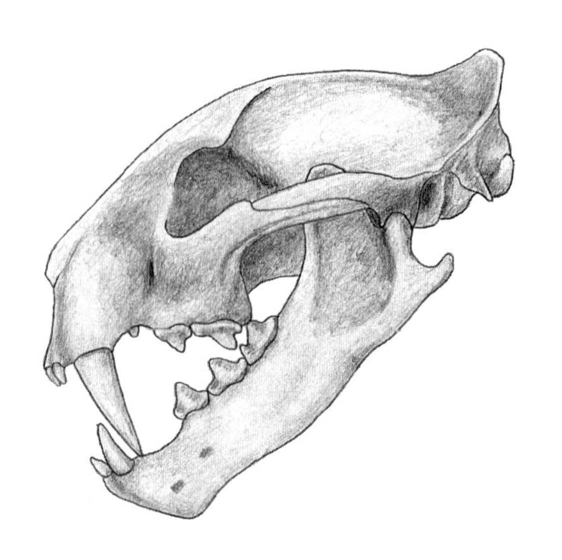

그림 9-8

님라부스 곰포두스의 두개골. 미국 오리건 주에서 발견된 종으로 님라부스 중에서 검치와 하악익이 가장 잘 발달되어 있으며, 전체적인 두개골 형태는 호모테리움과 유사하다.

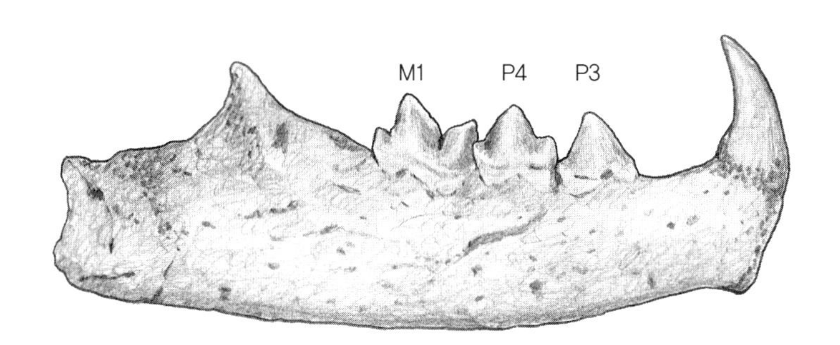

그림 9-9

님라부스 인터메디우스의 하악골 표본. 유럽 대륙에 서식하였던 종으로, 브라키옵스에 비해 체구가 좀더 작았던 것으로 보인다. 하악골 역시 브라키옵스에 비해 갸름한 편이며, 대부분의 표본에서 소구치 P1과 대구치 M2가 관찰되지 않는다.

종이 거의 비슷해서 큰 차이를 보이지 않는데, 유럽 쪽에서 서식하였던 님라부스 인터메디우스는 두개골이 훨씬 작고 후두부가 높은 특징을 보인다.

6. 포고노돈 Pogonodon

포고노돈은 올리고세 초기 북미 대륙에 등장했던 님라비드로서 당시 생태계의 최고 포식자 중 하나였을 것으로 보인다. 두개골을 제외한 다른 골격 부분의 발굴은 아직

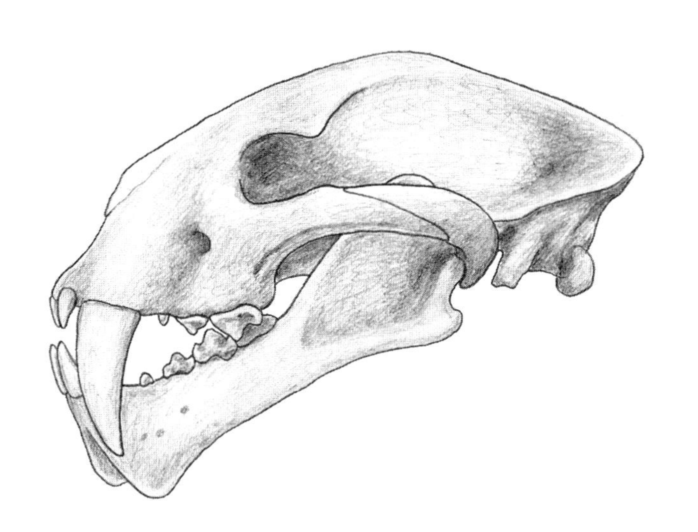

그림 9-10

포고노돈 플라티코피스의 두개골. 포고노돈은 올리고세 초기 북미 대륙에 나타났던 님라비드로, 비교적 긴 단검형 검치를 가지고 있으며 하악익의 발달도 눈에 띈다. 하지만 육치와 대구치의 발달은 상대적으로 미약하다.

미미하지만, 두개골 크기에 근거할 때 포고노돈은 재규어와 사자의 중간 정도 체구였을 것으로 추정된다(그림 9-10). 치식은 I3/3, C1/1, P3/3/, M1/1으로, 상악 송곳니는 비교적 발달되어 있으나 대구치 M1은 상당히 작으며 M2는 없다. 이들의 검치는 단검형으로 거친 톱날 구조이며, 하악익도 비교적 잘 발달되어 있어서 하악의 앞부분이 아래쪽으로 돌출되어 있다. 청각융기 부분은 디닉티스에 비해서 더 크지만 호플로포네우스에 비하면 다소 작은 편이다.

현재 포고노돈 플라티코피스(*Pogonodon platycopis*)와 포고노돈 브라키옵스(*Pogonodon brachyops*)의 두 종이 보고되어 있는데, 이 중에서 포고노돈 브라키옵스의 검치가 더 커서 보다 공격적인 성향을 가지고 있었을 것으로 생각된다. 그러나 브라키옵스의 육치는 상대적으로 크기가 더 작으며 발도 작아서 먹잇감을 움켜잡거나 제압하는 능력은 조금 떨어졌을 것으로 보인다.

7. 쿼실루루스 Quercylurus

쿼실루루스는 유럽에 서식하였던 님라비드 중에서 가장 큰 종으로 알려져 있지만 화석 표본이 극히 부족한 상태여서 아직도 명확하지 않은 부분이 많다. 1979년 긴

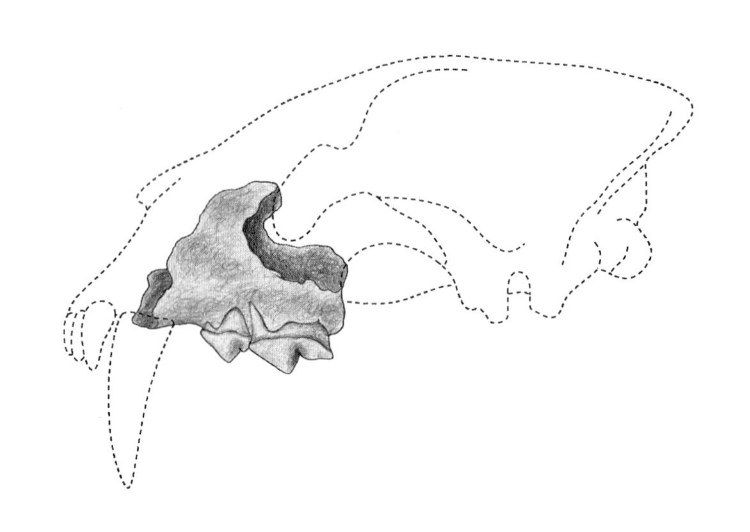

그림 9-11

쿼실루루스 마요르(*Quercylurus major*)의 좌측 상악골 표본. 더 크다는 점을 제외한다면 쿼실루루스의 전체적인 상악골 형태는 디네일루릭티스나 포고노돈과 매우 유사하다. 따라서 쿼실루루스는 새로운 종이 아니라 디네일루릭티스나 포고노돈의 성별에 따른 차이일 뿐이라는 반론도 제기되고 있다.

스버그(Ginsburg L.)는 전구치 P3, P4가 포함된 상악골 파편을 근거로 퀴실루루스라는 새로운 종을 발표하였고(그림 9-11), 이후 몇몇 화석 표본이 추가로 발굴되었지만 표본의 상태가 워낙 불완전하여 이들의 동정은 아직도 논란이 되고 있다. 두개골 표본에 근거한 퀴실루루스의 체구는 수사자에 이를 정도로 유럽에서 발견된 님라비드 중에서 가장 큰 것으로 알려져 있다.

퀴실루루스의 가장 큰 특징은 상악의 육치가 상당히 발달되어 있다는 것이다. 그래서 일부 학자들은 이들이 상당히 큰 동물을 사냥할 수 있었으며, 강한 육치로 현생 하이에나처럼 뼈까지도 씹을 수 있었을 것으로 보고 있다. 하지만 크기를 제외한 전체적인 상악골 형태는 디네일루릭티스, 포고노돈 등과 매우 유사하기 때문에, 퀴실루루스는 새로운 종이 아니라 성별에 따른 차이(sexual dimorphism)일 뿐이라는 반론도 만만치 않다.

8. 아르켈루루스 Archaelurus

아르켈루루스는 북미의 초기 마이오세 지층에서 발견된 님라비드다. 이들은 퓨마 정도의 체구를 가지고 있었던 것으로 추정되는데, 전체적인 외형은 고양이과 동물과 유사하지만 두개골과 다리 골격이 더 갸름하다고 알려져 있다. 두개골에서는 다른 님라비드와 구별되는 차이점이 발견된다. 위에서 보면 좌우 폭이 상당히 좁아서 갸름하다는 느낌을 주지만, 측면에서 보면 콧등 부분이 발달해서 부풀어 오른 것처럼 보인다(그림 9-12). 또한 신경두개 부분은 비교적 긴 편이며 관골궁과 하악골이 조금 가볍고 약한 형태를 하고 있다.

전체적인 이빨 상태도 그리 튼튼한 편은 아니다. 상악의 견치는 크지 않아서 전형적인 검치와는 차이가 나며, 다른 이빨들도 다소 작은 편이다. 육치는 상대적으로 큰 편이지만 좌우로 납작한 형태여서 튼튼하지 않은 것은 마찬가지다. 이처럼 이빨이나 두개골이 가벼운 형태를 하고 있다는 것은 이들이 적극적인 사냥꾼이 아니었을 가능성을 시사한다. 즉 체구에 비해 상대적으로 작은 동물을 잡아먹었거나 아니면 죽은 동물을 먹이로 했을지도 모른다. 현재까지 아르켈루루스 데빌리스(*Archaelurus*

그림 9-12

아르켈루루스 데빌리스의 두개골. 옆에서 보면 콧등 부분이 두드러지게 발달되어 있지만 전체적으로는 좌우 폭이 다소 좁은, 갸름한 형태를 하고 있으며 관골궁, 턱뼈, 이빨 등의 발달도 미약한 편이다. 이러한 골격 특징에 근거할 때 이들은 공격성이 강한, 적극적인 사냥꾼은 아니었을 것으로 보인다.

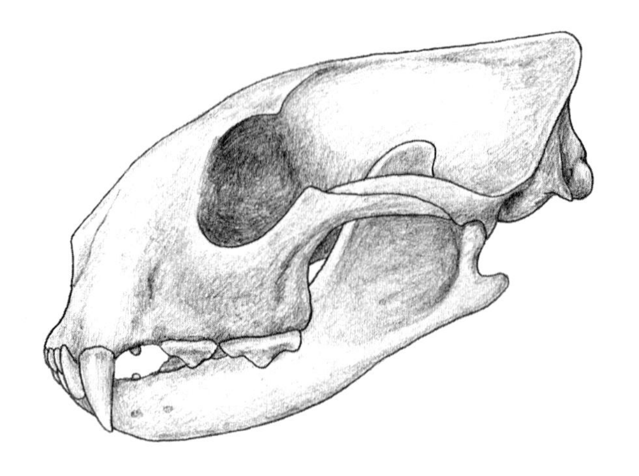

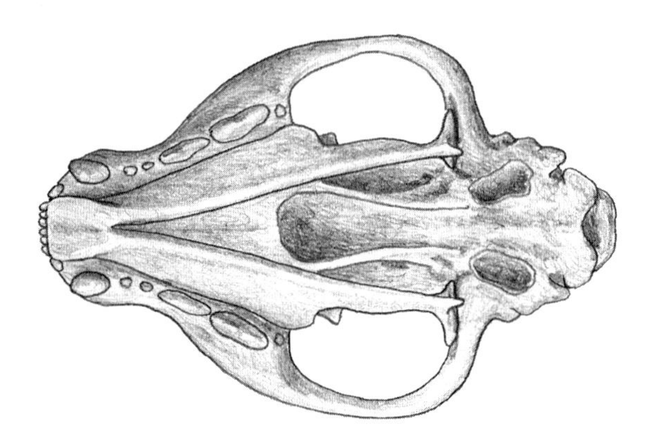

debilis) 1종만이 알려져 있으며, 화석 산출은 미국 오리건 주의 마이오세 지층에 국한되어 보고되고 있다.

9. 유스밀루스 Eusmilus

유스밀루스는 에오세에서 유럽 대륙에 처음 등장한 후 올리고세를 거치면서 북미 대륙으로 퍼져 갔던 님라비드로, 체구는 종에 따라 큰 차이를 보이지만 일반적으로 현생 표범 정도였던 것으로 보인다. 유스밀루스의 화석은 프랑스의 에오세 지층에

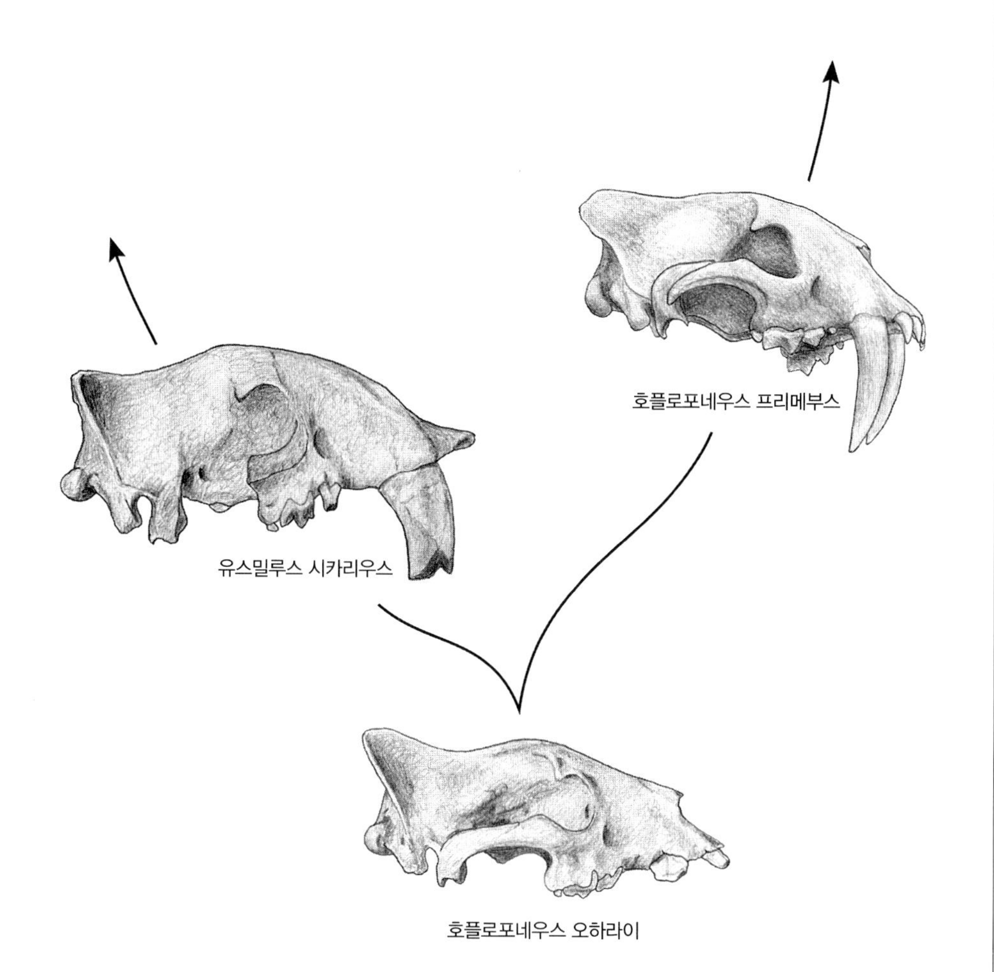

그림 9-13

유스밀루스와 호플로포네우스의 두개골 형태에 근거한 계통 관계. 유스밀루스의 두개골은 호플로포네우스와 상당히 유사하기 때문에 일부 학자들은 호플로포네우스 오하라이로부터 유스밀루스 시카리우스와 호플로포네우스 프리메부스가 분기되었을 가능성을 제시하고 있다.

서 처음 발견되었는데, 1873년 필홀(Filhol H.)에 의해 마케로두스 비덴타투스(*Machaerodus bidentatus*)로 보고되었으나 후일 유스밀루스 비덴타투스(*Eusmilus bidentatus*)라는 학명으로 개칭되었다. 북미 대륙의 종으로는 유스밀루스 다코텐시스(*Eusmilus dakotensis*), 유스밀루스 시카리우스(*Eusmilus sicarius*), 유스밀루스 세레브랄리스(*Eusmilus cerebralis*) 등이 알려져 있는데, 이들은 모두 올리고세 지층에서 발견되었다.

유스밀루스의 두개골은 호플로포네우스와 많은 유사점을 가지고 있다. 따라서 일부 학자들은 유스밀루스에 앞서 올리고세 초에 등장한 호플로포네우스 오하라이(*Hoplophoneus oharrai*)에서 유스밀루스 시카리우스와 호플로포네우스 프리메부스

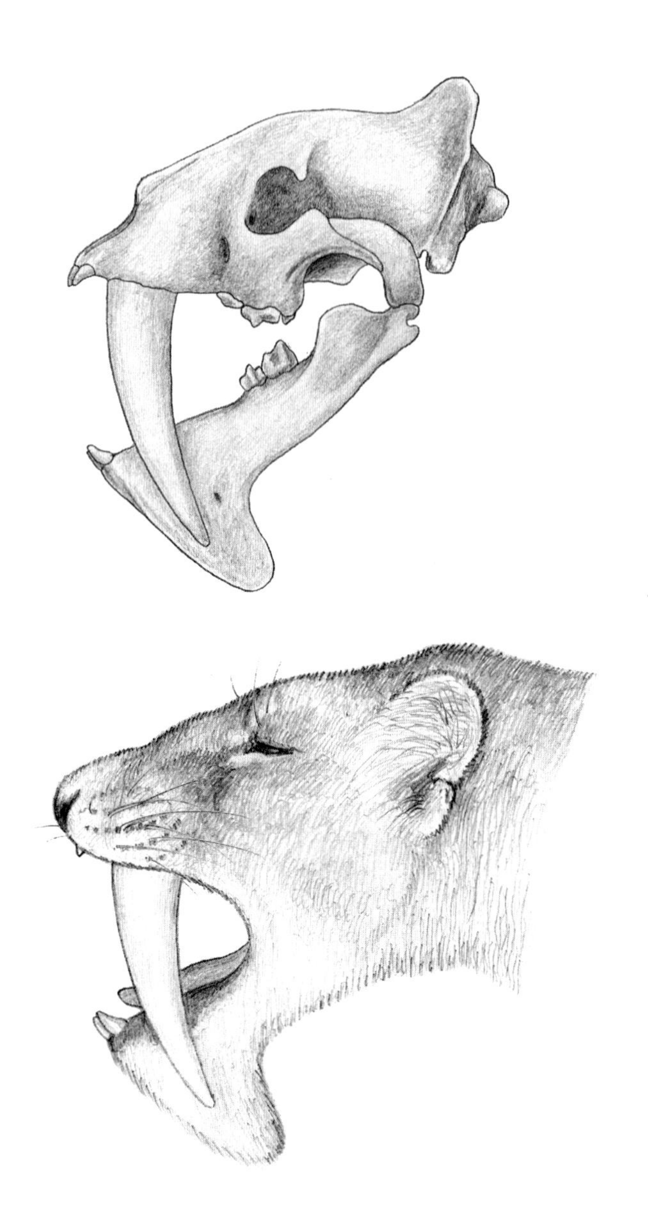

그림 9-14

유스밀루스 시카리우스의 두개골 및 복원도. 유스밀루스는 님라비드 중에서 바보우로펠리스 다음으로 긴 검치를 가지고 있으며, 이에 따라 상악 견치를 보호하기 위한 하악익도 상당히 길게 발달되어 있다.

(*Hoplophoneus primaevus*)가 분기되었을 가능성을 제시하고 있다(그림 9-13).

유스밀루스의 두개골에서는 다른 님라비드와 구분되는 여러 특징들을 찾아볼 수 있다. 안면 골격 부분은 상대적으로 길며, 후두골의 뒤쪽 부분은 가파르게 올라가 있다(그림 9-14). 관골궁의 형태도 특징적이다. 님라비드뿐 아니라 대부분의 고양이과 동물에서 관골궁은 바깥쪽으로 돌출된 아치형을 이루는 데 반해 유스밀루스

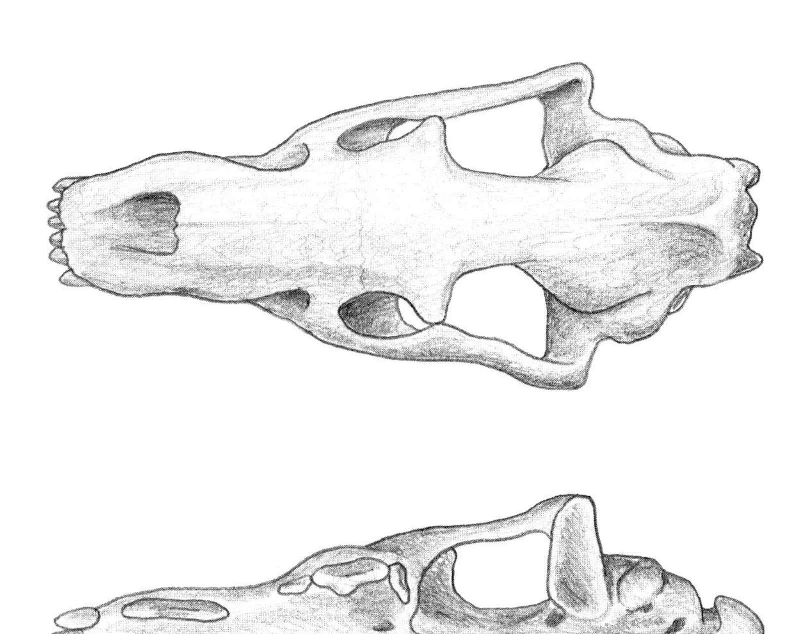

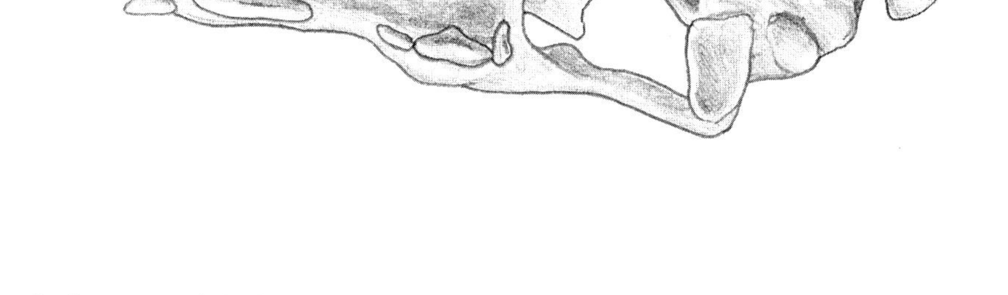

그림 9-15

유스밀루스 시카리우스의 두개골(위 아래에서 본 모습). 대부분의 님라비드나 고양이과 동물의 관골궁은 바깥쪽으로 돌출된 아치형을 이루고 있는 반면에 유스밀루스의 관골궁은 직선에 가까운 형태이다.

의 관골궁은 직선에 가까운 형태를 하고 있다. 두개골을 위쪽에서 내려다보면 이런 특징을 명확하게 확인할 수 있다(그림 9-15).

유스밀루스의 송곳니는 전형적인 군도형 검치로 상당히 길게 발달해 있다. 유스밀루스 다코텐시스는 검치와 두개골이 다소 작은 편이지만, 유스밀루스 시카리우스의 검치는 상당히 길다. 님라비드 중에서는 바보우로펠리스만이 유스밀루스 시카리우스보다 긴 검치를 가지고 있다. 또한 이런 긴 검치로 인해 하악익 역시 상당히 길게 발달해 있으며, 측두골의 턱관절 부분도 꽤 아래쪽에 위치하기 때문에 결과적으로 90° 정도로 턱을 크게 벌릴 수 있었을 것으로 추정된다. 유스밀루스의 치식은 I3/3, C1/1, P2/1(2), M1/1으로 호플로포네우스와 비교해서 상・하악의 전구치가 각각 1개 정도씩 적으며, 하악골의 경우 치간(diastema), 즉 견치와 전구치 사이의 간격이 상당히 긴 편이다.

10. 호플로포네우스 Hoplophoneus

호플로포네우스는 올리고세와 마이오세에 이르는 기간 동안 북반구에 서식하였던 님라비드로, 프랑스에서 발견된 일부를 제외한 대부분의 화석 표본은 미국에서 출토되었다. 호플로포네우스의 상악 송곳니는 전형적인 군도형 검치로서 길고 납작하

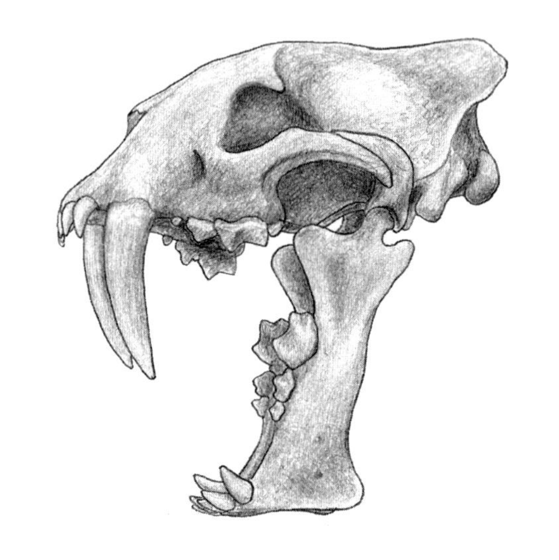

그림 9-16

호플로포네우스 프리메부스의 두개골 및 복원도. 비교적 긴 검치와 하악익을 가지고 있는 님라비드로서, 외모는 현생 고양이과 동물과 유사했을 것으로 생각된다. 후두부는 가파르며 시상봉합과 청각융기의 발달이 두드러진다.

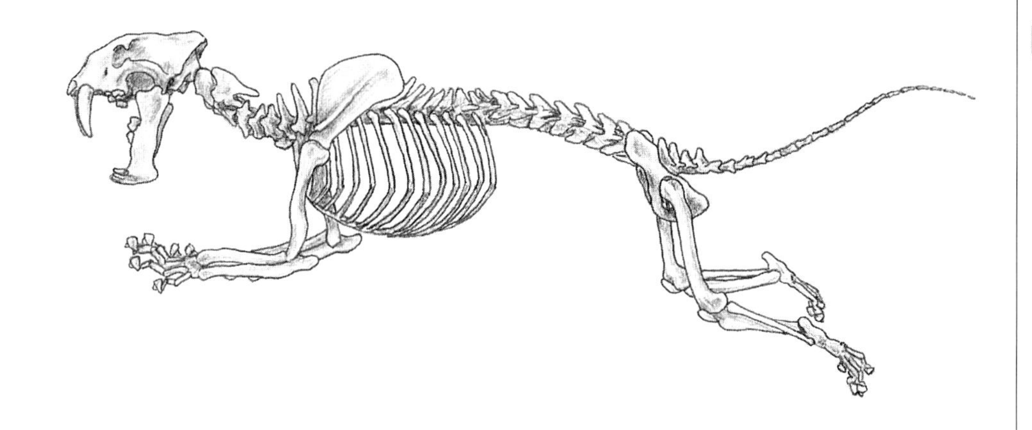

그림 9-17

호플로포네우스 프리메부스의 전신 골격. 전체적인 형태는 고양이과 동물과 유사하지만 몸통이 길며, 사지의 말단 골격이 짧아서 평족 보행을 했을 것으로 추정된다. 체구는 현생 표범보다 좀더 작았다.

며, 테두리가 가는 톱날 구조로 되어 있다. 이들의 검치는 님라비드 중에서 상당히 긴 편이며, 이에 따라 하악익도 비교적 잘 발달되어 있다(그림 9-16). 치식은 I3/3, C1/1, P2(3)/2, M1/1이며, 검치나 육치에 비해 전구치의 발달이 상대적으로 미미한 편이다. 후두부는 가파른 모습을 하고 있으며 시상능선과 청각융기 부분이 잘 발달되어 있다. 특히 두개골의 안쪽 면은 복잡한 형태여서 이들이 상당히 발달된 뇌를 가지고 있었을 것이라는 추정을 가능하게 한다.

호플로포네우스는 전체적으로 고양이과 동물과 상당히 유사한 외모를 가지고 있었던 것으로 보인다. 체구는 종에 따라 차이를 보이지만 대략 표범 정도 되었으며, 암컷은 수컷보다 조금 작았다. 전체적인 골격 형태는 스밀로돈 등 나중에 등장한 마케이로돈티네 무리와 크게 다르지 않지만, 이들에 비해 몸통이 훨씬 길고 사지의 말단 골격은 짧다. 즉 평족 보행에 가까운 골격 형태인 것이다(그림 9-17).

현재 호플로포네우스 세레브랄리스(*Hoplophoneus cerebralis*), 호플로포네우스 프리메부스(*Hoplophoneus primaevus*), 호플로포네우스 멘탈리스(*Hoplophoneus mentalis*), 호플로포네우스 옥시덴탈리스(*Hoplophoneus occidentalis*) 등 여러 종이 알려져 있는데, 종에 따라 체구의 차이는 있지만 전체적인 골격 형태의 차이는 그리 크지 않다. 호플로포네우스 세레브랄리스는 이 중 가장 작아서 스라소니 정도의 크기였다. 호플로포네우스 옥시덴탈리스는 가장 큰 종으로 표범 정도의 체구이고 사지의 골격도 상당히 강한 형태였지만 검치의 발달은 다소 미약하다. 프리메부스나 멘탈리스의 체구는 이들의 중간 정도로 알려져 있다.

11. 나노스밀루스 Nanosmilus

나노스밀루스는 밥캣 크기의 소형 님라비드로서, 1992년 마틴(Martin L. D.)이 미국 네브래스카 주의 초기 올리고세 지층에서 발견한 표본을 나노스밀루스 쿠르테니(*Nanosmilus kurteni*)로 보고한 것이 현재까지 유일하게 알려진 내용이다. 유스밀루스나 호플로포네우스와 가까운 계통으로 추정하고 있지만, 두개골의 크기뿐 아니라 형태에서도 차이를 보이기 때문에 나노스밀루스의 계통 관계에 대해서는 아직 명확하게 단정짓기 어렵다.

두개골은 좌우 폭이 좁으며 뒤쪽으로 시상봉합이 잘 발달되어 있지만, 후두부는 유스밀루스에서 볼 수 있는 것처럼 수직에 가까운 가파른 형태는 아니다(그림 9-18). 치식은 I3/3/, C1/1, P3/2, M1/1으로 알려져 있으며, 상악의 송곳니는 군도형 검치 형태로서 톱날 구조가 관찰된다. 하악골의 형태는 호플로포네우스와 유사하지만 하악익이 약하게 발달되어 있어서 호플로포네우스와는 차이를 보인다.

그림 9-18

나노스밀루스 쿠르테니의 두개골. 나노스밀루스는 밥캣 크기의 소형 님라비드로, 미국의 초기 올리고세 지층에서 발견되었다. 유스밀루스나 호플로포네우스와 가까운 계통으로 짐작되지만, 이들의 계통 관계는 아직 명확하게 단정짓기 어렵다.

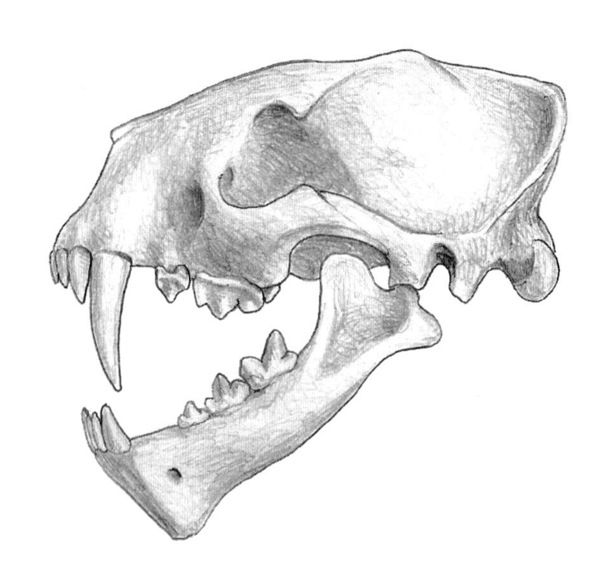

12. 바보우로펠리스Barbourofelis

바보우로펠리스는 북미의 마이오세 지층에서 발견된, 가장 마지막까지 살아남아서 동시대의 펠리드 그룹과 경쟁 관계를 이루었던 님라비드다. 아직까지 완전한 전신 골격이 발견되지 않아서 정확한 내용을 알 수는 없지만, 대략 사자 크기의 매우 강건한 체구를 가지고 있었던 것으로 보인다. 사지의 말단 쪽 골격 길이가 짧고 근육의 부착점이 잘 발달되어 있으며, 발톱은 고양이과 동물처럼 숨길 수 있었다. 따라서 여기에 근거할 때 바보우로펠리스의 몸통과 사지는 곰과 사자의 중간 정도 형태였을 것으로 짐작된다. 그러나 꼬리 부분의 골격은 아직 발견되지 않았기 때문에 이들의 모습은 복원도에 따라 곰이나 스라소니처럼 짧은 꼬리로 그려지거나, 때로는 사자나 호랑이처럼 긴 꼬리로 표현되고 있다(제13장 참조, 그림 13-9).

바보우로펠리스의 두개골은 아주 특징적이다. 가장 먼저 눈에 띄는 것은 엄청난 길이의 검치다. 종에 따라 차이가 있지만 바보우로펠리스 프릭키(*Barbourofelis fricki*)의 경우에는 님라비드 중에서 가장 큰 검치를 가지고 있었다. 이들의 송곳니는 전형적인 군도형 검치로 길고 납작하며, 이빨의 세로축을 따라 수직 홈이 깊게 패여 있다(그림 9-19). 바보우로펠리스는 이처럼 긴 검치를 사용하기 위해 턱을 크

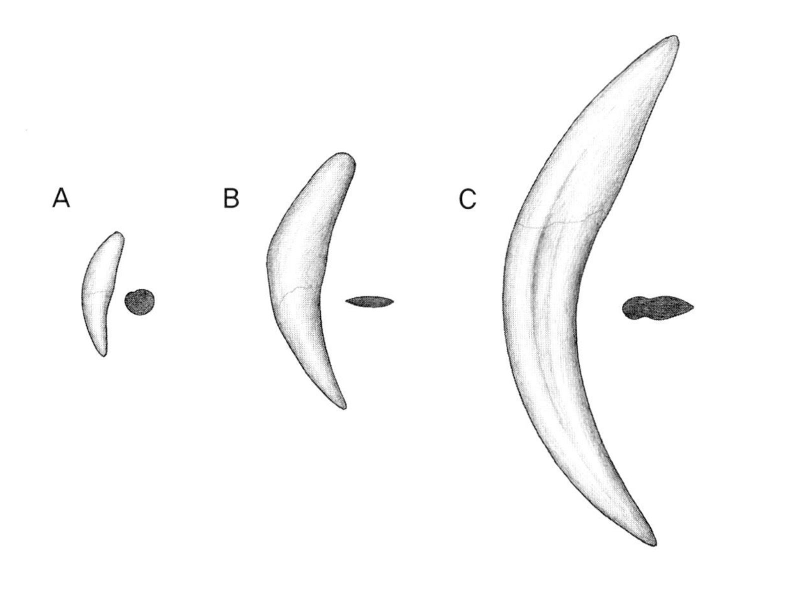

그림 9-19

송곳니의 측면 및 단면 형태. 바보우로펠리스의 송곳니는 전형적인 군도형 검치로, 이빨의 중앙에 수직 홈이 깊게 패여 있다. A. 원추형 검치(아프리카 사자), B. 단검형 검치(마케이로두스 콜로라덴시스), C. 군도형 검치(바보우로펠리스 프릭키)

게 벌릴 수밖에 없었을 것이다. 학자들은 현생 고양이과 동물들이 60° 내외로 턱을 벌릴 수 있는데 반해 바보우로펠리스는 110° 정도까지 크게 벌릴 수 있었을 것으로 보고 있다. 치식은 I3/3, C1/1, P/2, M/1로 전구치 P3는 상당히 작으며, 검치뿐 아니라 다른 이빨들에서도 톱날 구조가 관찰된다.

바보우로펠리스의 검치는 다른 이빨에 비해 성장이 늦은 것으로 알려져 있다. 생후 1년이 지나면 체구가 거의 어미 수준에 이르며 대부분의 유치도 자라 나오게 되지만 검치의 유치는 이때까지도 완전히 자라지 않는다. 따라서 바보우로펠리스의 새끼는 몸집이 상당히 크게 자란 후에도 상당 기간 어미의 보호하에 있었을 것으로 보인다.

바보우로펠리스의 두개골은 전후로 짧은 형태를 하고 있지만, 고양이과 동물의 두개골과 달리 콧등에서 후두부까지 평평하게 이어지면서 후두부는 수직에 가까운 가파른 형태를 하고 있다(그림 9-20). 일반적으로 고양이과 동물의 안와의 후방은 전두골과 관골의 후안와돌기(posterior orbital process)가 떨어져 있지만, 바보우로펠리스의 안와 뒤쪽은 하나의 뼈로 이어져 있어서 이를 후안와대(postorbital bar)라 한다. 청각융기는 다른 님라비드와 조금 달라서 비교적 골화가 잘 되어 있으나 청각융기 안쪽의 격막은 존재하지 않는다. 하악골의 앞쪽은 검치가 놓이는 부분이 깊게 함몰되어 있으며 하악익 역시 검치 길이에 맞게 상당히 길게 발달되어 있다.

현재 바보우로펠리스 프릭키(*Barbourofelis fricki*), 바보우로펠리스 로베이(*B. lovei*), 바보우로펠리스 모리시(*B. morrisi*), 바보우로펠리스 휘트포르디(*B. whitfordi*) 등의 종이 보고되어 있는데, 이 중에서 바보우로펠리스 프릭키가 가장 큰 검치와 체구를 가지고 있다(그림 8-10). 바보우로펠리스 휘트포르디는 가장 작은 종으로, 처음에는 이스키로스밀루스 오스보르니(*Ischyrosmilus osborni*)라는 이름으로 학계에 보고되었다. 휘트포르디의 검치와 하악익은 다른 종에 비해 훨씬 작지만 전체적인 형태는 유사하며, 하악의 앞쪽은 검치가 들어갈 수 있도록 움푹 패인 형태이다(그림 9-21).

그림 9-20

바보우로펠리스 프릭키의 두개골 및 복원도. 바보우로펠리스는 님라비드 중에서 가장 큰 검치와 하악익을 가지고 있다. 후두부는 수직에서 가까운 가파른 형태이며 콧등에서 후두부까지 평평하게 이어진다. 안와의 후방은 1개의 뼈로 이어지는데 이를 후안와대라 한다. 전체적으로는 대형 고양이과 동물의 모습을 토대로 곰의 특징을 가미한 형태였을 것으로 짐작된다.

그림 9-21

바보우로펠리스 휘트포르디의 하악골 표본. 바보우로펠리스 중 가장 작은 종으로, 검치와 하악익의 크기가 바보우로펠리스에 비해 훨씬 작다. 하악익과 검치가 놓이는 하악골의 앞부분은 움푹 들어간 형태를 하고 있다.

Chapter 10

마케이로돈티네

1. 메테일루루스Metailurus
2. 디노펠리스Dinofelis
3. 님라비데스Nimravides
4. 아델페일루루스Adelphailurus
5. 마케이로두스Machairodus
6. 호모테리움Homotherium
7. 제노스밀루스Xenosmilus
8. 파라마케이로두스Paramachairodus
9. 메간테레온Megantereon
10. 스밀로돈Smilodon

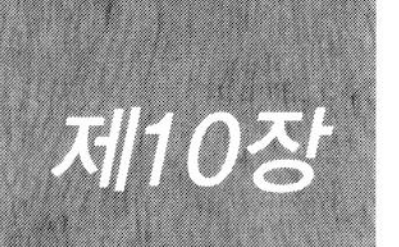

제10장 마케이로돈티네

마케이로돈티네는 진정한 의미의 검치호랑이 무리로, 마이오세 무렵부터 님라비드를 대신하여 생태계의 최상위 포식자로 등장한다. 티라노사우루스가 중생대 공룡의 제왕이었다면 이들 검치호랑이는 신생대 포유류의 최강자였다. 긴 검치로 무장한 마케이로돈티네의 강인하고 탄력 있는 몸매는 최강자로서 부족함이 없어 보인다. 특히 스밀로돈 무리 중에는 체구에서 현생 호랑이나 사자를 능가하는 것들도 있었다. 그러나 현생 고양이과 무리가 등장할 무렵에는 이미 많은 검치호랑이들이 사라졌으며, 일부는 동시대에 살아남아서 이들과 경쟁 관계였던 것으로 보인다. 마케이로돈티네의 멸종이 고양이과 동물의 등장과 어떤 상관관계를 가지고 있는지 확실히 알 수는 없지만, 이들은 님라비드와 비슷한 모습으로 지구상에서 자취를 감추게 된다.

1. 메테일루루스 Metailurus

메테일루루스는 마이오세에서 초기 플라이스토세에 이르는 기간 동안 유라시아와 아프리카 대륙에 서식했던 마케이로돈티네아과의 한 속으로 디노펠리스, 님라비데스, 아델파일루루스 등과 함께 메테일루리니 근속(Tribe Metailurini)으로 분류된다. 이들은 1924년 중국의 플라이오세 지층에서 발굴된 두개골 표본으로 처음 알려지게 되었으며, 이후에 유럽과 아프리카 등지에서도 발굴이 보고되고 있다.

메테일루루스의 체구는 표범이나 퓨마 정도며, 짧은 꼬리를 가지고 있었다고 알려져 있다. 사지의 골격은 매우 강인하며, 앞다리가 뒷다리보다 조금 더 길다. 그리스와 프랑스에서 발굴된 몸통 골격은 고양이과 동물과 상당히 유사하다. 이들은 호모테리움, 스밀로돈 등의 검치호랑이와 현생 고양이과 동물의 중간 정도 형태였을 것으로 보인다. 두개골은 안면 부분이 짧고 전체적으로 돔 형태를 하고 있어서 현생 고양이과 동물과 크게 다르지 않다(그림 10-1). 상악의 송곳니는 짧고 납작하며, 전

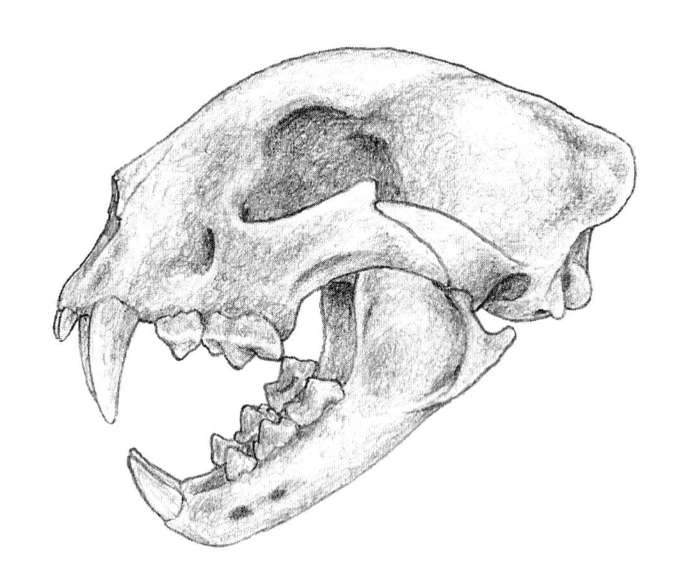

그림 10-1

메테일루루스 미노르의 두개골. 전체적으로 고양이과 동물의 두개골과 유사하다. 상악 송곳니는 짧고 납삭하며 하악익은 전혀 발달되지 않았다.

구치 P2는 없고, 하악익은 전혀 형성되어 있지 않다.

일반적으로 메테일루루스는 디노펠리스와 아주 가까운 계통으로 보고 있다. 하지만 두개골의 형태가 치타와 유사점이 많기 때문에 일부에서는 이들이 현생 치타와 가까운 계통이라는 주장도 제기하고 있다. 현재 메테일루루스 마요르(*Metailurus major*), 메테일루루스 미노르(*M. minor*), 메테일루루스 몽골리엔시스(*M. mongoliensis*) 등의 종이 알려져 있다.

2. 디노펠리스 Dinofelis

디노펠리스는 플라이오세에서 플라이스토세에 이르는 기간 동안 전세계적으로 널리 분포했던 속으로, 1924년 중국에서 처음 발견된 이후 모든 북반구와 아프리카에 이르는 광활한 지역에서 화석이 발굴되었다(그림 10-2). 메테일루리니 근속으로 메테일루루스와 가까운 계통이지만 체구는 재규어 정도로 메테일루루스에 비해 다소 컸다. 앞다리의 골격이 상대적으로 더 발달해 있어서 굵고 강한 대신에 뒷다리는 조금 가늘어 보인다. 또한 앞다리에서 상완골이 길고 말단 쪽의 중수골(metacarpal

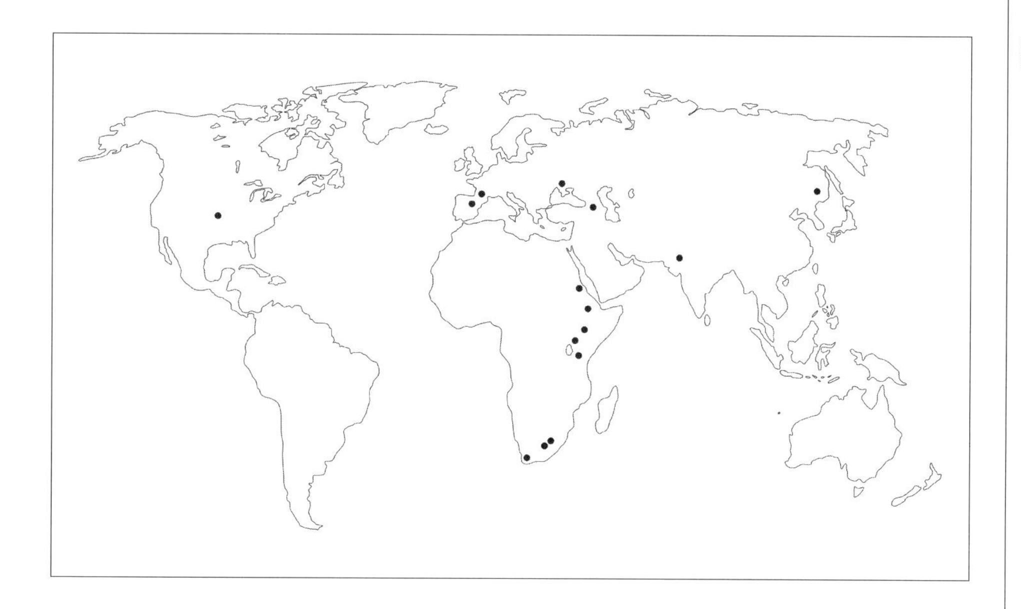

그림 10-2

디노펠리스의 화석 발굴 지역. 디노펠리스의 화석은 유라시아, 북미 등 모든 북반구와 아프리카에 이르는 광범위한 지역에서 발굴되고 있다. 아직 각 지역의 종에 대한 계통 관계는 명확하게 정립되지 않았으나, 많은 학자들은 디노펠리스가 아프리카에 처음 등장한 후 유라시아를 거쳐서 북미 대륙까지 퍼져 나간 것으로 추정하고 있다.

bone)은 짧기 때문에 평원에서의 주행보다는 수풀 속에 매복해서 사냥하거나 나무에 오르는 데 적합한 형태이다. 디노펠리스는 이처럼 상대적으로 강한 앞다리로 현생 표범이 제압하기 어려운 크기의 먹잇감도 사냥의 대상으로 했을 것으로 보인다.

두개골은 전체적으로 둥근 모습으로 현생 대형 고양이과 동물과 매우 유사하다(그림 10-3). 상악 견치는 검치호랑이와 현생 고양이과 동물의 중간 정도 형태를 하고 있다. 전체적으로 그리 길지 않아서 메간테레온, 스밀로돈 등의 검치호랑이와 달리 턱을 다물었을 때 상악 견치의 끝이 하악골의 하단을 벗어나지 않으며, 동시에 조금 납작한 형태여서 고양이과 동물의 원추형 이빨과도 차이를 보인다. 상악 견치의 테두리에는 톱날 구조가 없는 대신에 납작한 형태로 인해 어느 정도 날이 서 있다. 치식은 I3/3, C1/1, P2/2, M1/1으로, 상악의 전구치 P2가 없고 P3의 크기가 작지만 P4는 잘 발달되어 있다.

1924년 잔스키(Zdansky O.)는 중국에서 발견된 두개골과 하악골을 근거로 디노펠리스 아벨리(*Dinofelis abeli*)라는 새로운 종을 발표했다. 당시에는 이 표본이 마이오세 지층에서 산출된 것이라고 생각하였지만, 현재는 관련된 화석군의 정보를 종합해 볼 때 플라이오세가 맞는 것으로 추정하고 있다.

1929년에는 유럽에서도 디노펠리스의 화석이 발견되었다. 프랑스에서 발견된

그림 10-3

디노펠리스 아벨리의 두개골. 두정부가 둥근 형태이며, 전체적으로 대형 고양이과 동물의 두개골과 매우 유사하다.

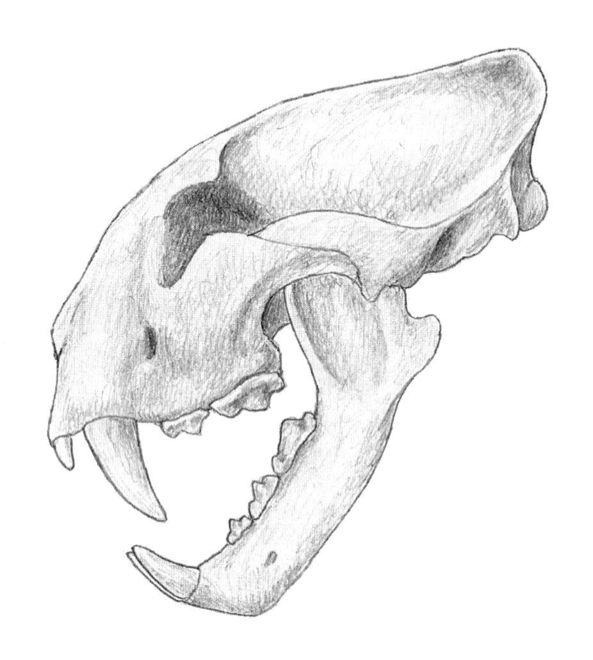

두개골과 하악골 표본으로 펠리스 디아스테마타(*Felis diastemata*)라는 이름으로 발표되었는데, 한때는 이를 테레일루루스(*Therailurus*)라는 속으로 분류하기도 하였지만 현재는 디노펠리스 디아스테마타(*Dinofelis diastemata*)라는 학명으로 정정되었다. 디노펠리스 디아스테마타는 중국에서 발견된 디노펠리스 아벨리에 비해 검치와 하악골의 근육돌기가 작고 전구치 P4는 다소 큰 차이점을 보이며, 전체적으로 호모테리움이나 스밀로돈에 보다 가까운 형태이다.

1930년대로 접어들면서 아시아와 유럽에 이어 아프리카에서도 디노펠리스의 화석이 발견되었다. 1937년 브룸(Broom R.)은 남아프리카에서 새로운 종을 발견하여 메간테레온 바르로위(*Megantereon barlowi*)라는 이름으로 발표하였는데, 이는 나중에 디노펠리스 바르로이(*Dinofelis barlowi*)로 개칭되었다. 디노펠리스 바르로이의 체구는 현생 표범과 사자의 중간 정도로 디노펠리스 중에서도 큰 편에 속하며, 상악견치는 약간 휘어 있고 치간은 조금 길다.

남아프리카에서는 디노펠리스 바르로이의 화석이 개코원숭이(baboon)의 화석과 함께 발견된 예도 보고되었다. 개코원숭이, 특히 숫놈은 현생 표범이 쉽게 제압

그림 10-4

디노펠리스 바르로이. 남아프리카의 플라이오세 지층에서 디노펠리스 바르로이와 개코원숭이의 골격이 함께 발견된 예가 보고된 바 있다. 표범보다 체구가 더 크고 강한 앞발을 가지고 있던 디노펠리스 바르로이는 현생 아프리카 표범이 제압하기 어려운 개코원숭이도 큰 어려움 없이 사냥할 수 있었을 것으로 보인다.

하기 어려운 상대지만 표범에 비해 덩치가 더 크고 앞다리가 발달해 있는 디노펠리스 바르로이에게는 비교적 쉬운 먹잇감이었을 것이다(그림 10-4).

디노펠리스 피베토우이(*Dinofelis piveteaui*)는 아프리카에서 발견된 또다른 종이다. 전체적인 체구는 디노펠리스 바르로이와 거의 같지만 앞다리에 비해 뒷다리가 조금 빈약해서 호모테리움과 유사한 형태를 하고 있다(그림 10-5). 두개골도 디노펠리스 바르로이에 비해 전후 길이가 짧고 전체적인 크기도 더 작다. 검치도 작은 편이며, 검치와 전구치 사이의 치간이 더 짧다(그림 10-6).

디노펠리스 크리스타타(*Dinofelis cristata*)는 디노펠리스 아벨리에 이어 아시아에서 두 번째로 발견된 종으로, 1973년 인도의 후기 플라이오세에서 초기 플라이스토세 기간의 지층에서 산출되어 처음으로 알려지게 되었다. 디노펠리스 크리스타타는 현재까지 알려진 디노펠리스 중 가장 큰 종인데, 두개골과 전체적인 골격 형태가 현생 대형 고양이과 동물과 구분하기 어려울 정도로 유사하다(그림 10-7).

북미 대륙에서 발견된 디노펠리스 팔레오온카(*Dinofelis paleoonca*)는 가장 작은 종으로 알려져 있다.

그림 10-5

디노펠리스의 골격 비교. 디노펠리스 바르로이(A)와 디노펠리스 피베토우이(B)는 거의 같은 크기로, 현생 표범(C)보다 더 큰 체구를 가지고 있었다. 그러나 디노펠리스 피베토우이의 두개골과 뒷다리 골격은 바르로이에 비해 왜소하다. 색칠된 부분은 아직 화석이 발견되지 않은 골격이다.

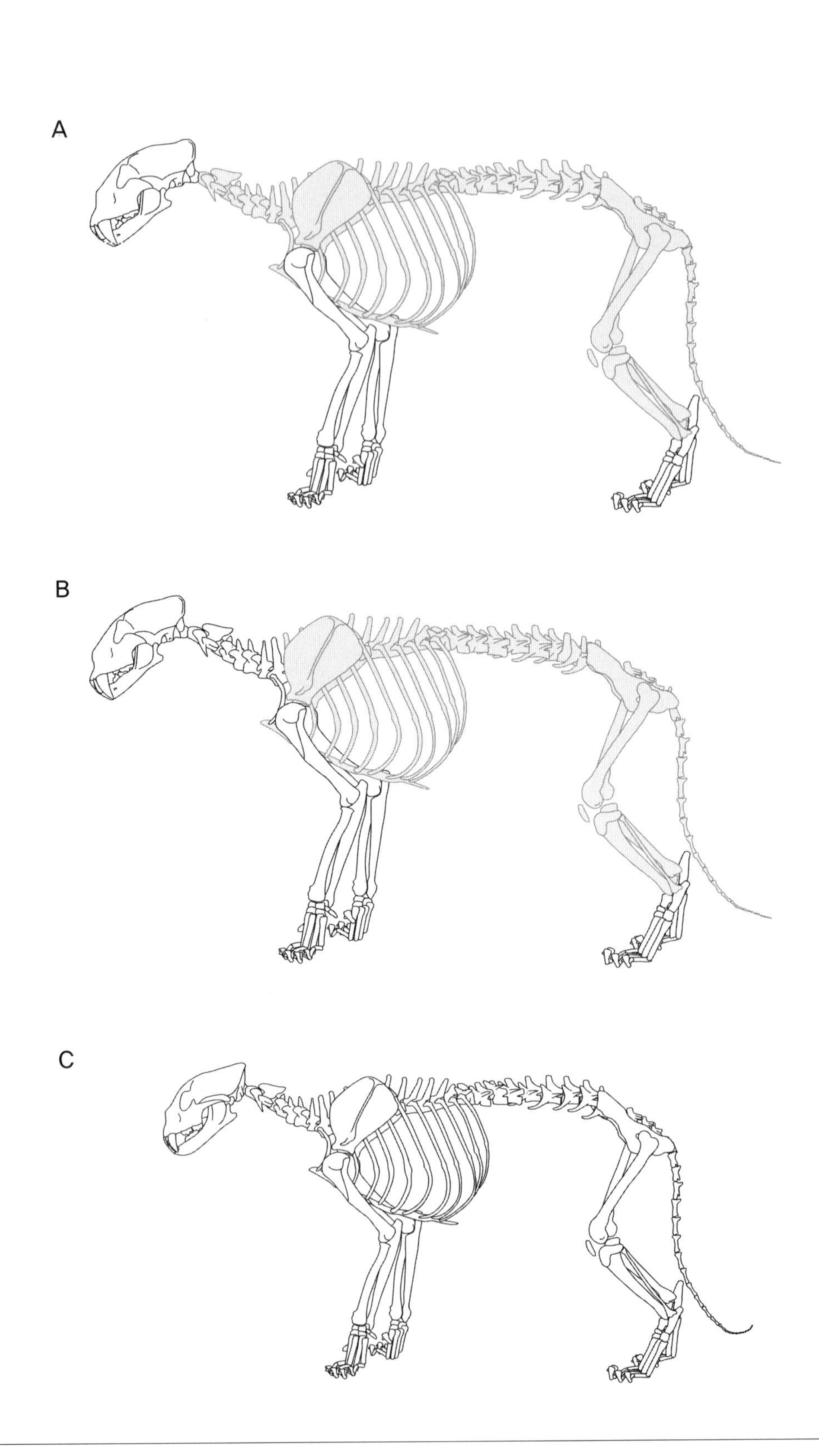

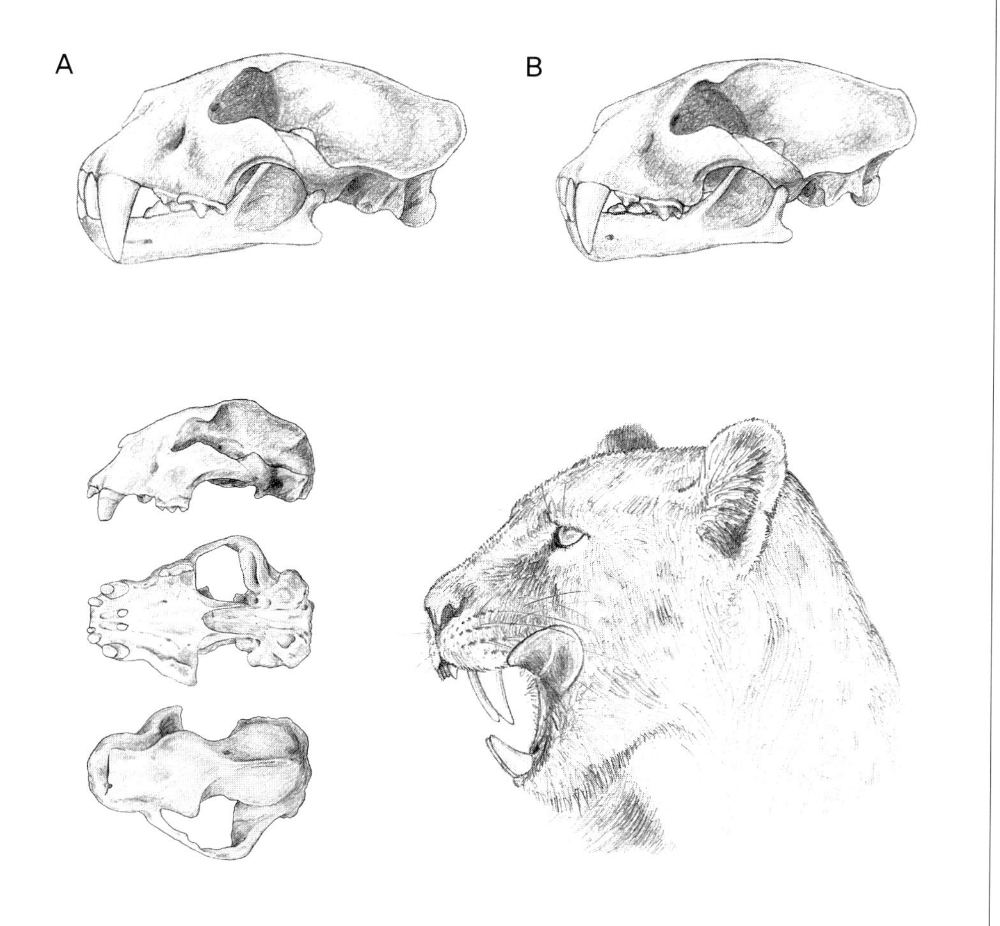

그림 10-6

디노펠리스 바르로이(A)와 디노펠리스 피베토우이(B)의 두개골 비교. 디노펠리스 피베토우이의 두개골은 전체적인 크기가 작고 안면 골격 부분이 짧으며, 청각융기와 후두부의 발달이 미약한 편이다. 또한 검치의 크기도 바르로이에 비해 작고, 검치와 전구치 사이의 치간 역시 다소 짧다.

그림 10-7

디노펠리스 크리스타타의 두개골 표본과 복원도. 디노펠리스 크리스타타는 인도에서 발견된 종으로, 디노펠리스 중에서 가장 큰 체구를 가지고 있었다. 두개골과 전체적인 골격의 형태는 대형 고양이과 동물과 유사한 것으로 알려져 있다.

이처럼 디노펠리스의 화석이 전세계적으로 넓은 지역에서 발굴되고 있기 때문에 이들의 계통 관계를 밝히려는 연구가 진행되고 있다. 많은 학자들은 디노펠리스가 아프리카에 처음 등장한 이후 유럽과 아시아, 북미 대륙으로 퍼져 나간 것으로 보고 있다.

3. 님라비데스Nimravides

님라비데스는 마이오세와 플라이오세 기간 동안 북미 대륙에 나타났던 초기 형태의 펠리드다. 체구는 종에 따라 표범에서 사자나 호랑이 정도로 차이를 보이며, 사지의

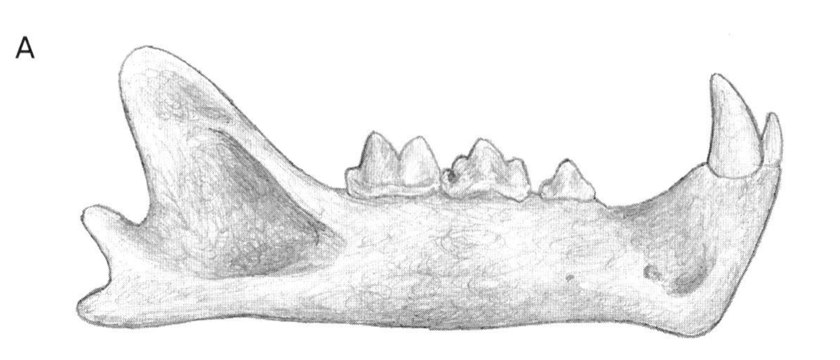

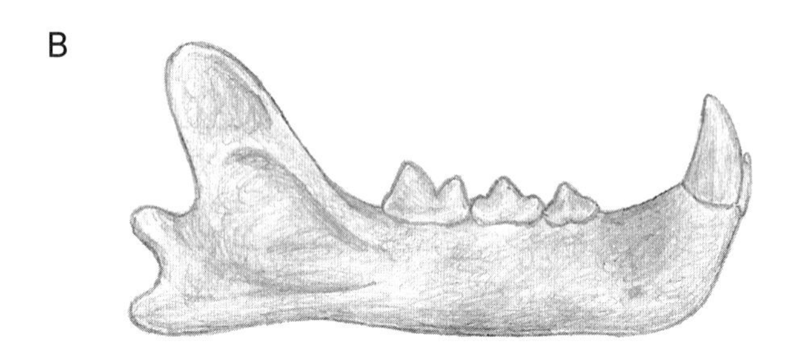

그림 10-8

님라비데스 카타코피스(A)와 님라비데스 페디오노무스(B)의 하악골. 님라비데스 카타코피스의 하악골 크기가 훨씬 크며, 앞쪽으로 하악익의 발달이 관찰된다. 검치가 놓이는 부분은 두 종 모두 움푹하게 들어가 있다.

길이는 긴 편이다. 치식은 I3/3, C1/1, P2/2, M1/1이다. 상악 송곳니는 단검형 검치로 약간 납작한 형태지만 그리 길지 않고, 뒤쪽으로는 톱날 구조가 명확하지만 앞쪽으로는 없거나 아주 희미하게 나타난다. 하악의 견치는 다른 검치호랑이들에 비해 비교적 길며, 님라비데스 카타코피스(*Nimravides catacopis*)처럼 체구가 큰 종에서는 하악익이 약하게 발달해 있지만 체구가 작은 종에서는 하악익이 발견되지 않는다(그림 10-8).

님라비데스 페디오노무스(*Nimravides pedionomus*)는 북미의 마이오세 지층에서 발견된 가장 초기 형태의 종으로서 체구가 표범 정도로 가장 작다. 그리고 님라비데스 티노바테스(*Nimravides thinobates*)는 과거에는 슈델루루스 티노바테스(*Pseudaelurus thinobates*)로 불렸던 종으로 조금 늦은 초기 플라이오세에 등장하였으며, 체구는 표범 정도로 페디오노무스와 거의 같다. 미국 캔자스 주의 플라이오세 지층에서 발견된 님라비데스 카타코피스(*Nimravides catacopis*)는 가장 널리 알려져 있는 종이다. 체구는 사자 정도로 님라비데스 중에서 가장 컸다. 두개골과 골격의 형태가 스페인에서 발견된 마케이로두스 아파니스투스(*Machairodus aphanistus*)와 매우 유사하기 때문에 이 둘을 같은 계통으로 보는 학자들도 있다.

미국 캔자스 주에서는 흥미로운 화석 표본이 발견되었다. 검치가 부러지고 하악골은 골절되어 있는 표본인데, 부러진 검치의 끝은 마모되어 있지만 하악골 골절이 아문 흔적은 전혀 보이지 않았다. 아마도 사냥 중에 치명상을 입었을 것이며, 일정 기간 부러진 송곳니를 사용하여 청소동물처럼 사체를 훔쳐 먹으면서 연명하였지만 결국 오래 가지 못하고 죽은 것으로 보인다.

4. 아델페일루루스 Adelphailurus

현재까지 아델페일루루스는 미국 캔자스 주 마이오세 지층에서 발견된 아델페일루루스 칸센시스(*Adelpailurus kansensis*) 1종만이 보고되어 있을 뿐이다. 화석 정보가 극히 부족하여 자세한 내용을 알 수는 없으나 체구는 대략 퓨마 정도였을 것으로 추정하고 있다. 상악 견치는 비교적 긴 편이며, 안쪽 면은 평평하고 전내측으로 수직 홈이 관찰된다. 치식은 I3/3, C1/1, P2/2, M1/1이며 육치의 날이 잘 발달되어 있다(그림 10-9).

골격 화석은 매우 부족하지만 그 형태가 현생 퓨마와 유사한 것으로 알려져 있다. 미국의 애덤스(Adams D.)는 남아프리카의 초기 플라이오세 지층에서 발견된, 표범보다 조금 작은 크기의 펠리스 오브스쿠라(*Felis obscura*)와 아데페일루루스 골격이 유사함을 지적하기도 하였다. 아직은 추가적인 화석 발굴을 기다리는 형편이지만, 신대륙의 아델페일루루스와 구대륙의 초기 펠리드가 상당히 가까운 계통이었을 가능성이 높아 보인다.

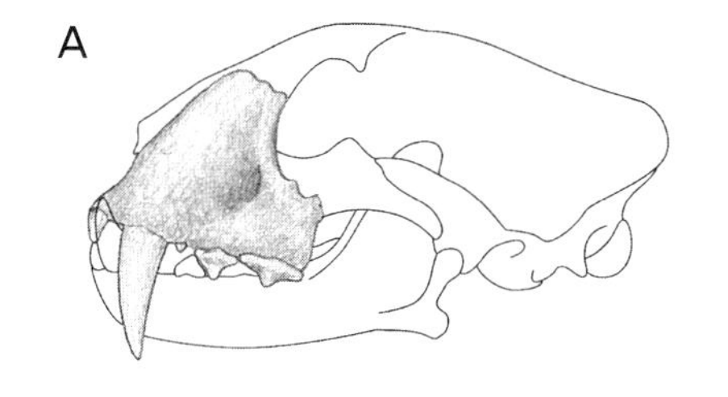

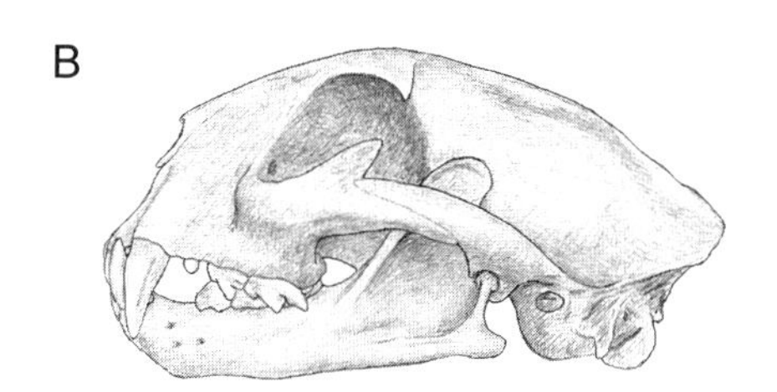

그림 10-9

아델페일루루스 칸센시스(A)와 현생 퓨마(B)의 두개골. 화석이 극히 부족한 형편이지만, 아델페일루루스의 두개골은 퓨마와 상당히 유사한 것으로 알려져 있다.

5. 마케이로두스 Machairodus

마케이로두스는 호모테리움과 함께 호모테리니 근속(Tribe Homotheriini)으로 분류되는 속으로, 지금으로부터 약 1,500만 년 전인 마이오세에 유라시아 대륙에 처음으로 모습을 나타내었고 이후 북미와 아프리카 대륙까지 급속도로 퍼져 나갔다. 일반적으로 가장 전형적인 모습의 검치호랑이로서 호모테리움과 스밀로돈을 예로 들 수 있는데, 마케이로두스는 사자 크기의 체구와 긴 검치, 그리고 날카롭게 발달된 육치 등 이들 검치호랑이와 상당히 유사한 모습을 하고 있었다. 마케이로두스 아파니스투스(*Machairodus aphanistus*) 등 먼저 등장한 무리에서는 이런 특징이 적었지만, 나중에 등장한 마케이로두스 기간테우스(*Machairodus giganteus*)나 마케이로두스 콜로라덴시스(*Machairodus coloradensis*)에 이르면 이런 특징들이 더욱 두드러져서 호모테리움과 상당히 유사한 모습을 하게 된다. 이와 같은 검치의 발달과 이에 따른 두개골 변화의 흐름을 마케이로돈트 성향(machairodont trait) 혹은 검치 적응(sabertooth adaptation)이라 한다.

호모테리움의 두개골에서는 검치호랑이로서의 여러 가지 특징을 찾아볼 수 있다(그림 10-10). 먼저 길어진 상악 견치(1)와 이에 따른 변화, 즉 상대적으로 작은 하악 견치(13)와 발달된 하악익(14)이 관찰된다.

두 번째로 턱을 크게 벌리기에 적합한 골격 특징을 찾아볼 수 있다. 검치가 길어지면 같은 크기의 대상을 물기 위해서는 턱을 더 크게 벌릴 수밖에 없는데(제12장 참조, 그림 12-1), 턱의 움직임과 관련된 교근(masseter m.), 측두근(temporalis m.), 이복근(digastric m.)의 폭이 좁으면 근육이 늘어날 때 근육의 움직임이 자유로워서 턱을 더 크게 벌리는 데 유리하다. 호모테리움의 두개골에서 교근의 기시부인 관골궁(5), 측두근의 기시부인 측두와(6)와 부착부인 하악골의 근육돌기(12), 그리고 이복근의 기시부인 측후두돌기(9)가 작은 이유는 이 때문이다. 또한 측두골의 하악와, 즉 하악골 움직임의 중심축이 낮게 위치함으로써(7) 턱을 보다 크게 벌릴 수 있도록 되어 있다.

세 번째로 목 근육의 발달과 관련된 골격 특징을 찾아볼 수 있다. 즉, 상완두근(brachiocephalicus m.)이 부착되는 후두부(11)와 전두사근(obliquus capitis anterior

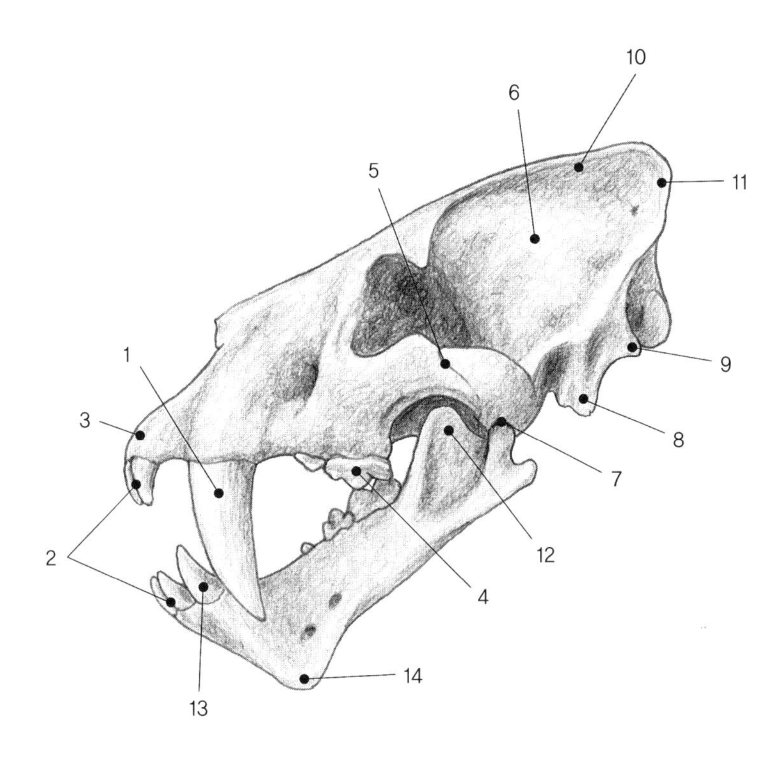

1. 길고 납작한 상악 견치(upper canines)
2. 아치형으로 배열된 발달된 절치(incisors)
3. 전상악골(premaxilla)의 돌출
4. 크고 날카롭게 발달된 육치(carnassials)와 작아진 전구치(premolars)
5. 짧은 관골궁(zygomatic arch)
6. 짧은 측두와(temporal fossa)
7. 낮은 위치의 하악와(glenoid fossa)
8. 전하방으로 크게 발달된 유양돌기 (mastoid process)
9. 작아진 측후두돌기(paroccipital processes)
10. 발달된 시상능선(sagittal crest)
11. 돌출된 후두부(occipital plane)
12. 작아진 하악골의 근육돌기 (coronoid process)
13. 상대적으로 작은 하악 견치(lower canines)
14. 하악익(mandibular flanges)의 발달

그림 10-10

호모테리움 라티덴스의 두개골에서 관찰되는 검치화의 여러 특징

m.)이 부착되는 유양돌기 부분(8)이 잘 발달되어 있다.

마지막으로 육식에 적합한 특징들을 찾아볼 수 있다. 즉 살점을 뜯어내기 위해 절치가 발달해 있으며(2), 이에 따라 전상악골이 돌출되어 있다(3). 또한 육치가 잘 발달되어 있으며(4), 짧은 측두와를 보상하기 위해 시상능선이 잘 발달되어 있어서 측두근의 넓은 부착점을 제공하고 있다(10). 마케이로두스의 두개골에서도 이와 거의 유사한 골격 특징이 발견되기 때문에 이들은 마케이로돈트 성향 혹은 검치화의 특징을 보인다고 말할 수 있다.

마케이로두스 아파니스투스는 초기에 등장한 형태로, 이들의 화석은 스페인을 포함한 유럽 대륙의 마이오세 지층에서 널리 산출되고 있다. 두개골은 마케이로돈트 성향을 보이면서 동시에 대형 고양이과 동물의 특징을 함께 가지고 있다. 비교적 길고 납작한 단검형의 검치나 잘 발달된 시상능선 등은 호모테리움과 같은 검치호랑이와 상당히 유사한 점이지만, 하악 견치가 비교적 크고 측두와가 상대적으로 긴

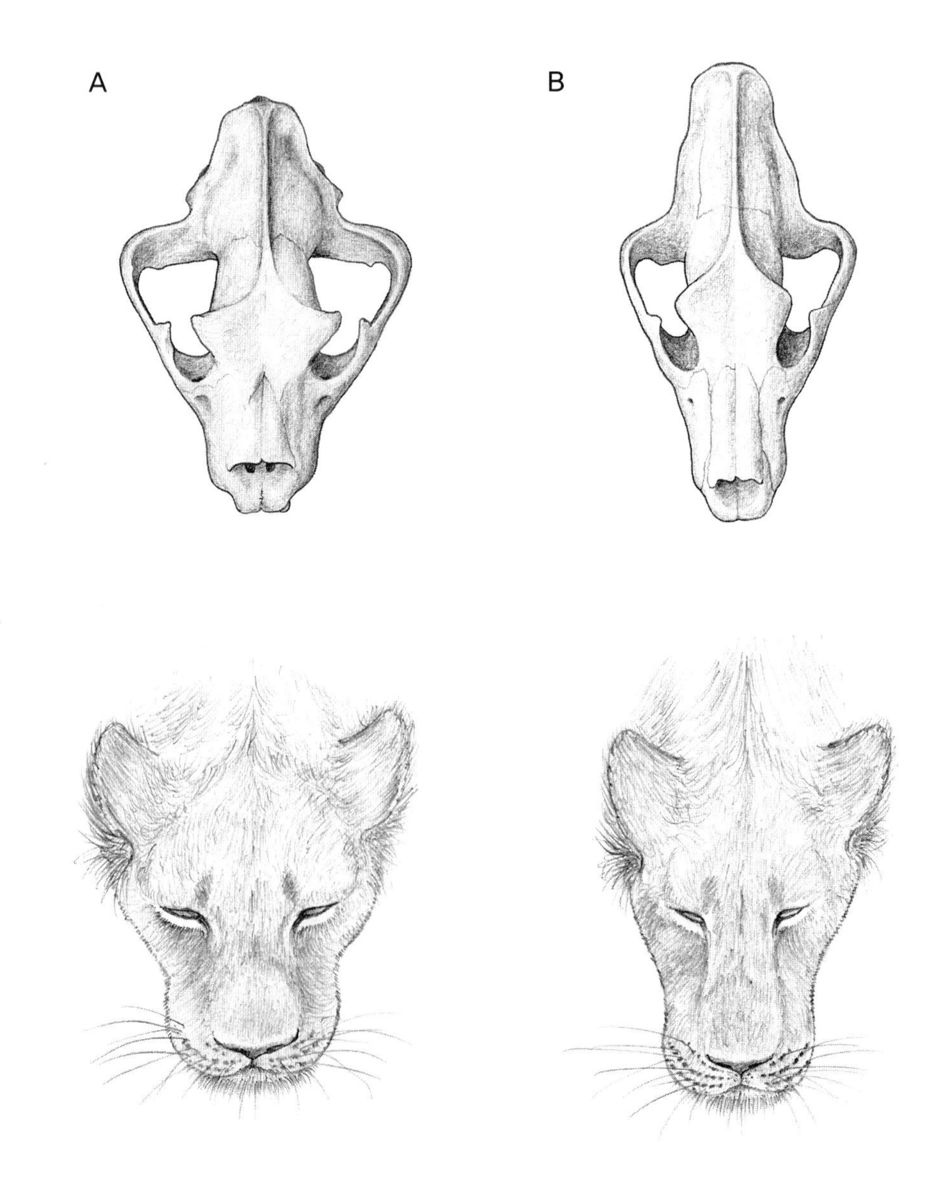

그림 10-11

현생 사자(A)와 마케이로두스 아파니스투스(B)의 두개골 및 외모 비교. 마케이로두스 아파니스투스의 두개골은 현생 사자와 상당히 유사한 형태를 하고 있다. 그러나 사자의 두개골에 비해 좌우 폭이 좁고 주둥이 부분이 길며 안와가 더 작기 때문에 위쪽에서 내려다본다면 이들 간의 외모 차이를 쉽게 알 수 있었을 것이다.

그림 10-12

마케이로두스 아파니스투스. 마케이로두스 중에서 현생 대형 고양이과 동물에 가장 가까운 외모를 가지고 있던 종으로 추정된다. 이들이 어떤 문양의 털가죽을 가지고 있었는지는 알 수 없으며, 또한 두개골과 앞다리의 길이가 다소 길다는 차이점은 있지만 얼핏 보면 현생 사자나 호랑이와 구분하기 어려웠을지도 모른다.

것은 오히려 대형 고양이과 동물에 더 가깝다. 현생 사자의 두개골과 비교해 보면 두개골의 위쪽 면이 돔 형태로 볼록하게 돌출되어 있어서 전체적인 형태는 상당히 유사하다. 하지만 마케이로두스 아파니스투스의 두개골에서는 안와가 더 작은 대신 시상능선은 보다 분명하게 발달되어 있다. 가장 큰 차이는 두개골을 위에서 보았을 때 좌우 폭이 좁고 앞뒤로 훨씬 길다는 것이다(그림 10-11).

마케이로두스 아파니스투스는 마케이로두스 중에서 대형 고양이과 동물에 가장 가까운 외모를 가지고 있었을 것으로 생각된다(그림 10-12). 이들이 생존 당시에 어떤 털가죽 문양을 가지고 있었는지는 알 수 없지만, 털가죽 문양을 제외한다면 이들의 외모는 현생 사자나 호랑이와 상당히 유사해서 구분이 어려웠을지도 모른다. 하지만 위쪽에서 바라본다면 폭이 좁고 긴 두개골의 형태와 작은 안와로 인해 이들 사이의 안면 형태의 차이를 쉽게 알 수 있었을 것이다(그림 10-11).

마케이로두스 기간테우스는 유럽과 아시아 대륙의 후기 마이오세와 플라이오세 지층에서 발견된 종으로서, 먼저 등장한 마케이로두스 아파니스투스에 비해 보다 명확한 마케이로돈트 성향을 보인다. 검치는 더 납작하며, 하악의 송곳니는 상대적으로 더 작고 절치가 잘 발달해 있다. 두개골의 위쪽 면은 평평해서 직선에 가까워지고, 목 근육이 부착되는 유양돌기가 더 커지며, 측두근이 부착되는 하악골의 근육돌기는 작아진다. 또한 앞다리의 길이 증가도 아파니스투스에 비해 더 명확해진다. 즉 마케이로두스 아파니스투스의 두개골과 골격은 현생 사자나 호랑이의 특징을 많이 가지고 있지만, 마케이로두스 기간테우스는 검치화가 진행되어 호모테리움에 더 가까운 형태를 하고 있는 것이다(그림 10-13).

마케이로두스 콜로라덴시스는 북미 대륙의 후기 마이오세 지층에서 발견된 종으로, 전체적으로 마케이로두스 기간테우스와 매우 유사하다. 앞다리의 요골(radius)이 길며 요추(lumbar vertevrae)는 상대적으로 짧은 편이다. 많은 학자들은 이 종을 먼저 등장한 님라비데스 카타코피스(*Nimravides catacopis*)와 나중에 등장한 호모테

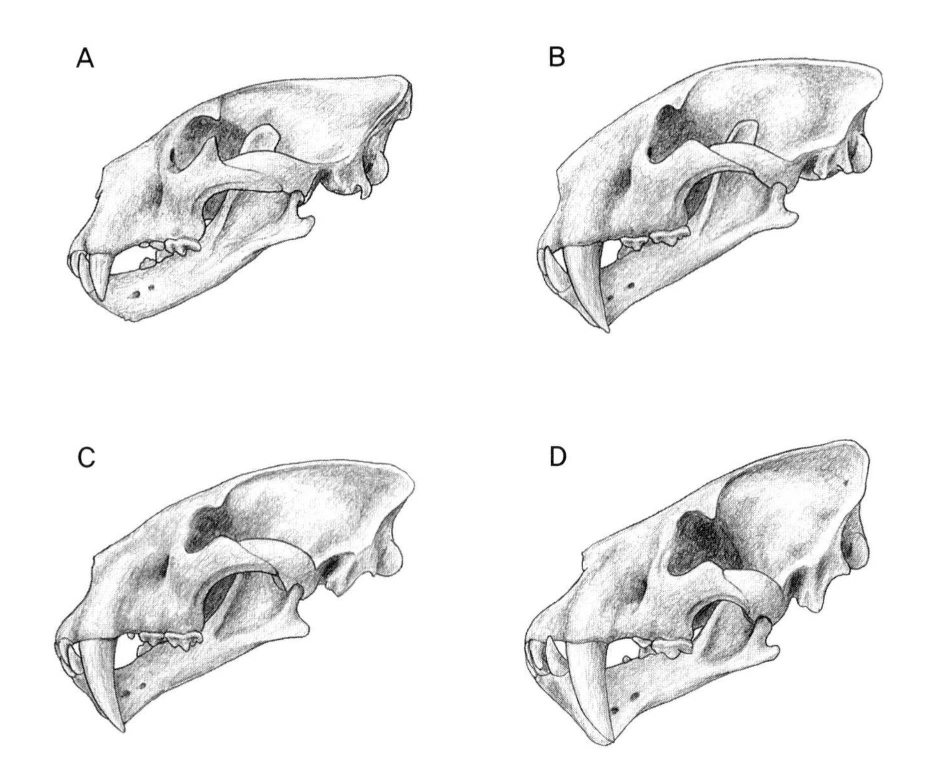

그림 10-13

현생 사자(A), 마케이로두스 아파니스투스(B), 마케이로두스 기간테우스(C), 호모테리움 라티덴스(D)의 두개골 비교. 마케이로두스 아파니스투스의 두개골은 현생 사자나 호랑이와 유사한 점을 많이 가지고 있는 반면에, 마케이로두스 기간테우스의 두개골은 마케이로돈트 성향이 두드러져서 호모테리움에 보다 가까운 형태를 보인다.

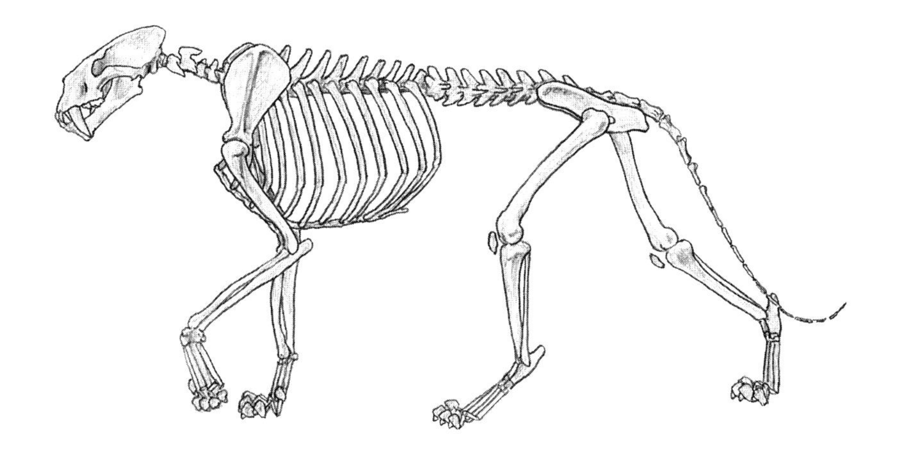

그림 10-14

마케이로두스 콜로라덴시스의 전신 골격 및 복원도. 마케이로두스 콜로라덴시스는 유라시아의 마케이로두스 기간테우스와 상당히 유사한 종이었던 것으로 보인다. 앞다리의 요골이 길어서 호모테리움과 유사해 보이기도 하지만, 허리 부분이 짧아서 전체적으로는 현생 사자나 호랑이와 유사한 외모였을 것으로 추정된다.

리움의 중간 정도의 형태로 보고 있다(그림 10-14).

이 외에 카자흐스탄에서 발견된 마케이로두스 크루테니(*Machairodus kurteni*)와 튀니지에서 발견된 마케이로두스 아프리카누스(*Machairodus africanus*) 등의 종이 알려져 있다.

6. 호모테리움Homotherium

호모테리움은 지금으로부터 300만 년에서 50만 년 전에 유라시아, 북미 등 대부분의 북반구와 아프리카 지역에 서식하였던, 사자 크기의 검치호랑이로 유럽 지역에서는 유럽동굴사자나 네안데르탈 인(Neanderthals), 그리고 아프리카에서는 오스트랄로피테쿠스(*Australopithecus*)와 동시대에 생존하였을 것으로 추정된다. 호모테리움의 두개골에서는 검치화에 따른 여러 특징들이 나타나기 때문에 학자들로부터 많은 주목을 받고 있다(그림 10-10, 10-13). 상악 송곳니는 전형적인 단검형 검치로서 비교적 길고 납작하며, 검치의 앞뒤로는 거친 톱날 구조가 나타난다. 치식은 I3/3, C1/1, P2/2, M0/1으로 절치와 육치의 발달이 두드러지며, 하악익의 발달도 관찰된다.

전신 골격에서도 다른 계통에서 보기 힘든 독특한 특징이 관찰된다. 전체적으로 다리가 길고 비교적 날렵한 체구를 가지고 있어서 치타와 유사해 보이기도 하지만, 앞다리가 뒷다리보다 더 길어서 하이에나처럼 보이기도 하며(그림 10-15), 꼬리는 스라소니처럼 짧다.

그림 10-15

호모테리움과 하이에나. 호모테리움은 긴 앞다리로 인해 하이에나처럼 등이 아래로 기울어진 모습이었을 것이다.

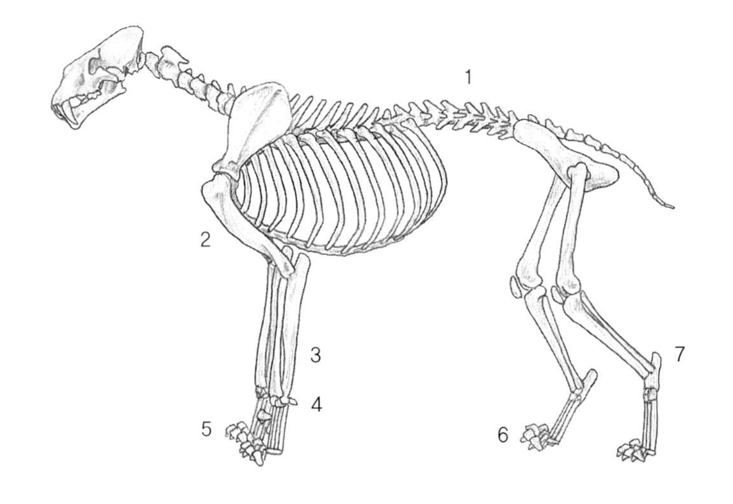

1. 짧고 견고한 요추(lumbar vertebrae)
2. 길고 상대적으로 갸름한 상완골(humerus)
3. 말단부가 가는 요골(radius)
4. 짧고 견고한 두상골(pisiform)
5. 비대칭의 구조가 덜 발달된 중지골 (middle phalanges)
6. 작은 크기의 제2~5발가락 발톱(claws)
7. 짧은 종골(calcaneus)과 평평한 거골 (astragalus)

그림 10-16

호모테리움 라티덴스의 전신 골격 및 복원도. 호모테리움은 사지가 길어서 상대적으로 날렵한 체구였으며, 뒷다리에 비해 앞다리가 더 길었다.

요추(lumbar vertebrae)는 전후 길이가 짧고 요추 사이의 결합은 상당히 견고하다(그림 10-16, 1). 이는 곰이나 하이에나 등에서도 관찰되는 특징이다. 이런 요추의 구조는 중앙축의 굴곡과 신전 제한으로 빠른 주행에는 적합하지 않지만, 견고함

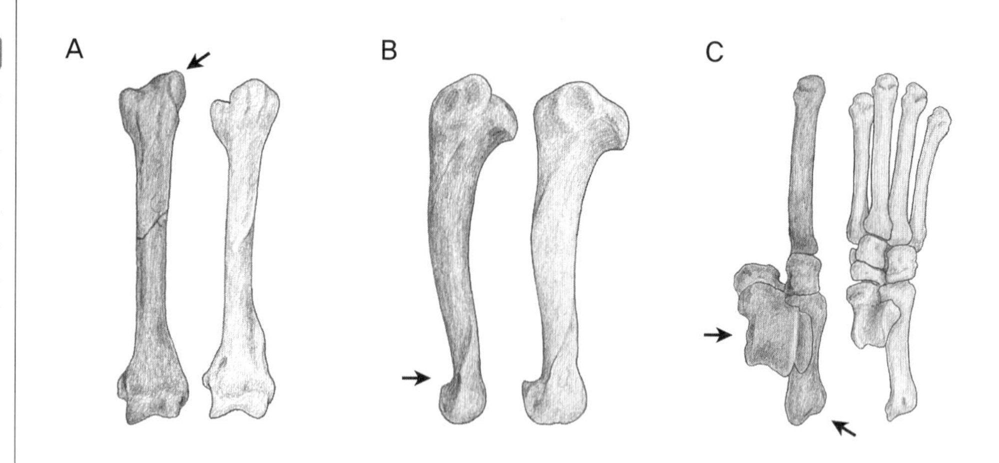

그림 10-17

호모테리움(각각 좌측)과 현생 사자(각각 우측)의 상완골(A), 요골(B), 뒷발 골격(C) 비교. 호모테리움의 상완골은 사자에 비해 길고 대결절이 위쪽으로 돌출해 있다. 요골 역시 사자에 비해 길며, 특히 말단으로 갈수록 가늘어지는 특징을 보인다. 호모테리움의 발꿈치 부분에서 종골은 짧으며, 거골은 크지만 관절면이 평평한 형태를 하고 있다.

으로써 측면에서 작용하는 외력에 효과적으로 대처할 수 있어서 발버둥치는 먹잇감을 제압하기에 유리한 형태로 보인다.

상완골(humerus)은 현생 사자에 비해 길며, 특히 대결절(greater toberosity) 부분이 위쪽으로 돌출되어 있다(그림 10-16, 2)(그림 10-17, A). 이런 구조는 치타처럼 빠른 주행에 적합하지만 강한 힘을 발휘하는 데는 상당히 불리하다. 프랑스에서는 병적으로 뼈가 자라난 호모테리움의 상완골 표본이 발굴된 예가 보고된 바 있으며, 미국 란초 라 브레아 지역에서 발견된 스밀로돈의 상완골 표본 중에서도 이와 유사하게 뼈가 자라난 것들이 있다. 학자들은 이런 병적인 뼈의 성장을 반복된 근육 사용으로 인한 자극 때문인 것으로 보고 있다. 즉 호모테리움은 빠른 주행에 적합한 긴 앞다리 골격을 가지고 있었지만, 이런 앞다리를 이용하여 발버둥치는 먹잇감을 제압해야만 하는 상황을 피할 수 없었던 것으로 보인다.

요골 역시 사자에 비해 가늘고 긴데, 특히 말단 쪽으로 가면서 이런 특징이 더욱 두드러진다(그림 10-16, 3)(그림 10-17, B). 이런 골격 구조 역시 빠른 주행에 유리하다. 앞다리 발목의 두상골(pisiform)은 사자에 비해 짧고 견고하게 생겼다(그림 10-16, 4). 이런 형태는 치타에서도 발견되는데, 빠른 주행에는 적합하지만 강한 힘을 발휘하기는 어렵다. 따라서 일부 학자들은 호모테리움이 이런 약점을 보완하기 위해 무리지어 사냥했을 가능성이 있다고 보고 있다.

고양이과 동물의 중지골(middle phalanges)은 한쪽으로 휘어 있어서 발톱을 숨길 수 있는 독특한 구조인 데(그림 5-6) 반해, 호모테리움에서는 이런 골격의 특징이 미미하게 나타난다(그림 10-16, 5). 아마도 치타처럼 빠른 주행을 위해 발톱을 바깥으로 내놓는 일이 흔했던 것으로 짐작된다. 제2~5발가락 발톱도 현생 사자에 비해 작은데(그림 10-16, 6), 이 또한 빠른 주행에 적합한 구조인 것으로 보인다. 뒷다리 발목 부분의 종골(calcaneus)은 짧으며, 거골(astragalus)은 크지만 가운데 부분이 패이지 않고 평평한 형태를 하고 있다(그림 10-16, 7)(그림 10-17, C).

일반적으로 이런 골격 형태는 곰처럼 평족 보행을 하는 동물에서 흔히 관찰된다. 따라서 일부 학자들은 호모테리움이 평족 보행을 했다고 주장하기도 한다. 하지만 중족골(metatarsals)이 부채 모양으로 펼쳐져 있는 곰과 달리 호모테리움은 중족골이 서로 긴밀하게 붙어 있기 때문에 평족 보행을 했다고 보기는 어렵다.

현재 유라시아 대륙에서 발견된 종으로는 호모테리움 라티덴스(*Homotherium latidens*) 외에 호모테리움 네스티아누스(*H. nestianus*), 호모테리움 세인젤리(*H. sainzelli*), 호모테리움 크레나티덴스(*H. crenatidens*), 호모테리움 니호와넨시스(*H. nihowanensis*), 호모테리움 울티뭄(*H. ultimum*) 등이 알려져 있다. 그런데 이들은 체구와 검치 크기의 작은 차이를 제외하고는 대부분의 골격이 거의 같기 때문에 현실적으로 유라시아 대륙에는 호모테리움 라티덴스 1종만이 있었던 것으로 보는 학자들이 많다.

아프리카 대륙에서는 호모테리움 에티오피쿰(*H. ethiopicum*)과 호모테리움 하다렌시스(*H. hadarensis*)가 보고되어 있으며, 북미 지역의 종으로는 호모테리움 세룸(*H. serum*)이 알려져 있다. 그러나 아프리카 종들은 실제적으로 유럽 종들과 큰 차이가 없으며, 북미종은 디노바스티스(*Dinobastis*)나 이스키로스밀루스(*Ischyrosmilus*) 등과 혼동되는 경우가 드물지 않다.

호모테리움 세룸은 지역적으로는 북미의 알래스카에서 텍사스에 이르는 광범위한 분포를 보이지만, 화석 발굴은 그리 많은 편이 아니다. 다만 예외적으로 텍사스에 위치한 플라이스토세 지층의 프리센한 동굴(Friesenhahn Cave)에서는 성체와 새끼를 포함한 30개체 이상의 호모테리움 세룸 화석이 발굴되었으며, 그중의 한 개체는 거의 완전한 골격으로 발견되었다.

또한 이 지역에서는 70마리가 넘는 매머드 새끼의 유치도 함께 발견되었다. 호모

그림 10-18

호모테리움 세룸의 새끼매머드 사냥. 텍사스 플라이스토세 지층의 프리센한 동굴에서는 호모테리움의 골격과 새끼매머드의 유치 화석이 함께 발견되었다. 다 큰 매머드는 호모테리움의 사냥 대상이 아니었겠지만, 오늘날의 사자가 그렇듯이 무리지어 공격해서 어미매머드로부터 새끼를 떼어 놓은 후 잡아먹었을지도 모른다.

테리움 세룸이 매머드 새끼들을 잡아먹은 것인지는 아직 확실하지 않지만 일부 학자들에 의해 그런 가능성이 제기되고 있다(그림 10-18). 오늘날에도 아프리카 사자가 무리지어서 새끼코끼리를 사냥하는 경우를 드물지 않게 볼 수 있다.

7. 제노스밀루스 Xenosmilus

호모테리움 등 단검형 검치(scimitar-toothed forms)를 가지고 있는 무리는 상대적으로 길고 가벼운 다리를 가지고 있어서 힘은 조금 약하지만 빠른 주행이 가능했을 것으로 생각된다. 반면에 스밀로돈 등 군도형 검치(dirk-toothed forms) 무리의 다리 골격은 짧고 튼튼해서 빠른 주행보다는 강한 힘을 발휘하는 데 적합하다.

그런데 1990년대 후반 미국 플로리다 주의 초기 플라이스토세 지층에서 아주 흥미로운 검치호랑이의 화석이 발견되었다. 송곳니의 형태는 호모테리움과 유사한

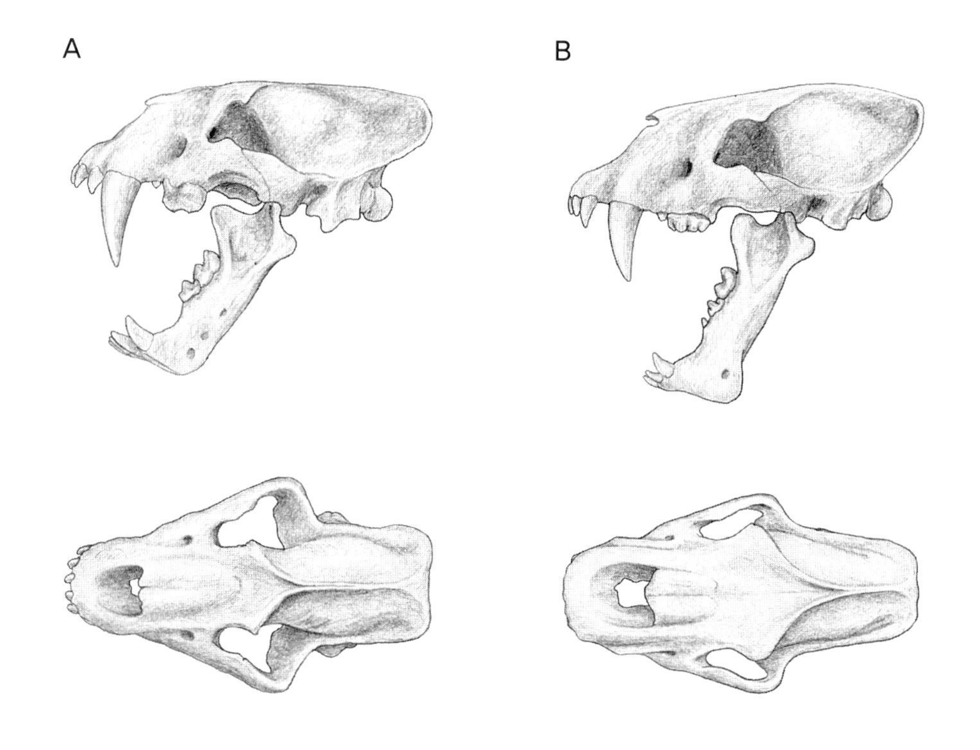

그림 10-19

제노스밀루스(A)와 호모테리움(B)의 두개골 비교. 제노스밀루스의 두개골은 전체적으로 호모테리움과 유사하지만 주둥이 부분이 좁고 길며, 시상능선이 발달해 있고 후두부가 더 길다.

단검형 검치면서 다리 골격은 스밀로돈처럼 짧고 강한 것이었다. 이 표본은 마틴(Martin L. D.)에 의해 제노스밀루스(*Xenosmilus*), 즉 이상한 검치호랑이(xenos=strange, smilos=knife)라는 새로운 속으로 발표되었다.

제노스밀루스의 두개골은 몸통에 비해 상대적으로 작은 편이다. 상악 견치는 전형적인 단검형 검치로서 상대적으로 짧고 납작하며 톱날 구조를 가지고 있다. 하악의 전구치 P3는 없으며 치간 아래쪽으로 2개의 큰 이공(mental foramina)이 있고 하악익의 발달은 보이지 않는다. 두개골은 호모테리움에 비해 콧등 부분이 좁고 길며, 뒤쪽으로 후두부가 길고 시상능선이 잘 발달되어 있다(그림 10-19).

짧은 다리와 강건한 전신 골격은 호모테리움보다는 오히려 스밀로돈에 더 가깝다(그림 10-20). 제2경추(axis)는 스밀로돈보다도 더 크게 발달해 있다. 다리 골격, 특히 말단 쪽의 척골(ulna)과 경골(tibia)은 짧고 아주 튼튼한 형태이다(그림 10-21, A). 요골(radius)과 결합하는 척골의 근위부는 상당히 크며, 경골 또한 스밀로돈보다 더 튼튼하다. 대퇴골(femur) 역시 호모테리움이나 스밀로돈보다 더 굵고 튼튼하며,

그림 10-20

제노스밀루스 호드소네(*Xenosmilus hodsonae*)의 전신 골격. 제노스밀루스는 호모테리움보다 오히려 스밀로돈에 더 가까운 형태의 골격을 가지고 있었다. 두개골은 상대적으로 작으며, 사지는 짧고 튼튼해서 스밀로돈 이상으로 강인한 모습이다.

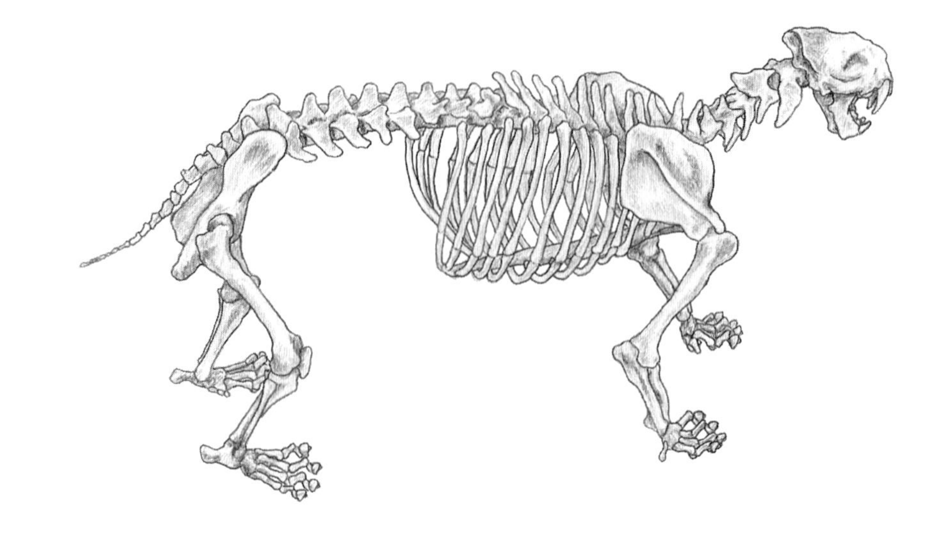

그림 10-21

검치호랑이의 척골(A)과 대퇴골(B) 비교. 제노스밀루스의 척골은 호모테리움에 비해 상당히 짧으며 튼튼한 형태이다. 대퇴골 역시 호모테리움뿐 아니라 스밀로돈에 비해서 더 굵고 튼튼하다. 1. 스밀로돈 페이탈리스, 2. 호모테리움 세룸, 3. 제노스밀루스 호드소네

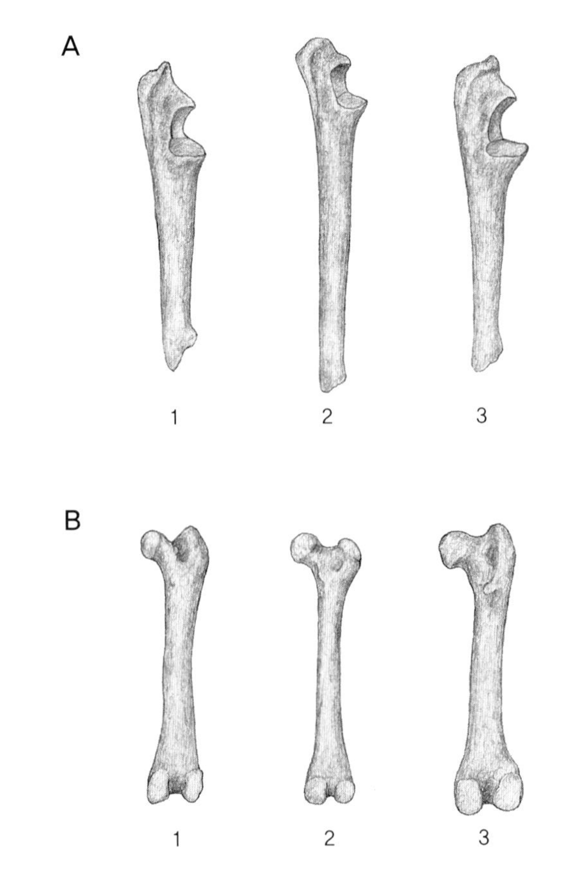

특히 말단부의 폭이 넓다(그림 10-21, B). 전체적으로 보면 사자 크기의 체구에 스밀로돈 이상으로 튼튼한 골격과 짧고 굵은 사지를 가지고 있었던 것이다.

학자들은 제노스밀루스가 초기 플라이스토세 당시 북미 대륙에서 가장 강력한 포식자 중의 하나였을 것으로 보고 있다. 이들은 평원 지대에서 빠른 주행으로 사냥을 하기보다는 수풀에 매복해 있다가 먹잇감을 덮치는 사냥 기술을 사용하였을 것이다.

8. 파라마케이로두스 Paramachairodus

파라마케이로두스는 메간테레온, 스밀로돈 등과 함께 스밀로돈티니 근속(Tribe Smilodontini)으로 분류되는, 표범 크기의 검치호랑이로서 후기 마이오세에 처음 등장하였다. 그동안 유라시아 대륙에서 발견된 파라마케이로두스 오기기아(*Paramachairodus ogygia*)와 파라마케이로두스 오리엔탈리스(*P. orientalis*) 등이 보고되었지만 발견된 화석이 워낙 적어서 별로 알려진 바는 없었다. 그러나 최근 스페인 마드리드 근방의 후기 마이오세 지층에서 거의 완전한 골격과 두개골 화석이 대량으로 발견됨으로써 보다 구체적인 내용이 알려지게 되었다.

이들의 상악 견치는 어느 정도 길고 납작해서 다른 단검형 검치호랑이와 유사하지만, 파라마케이로두스 오리엔탈리스에서는 톱날 구조가 관찰되는 반면에 파라마케이로두스 오기기아는 톱날 구조를 가지고 있지 않다. 두개골의 전체적인 형태는 타이완표범이라고도 불리는 현생 운표(clouded leopard, *Neofelis nebulosa*)와 상당히 유사하다(그림 10-22).

두개골의 위쪽은 둥근 모습을 하고 있으며, 뒤쪽으로 시상능선이 잘 발달되어 있다. 비골(nasal bone)은 위에서 볼 때 호모테리움이나 스밀로돈의 사각형과 현생 고양이과 동물의 삼각형의 중간 정도 형태이다. 또 관골궁의 후안와돌기(posterior orbital process)는 돌출 정도가 상당히 미미하다. 가장 두드러진 특징의 하나는 하악골의 앞부분이 거의 수직으로 내려와서 상당히 각진 형태를 하고 있다는 것이다. 이는 운표 등 현생 고양이과 동물의 둥근 모습과는 확연히 구분되는 특징으로서, 마

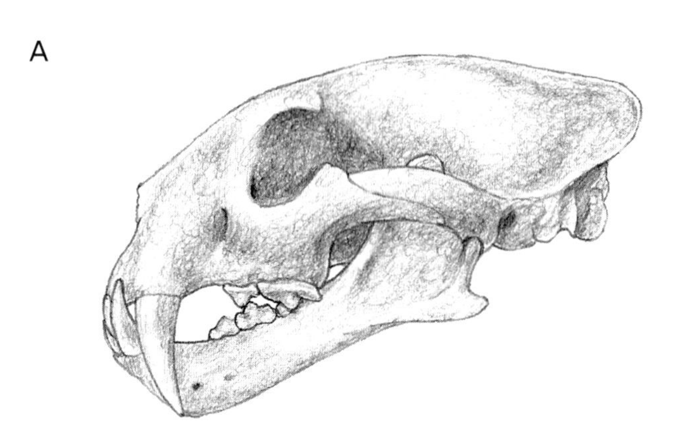

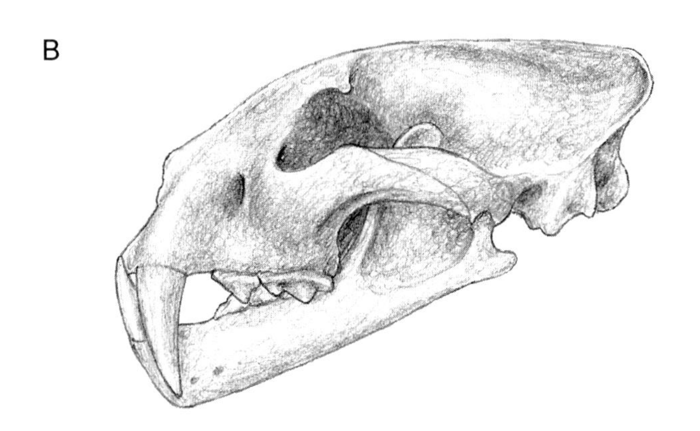

그림 10-22

현생 운표(A)와 파라마케이로두스 오기기아(B)의 두개골 비교. 파라마케이로두스의 두개골은 현생 운표와 매우 유사하다. 그러나 운표와 달리 검치가 납작하며, 관골궁 후안와돌기의 발달이 미약하고, 하악골의 전하방이 사각형에 가까운 각진 형태를 하고 있다는 차이점을 보인다.

케이로돈트 성향의 일종으로 볼 수 있다.

제1경추(atlas)의 날개 부분은 현생 고양이과 동물과 거의 유사한 모습을 하고 있으며, 스밀로돈 등 마케이로돈트 성향이 보다 분명한 검치호랑이와는 상당한 차이를 나타낸다(그림 10-23). 제1경추의 날개 부분에는 전두사근(obliquus capitis anterior m., 두두사근, obliquus capitis cranialis m.)과 후두사근(obliquus capitis posterior m., 미두사근, obliquus capitis caudalis m.) 등 두개골을 아래쪽으로 당기는 목 근육이 부착되는데(제12장 참조, 그림 12-13), 파라마케이로두스에서는 이들 근육의 역할이 그만큼 떨어진다고 볼 수 있다. 제3~7경추는 현생 고양이과 동물에 비해 길다(그림 10-24).

일반적으로 마케이로돈트 성향이 강한 검치호랑이들의 목은 긴 경우가 흔한데,

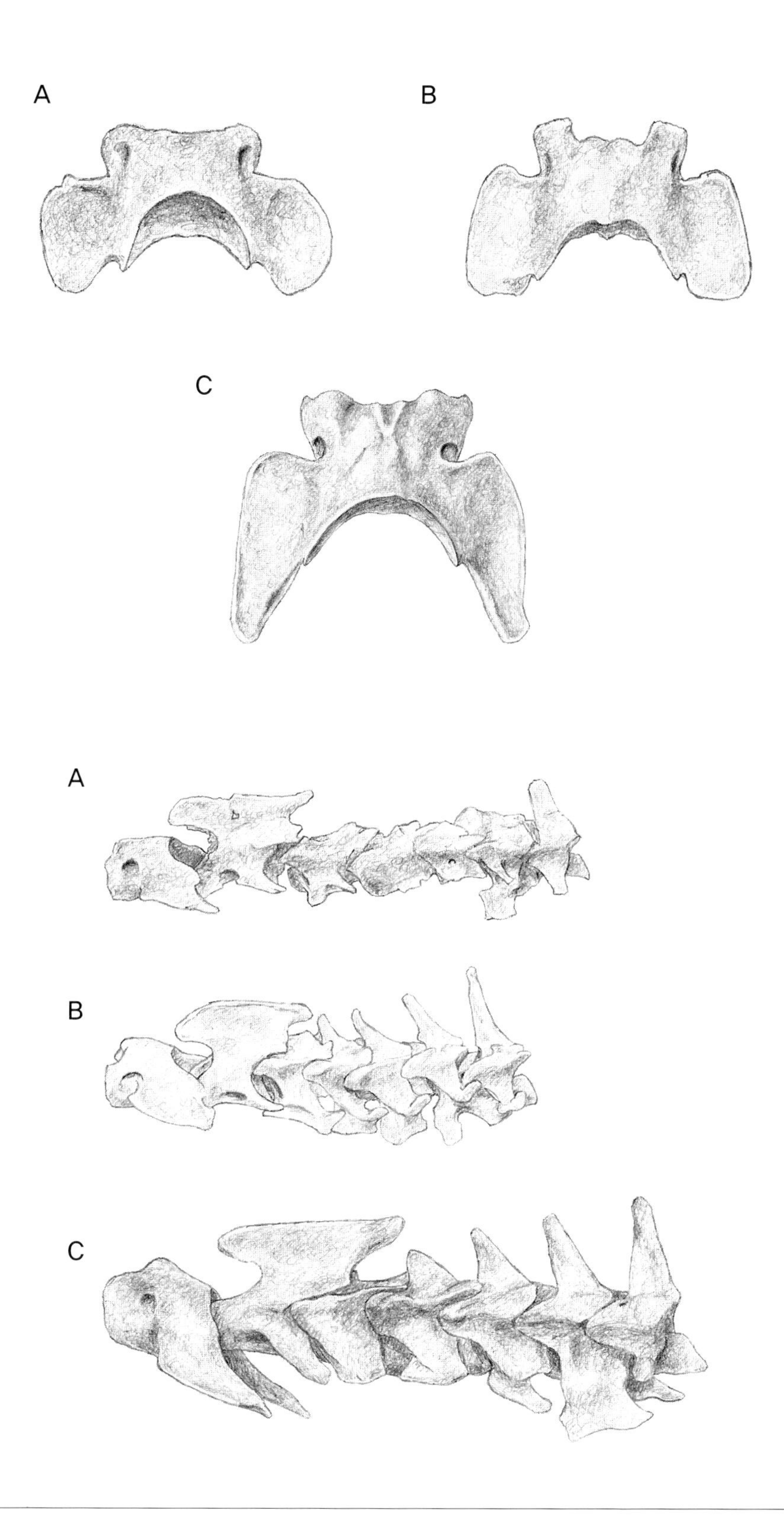

그림 10-23

제1경추의 형태 비교. 파라마케이로두스의 제1경추는 표범과 매우 유사하나, 뒤쪽으로 날개가 크게 발달한 스밀로돈과는 상당한 차이를 보인다. 제1경추의 날개에는 두개골을 아래로 끌어내리는 전두사근과 후두사근 같은 목 근육이 부착되는데, 파라마케이로두스에서는 상대적으로 작은 검치로 인해 이런 근육의 발달이 미약함을 의미한다고 볼 수 있다.
A. 파라마케이로두스 오기기아,
B. 표범, C. 스밀로돈 페이탈리스

그림 10-24

경추의 길이 비교. 파라마케이로두스는 현생 표범에 비해 제3~7경추가 더 길다. 학자에 따라서는 이처럼 긴 목과 검치 기능을 연관지어 설명하기도 한다. A. 파라마케이로두스 오기기아, B. 표범, C. 스밀로돈 페이탈리스

그림 10-25

파라마케이로두스 오기기아. 전체적으로 표범과 유사한 외형이었을 것으로 추정된다. 그러나 머리 부분은 좀더 작고 목이 길며, 앞다리는 튼튼하지만 뒷다리는 더 길고 가냘프다.

일부 학자들은 이런 구조를 검치를 효과적으로 사용하기 위해 목의 움직임을 보다 자유롭고 정확하게 하기 위한 것으로 설명하기도 한다. 몸통 및 사지의 골격은 현생 표범과 유사하다고 알려져 있다. 다만 표범에 비해 앞다리는 보다 강건하고 뒷다리는 더 길고 갸름하다(그림 10-25).

9. 메간테레온 Megantereon

메간테레온은 스밀로돈에 앞서 등장했던 검치호랑이로 파라마케이로두스, 스밀로돈 등과 함께 스밀로돈티니 근속(Tribe Smilodontini)으로 분류된다. 화석 발굴은 아프리카, 유라시아, 북미 대륙의 플라이오세와 플라이스토세 지층 등 광범위한 지역에서 보고되고 있다(그림 10-26).

메간테레온은 표범보다 다소 큰 체구의 검치호랑이로서, 스밀로돈에 비해 크기는 작지만 두개골과 전체적인 골격의 형태는 매우 유사하다. 메간테레온과 스밀로돈 모두 군도형 검치를 가지고 있으며, 청각융기는 골성 격막에 의해 2개의 공간으로 명확하게 구분된다. 사지는 상대적으로 짧고 강인한데, 특히 말단 쪽 골격의 길

그림 10-26

메간테레온의 화석 발굴 지역. 메간테레온의 화석은 북미, 유라시아, 아프리카 대륙에 이르는 광범위한 지역에서 발굴되고 있다. 일반적으로 북미 대륙에 처음 등장한 이후 유라시아를 거쳐서 아프리카까지 퍼져 나간 것으로 보고 있다.

이가 짧다. 아울러 두 속 모두 꼬리가 짧다. 따라서 많은 학자들은 이들을 스밀로돈의 직계 조상으로 보고 있다.

메간테레온의 두개골은 스밀로돈과 상당히 유사하다. 그러나 메간테레온의 검치는 스밀로돈에 비해 훨씬 작으며, 검치의 테두리에 톱날 구조가 아예 없거나 있어도 아주 미약할 뿐이다. 치식은 I3/3, C1/1, P2/2, M1/1으로, 전구치와 하악익의 크기는 메간테레온이 오히려 더 크다(그림 10-27). 마틴(Martin L. D.)은 나중에 등장한 계통으로 갈수록 하악익의 전체적인 크기는 증가하는 반면에 하악익의 크기가 오히려 점차 작아지는 것을 하나의 흐름으로 파악하였다(그림 8-14).

메간테레온은 관골궁의 전후 길이가 짧고 후안와돌기가 잘 발달되어 있다. 척추 골격을 살펴보면 목 부분은 길며, 허리 부분은 짧고 운동성이 적다(그림 10-28). 아마도 긴 경추는 두개골과 검치의 사용을 보다 자유롭게 해 주었을 것이며, 뻣뻣한 허리는 먹잇감을 제압하는 데 강한 힘을 낼 수 있도록 하였을 것이다.

메간테레온의 지역에 따른 계통 관계는 아직도 명확히 정립되지 않아서 학명에서조차 많은 혼돈이 있는 형편이지만, 일반적으로 초기 플라이오세에 북미 지역에 처음 등장한 이후 후기 플라이오세에서 초기 플라이스토세에 이르는 기간 동안 유라시아와 아프리카로 퍼져 나간 것으로 보고 있다.

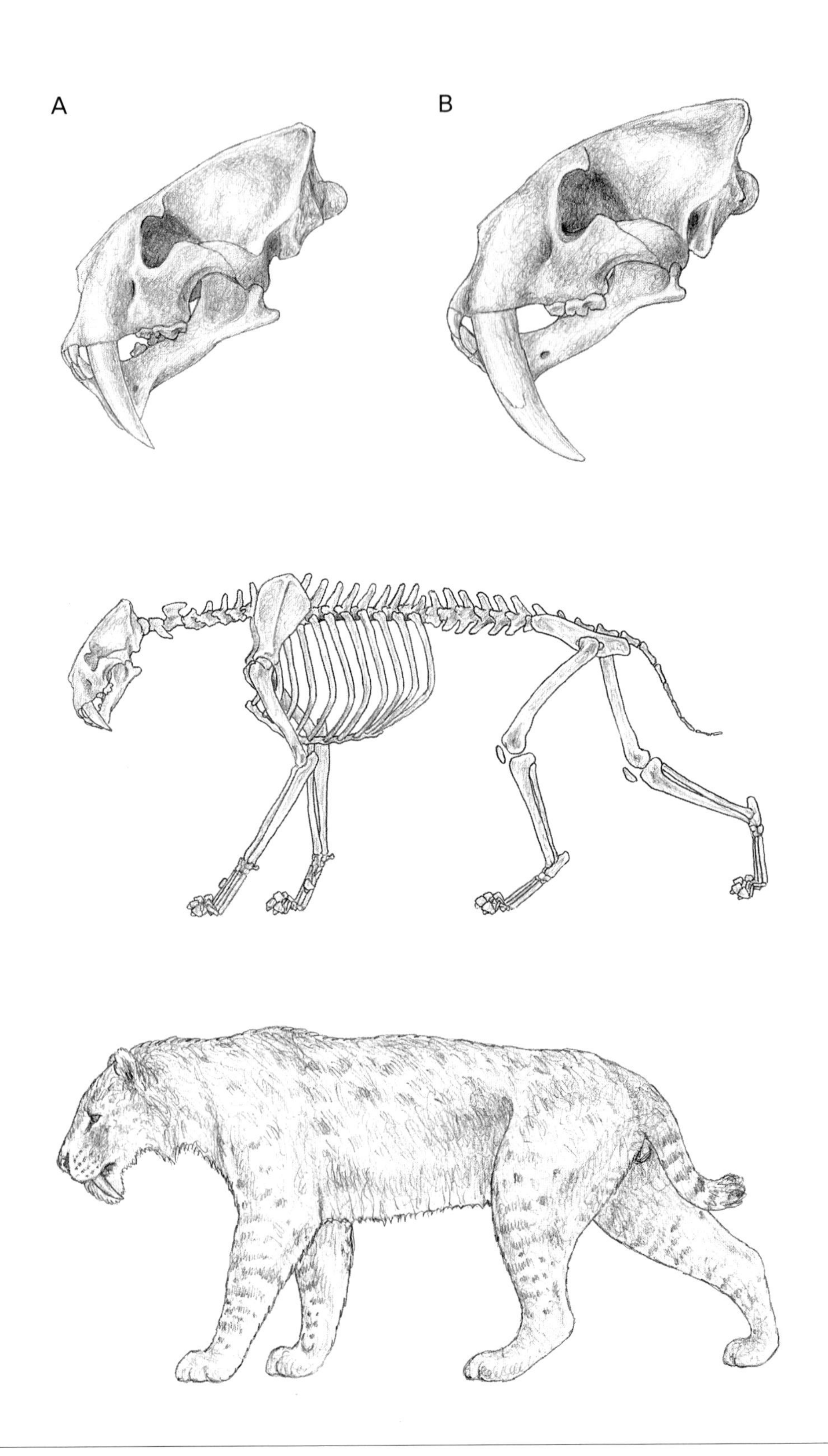

그림 10-27

메간테레온 쿨트리덴스(A)와 스밀로돈 페이탈리스(B)의 두개골 비교. 메간테레온의 두개골은 스밀로돈과 유사하지만 검치가 상대적으로 작고 톱날 구조가 아니며 전구치와 하악익이 오히려 더 크다는 차이점을 보인다.

그림 10-28

메간테레온 쿨트리덴스의 전신 골격 및 복원도. 메간테레온은 짧고 강인한 사지와 짧은 꼬리를 가지고 있어서 전체적으로 스밀로돈의 골격과 매우 유사하다. 사지의 말단 쪽 골격은 길이가 짧으며, 경추가 긴 대신에 요추는 짧다. 아마도 긴 목은 두개골과 검치의 사용을 보다 정확하고 자유롭게 해 주었을 것이며, 짧고 뻣뻣한 허리와 튼튼한 다리로 먹잇감을 제압하는 데 강한 힘을 발휘할 수 있었을 것이다.

메간테레온은 크게 세 가지 종으로 구분할 수 있다. 메간테레온 쿨트리덴스(*Megantereon cultridens*)는 북미, 유라시아, 중동 지역에서 발견된 종으로 북미 지역의 메간테레온 헤스페루스(*M. hesperus*), 메간테레온 그라실리스(*M. gracilis*), 아시아의 메간테레온 쿨트리덴스 니호와넨시스(*M. cultridens nihowanensis*), 유럽의 메간테레온 쿨트리덴스 쿨트리덴스(*M. cultridens cultridens*), 메간테레온 쿨트리덴스 아드로베리(*M. cultridens adroveri*) 등이 모두 이에 포함되는 것으로 볼 수 있다. 두 번째 종은 메간테레온 휘테이(*Megantereon whitei*)로서, 아프리카와 중동의 후기 플라이오세와 초기 플라이스토세 경계 지층에서 발견되었다. 세 번째 종은 메간테레온 팔코네리(*Megantereon falconeri*)로 인도의 후기 플라이오세 지층에서 발견되었다.

10. 스밀로돈 Smilodon

스밀로돈은 가장 널리 알려져 있는 검치호랑이며, 또한 가장 최근까지 살아남았던 속이기도 하다. 지금으로부터 대략 250만 년 전에 처음 등장하여 북 · 남미 지역에서 크게 번성하다가 마지막 빙하기가 끝나는 1만 년 전 무렵에 멸종하였다. 현재까지 스밀로돈의 화석은 오직 북 · 남미 지역에서만 발견되었으며 유라시아 대륙에서는 아직 보고된 바가 없다.

미국 로스앤젤레스 근방 란초 라 브레아(Rancho la Brea) 지역의 타르 못에서는 엄청난 양의 화석이 발견되었다. 이 지역의 타르 못은 피식자와 이를 사냥하려는 포식자 모두에게 빠져나올 수 없는 함정이 되었던 것이다(그림 1-4). 스밀로돈의 경우에도 란초 라 브레아 지역에서 120개체 이상의 화석이 발견되어서 많은 내용이 밝혀지게 되었다.

스밀로돈은 여러 종이 보고되어 있는데, 널리 알려진 속임에도 불구하고 아직까지도 학명의 혼동을 보이는 경우가 드물지 않다. 예컨대 북미 지역의 스밀로돈 페이탈리스를 남미 지역의 스밀로돈 포퓰레이터와 같은 종으로 보는 학자(Berta A., 1985)가 있으며, 스밀로돈 페이탈리스를 발견된 지역에 따라서 스밀로돈 캘리포니쿠스(*Smilodon californicus*)와 스밀로돈 플로리다나(*Smilodon floridana*)로 구분하는 경우도 있다. 하지만 일반적으로는 북미 지역의 스밀로돈 그라실리스와 스밀로돈 페이탈리스, 그리고 남미 지역의 스밀로돈 포퓰레이터의 3종으로 분류하고 있다.

스밀로돈 그라실리스(*Smilodon gracilis*)는 가장 먼저 등장한 종으로, 미국의 동부 지역에서 화석이 발굴되었다. 3종 중에서 가장 작은 체구였으며, 직접적인 조상일 것으로 추정되는 메간테레온에 가장 근접한 골격을 가지고 있었다.

스밀로돈 페이탈리스(*Smilodon fatalis*)는 북미의 후기 플라이스토세 지층에서 발

그림 10-29

스밀로돈 페이탈리스의 두개골 및 복원도. 스밀로돈 페이탈리스는 가장 널리 알려져 있는 검치호랑이로서, 후기 플라이스토세에 북미 대륙에 처음 등장하였지만 후일 안데스 산맥 서쪽의 남미 지역까지 진출하였다.

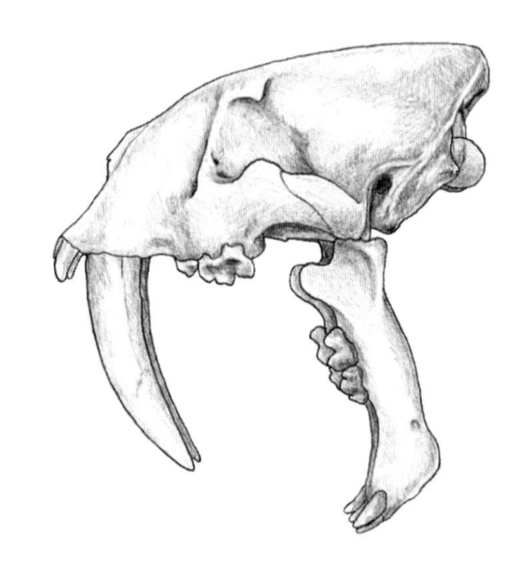

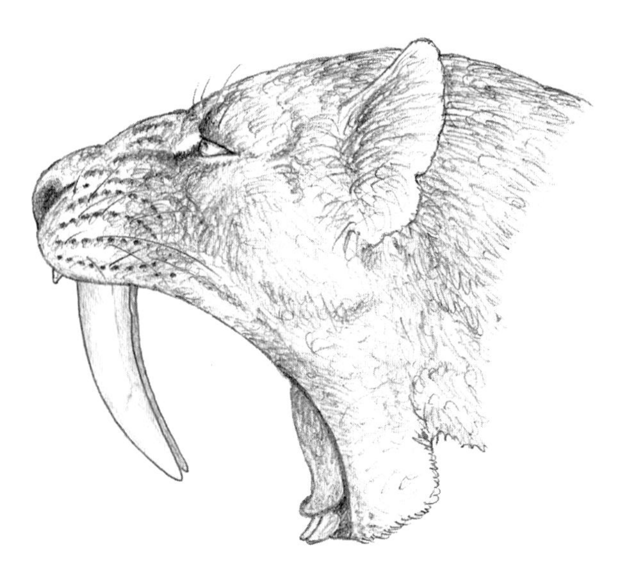

견된 종으로, 모든 검치호랑이 중에서 가장 널리 알려져 있다(그림 10-29). 체구는 스밀로돈 그라실리스와 스밀로돈 포퓰레이터의 중간 정도로, 현생 사자나 호랑이와 비슷했다. 스밀로돈 페이탈리스는 기본적으로 북미의 종이지만 북 · 남미 대륙이 서로 연결되어 있던 플라이스토세 기간 동안에 남미 대륙으로도 진출한다. 그러나 태평양 연안 쪽에 서식하였기 때문에 안데스 산맥의 동쪽에 분포하던 스밀로돈 포퓰레이터와 조우하는 일은 거의 없었을 것으로 보인다. 일반적으로 스밀로돈 캘리포

그림 10-30

스밀로돈 포퓰레이터. 스밀로돈 중에서 가장 큰 종으로, 남미의 안데스 산맥 동쪽 지역에 서식하였다. 강건하고 당당한 체격이었으며, 특히 앞다리가 상당히 발달되어 있었다. 사지의 말단 쪽 골격이 짧아서 다리가 굵고 강인해 보였을 것이다.

그림 10-31

스밀로돈 페이탈리스(앞)와 스밀로돈 포퓰레이터(뒤)의 체구 비교. 북미종인 스밀로돈 페이탈리스는 현생 사자나 호랑이 정도의 크기였으며, 남미종인 스밀로돈 포퓰레이터의 체구는 이를 훨씬 능가하였다.

니쿠스나 스밀로돈 플로리다나는 스밀로돈 페이탈리스의 아종으로 보고 있다.

스밀로돈 포퓰레이터(*Smilodon populator*)는 남미 대륙의 동부 지역에 서식하였던 종으로, 체구가 가장 커서 스밀로돈 페이탈리스나 현생 사자를 능가하였다(그림 10-30, 10-31).

스밀로돈의 두개골에서는 검치호랑이의 여러 가지 특징이 관찰된다(그림 10-29, 10-32, 10-33). 신경두개 부분은 현생 고양이과 동물과 달리 돔 형태로 확장되어 있지 않다. 시상능선은 높게 올라와 있으며 폭이 좁고, 신경두개 부분은 스밀로돈 페이탈리스와 스밀로돈 포퓰레이터가 명확한 차이를 보인다. 스밀로돈 페이탈리스는 두개골의 위쪽이 비교적 둥근 형태를 하고 있지만, 스밀로돈 포퓰레이터의 경우는 시상능선이 뒤쪽으로 더 높게 올라와 있어서 직선에 가까운 모습이다(그림 10-33).

후두부에서는 유양돌기(mastoid process)의 발달을 관찰할 수 있는데, 일부 학자들은 이런 특징과 제1경추의 날개가 크게 발달되어 있다는 사실을 들어서(그림 10-23) 상완두근(brachiocephalicus m.), 전두사근(obliquus capitis anterior m.), 후두사근(obliquus capitis posterior m.) 등 두개골을 아래로 끌어당기는 근육이 발달했음을 주장하고 있다. 이런 설명은 두개골을 아래쪽으로 강하게 끌어당겨서 검치를 먹잇감의 살 속에 찔러 넣었다는 가설을 뒷받침하기 위한 것이다. 하지만 두개골은 상대적으로 고정되어 있고 하악골이 두개골을 향하여 위쪽으로 움직이는 것이 보다 자연스럽고 실제적인 동작이기 때문에 이런 설명이 반드시 옳다고 보기는 어렵다(제12장 참조, 그림 12-14).

하악골은 사자나 호랑이에 비해 더 튼튼한 형태이다. 그리고 관절돌기 부분은 좌우 폭이 커서 넓은 관절면을 가지고 있다(그림 12-10). 근육돌기는 상당히 작은 편인데(그림 10-29), 이는 턱을 더 크게 벌리기 위해 근육돌기에 부착되는 측두근의 폭을 줄여서 근육의 움직임을 보다 자유롭게 하기 위한 구조로 해석할 수 있다. 하악골의 앞부분에서는 하악익의 발달을 거의 관찰할 수 없지만 매우 튼튼한 형태를 하고 있으며, 중앙부의 표면이 복잡해서 근육의 강한 부착점을 제공한다.

스밀로돈의 두개골에서 가장 두드러진 특징은 긴 검치를 가지고 있다는 것이다. 스밀로돈 포퓰레이터의 경우는 검치의 길이가 28cm에 이른다. 물론 전체 길이

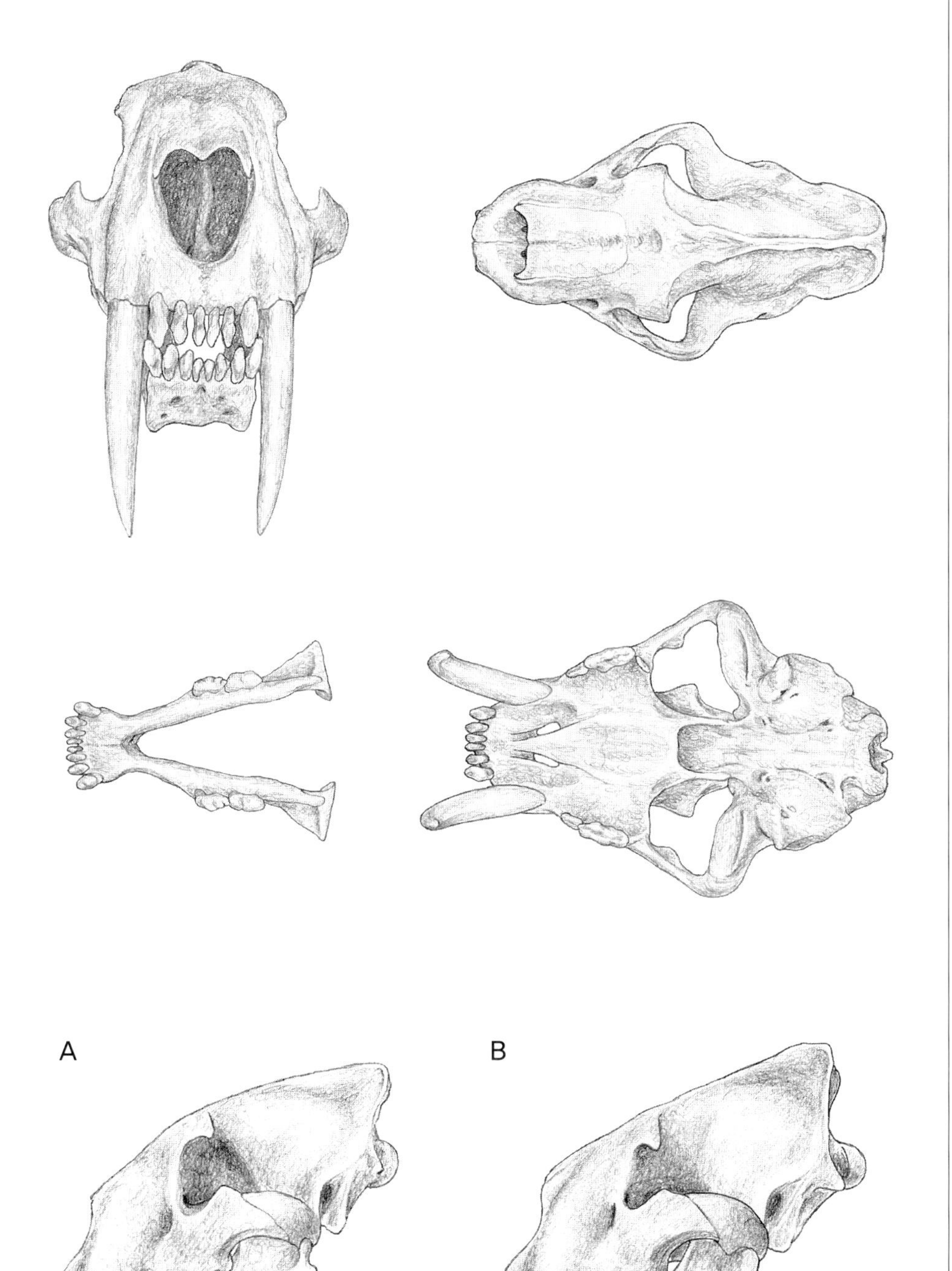

그림 10-32

스밀로돈 페이탈리스의 두개골

그림 10-33

스밀로돈 페이탈리스(A)와 스밀로돈 포퓰레이터(B)의 두개골 비교. 스밀로돈 페이탈리스는 두개골의 위쪽이 비교적 둥근 형태지만, 스밀로돈 포퓰레이터의 경우에는 뒤쪽으로 시상능선이 높게 올라와 있어서 전체적으로 직선에 가까운 형태를 하고 있다.

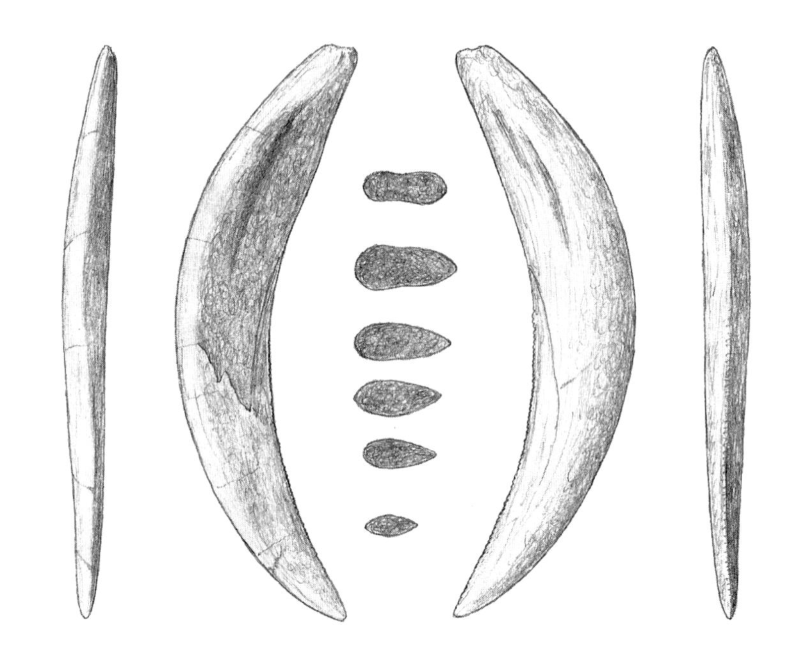

그림 10-34

스밀로돈 페이탈리스의 검치 구조. 앞쪽은 둥글고 뒤쪽으로 가면서 점차 납작해지는 형태이며, 중심축을 따라서 수직 홈이 패여 있고 뒤쪽 데두리에는 가는 톱날 구조가 나타난다. 안쪽 면은 평평하지만 바깥쪽은 약간 볼록한 형태를 하고 있다.

의 40% 정도는 상악골 속에 박혀 있기 때문에 실제 눈으로 볼 수 있는 부분은 17~18cm 정도지만, 전체 길이가 13cm 정도 되는 사자나 호랑이의 송곳니와 비교해 보면 이들의 검치가 어느 정도였는지 쉽게 짐작할 수 있다.

스밀로돈의 검치는 좌우로 납작한 형태를 하고 있는데, 앞쪽은 둥글지만 뒤쪽으로 가면서 점차 얇아진다(그림 10-34). 또한 안쪽 면은 평평하지만 바깥쪽은 약간 볼록하다. 검치의 중심축에는 수직 홈이 패여 있으며 뒤쪽으로는 가는 톱날 구조를 가지고 있는데, 이 톱날 구조는 어린 개체의 표본에서는 명확하게 나타나지만 늙은 개체의 표본에서는 마모되어 관찰하기 어려운 경우가 많다.

스밀로돈의 이빨 표면을 현미경으로 관찰해 보면 다른 검치호랑이에 비해 흠집(feature)이 훨씬 적으며, 또한 법랑질(enamel) 층이 상당히 얇은 것을 알 수 있다. 이는 검치의 사용 빈도가 상당히 떨어졌다는 사실을 말해 주는 것으로, 스밀로돈의 검치는 주로 살생에 사용되었고 먹이를 먹는 데는 거의 사용되지 않았을 가능성을 시사한다.

란초 라 브레아 타르 못에서의 많은 화석 발굴로 인해 어린 개체의 유치 발육에 대해서도 흥미로운 내용들이 알려지게 되었다. 스밀로돈 검치의 유치는 안쪽 면이 움푹 패인 형태인데, 이는 유치가 탈락되기 전에 영구치가 자라 나오도록 공간을 확보하기 위한 것으로 보인다. 사자나 호랑이의 경우에는 유치가 빠지기까지 영구치가 충분히 자라 나오지 않는다. 그러나 스밀로돈의 경우에는 영구치가 충분히 자라날 때까지 유치가 그 기능을 유지하였기 때문에 이빨 교체에 상관없이 항상 검치 기능을 유지할 수 있었던 것으로 보인다.

스밀로돈은 긴 검치와 강인한 골격을 가진 포식자였다. 골격은 전체적으로 강인한데, 특히 앞다리의 발달이 두드러진다(그림 10-35). 다리의 말단 쪽 골격은 상대적으로 짧아서 빠른 주행보다는 강한 힘을 내는 데 적합해 보인다. 예를 들어서 상완골(humerus)에 대한 요골(radius)의 길이 비율을 살펴보면 치타의 경우 100%로 상완골과 요골의 길이가 거의 같지만, 사자는 92%, 호모테리움 라티덴스는 88%, 스밀로돈 페이탈리스는 73%, 스밀로돈 포퓰레이터는 73% 정도다(표 7-1). 즉 치타의 골격은 빠른 주행에 적합한 반면에 스밀로돈은 속도보다는 강한 힘을 발휘하기에 적합한 골격인 것이다.

스밀로돈의 검치 기능이나 사냥 기술에 대해서는 아직도 논란이 계속되고 있지만, 이들이 매복했다가 먹잇감을 덮치는 사냥꾼이었다는 데에는 대부분의 학자들이

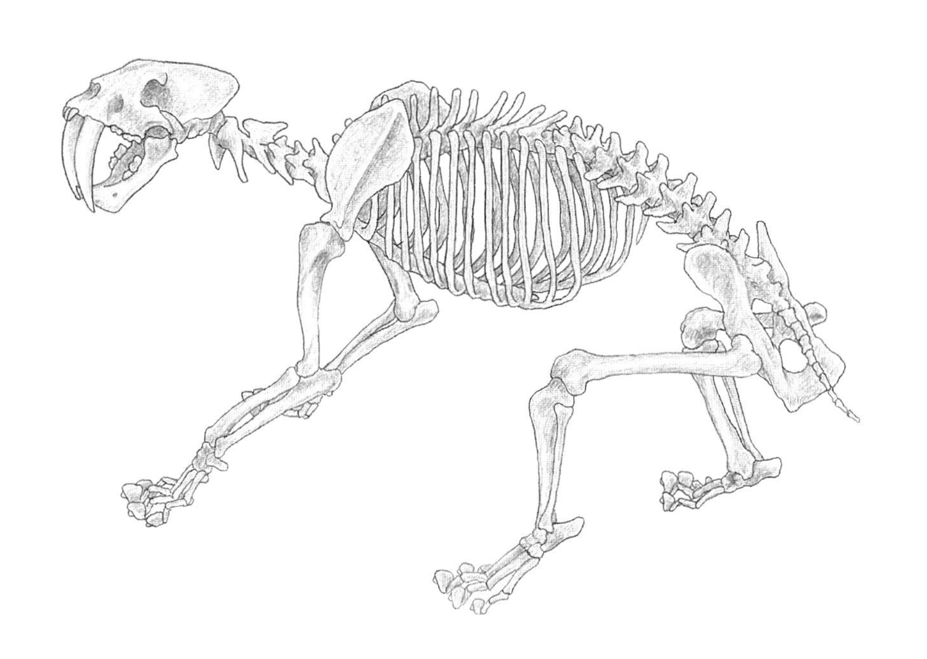

그림 10-35

스밀로돈 페이탈리스의 전신 골격. 스밀로돈의 골격은 전체적으로 강인하며 숨길 수 있는 발톱과 짧은 꼬리를 가지고 있었다. 앞다리의 골격은 두드러지게 발달되어 있는데, 상완골에 비해 말단 쪽의 요골과 척골이 상당히 짧다. 그림은 미국 스미소니언 자연사박물관에 전시되어 있는 골격의 모습이다.

의견을 같이하고 있다. 또한 이들이 숨길 수 있는 강한 발톱과 짧은 꼬리를 가지고 있다는 사실도 이런 추정을 뒷받침한다. 스밀로돈의 요추 부분은 짧고 요추 사이의 결합이 견고해서 운동성이 적다. 이런 구조는 빠른 주행이나 가벼운 몸놀림에는 적합하지 않지만 격렬하게 움직이는 먹잇감을 제압하는 데 큰 역할을 했을 것이다. 또한 스밀로돈은 호모테리움 등 다른 검치호랑이에 비해 상대적으로 긴 종골(calcaneus)을 가지고 있어서 상당한 정도의 도약 능력을 가지고 있었을 것으로 보인다.

펠리네

1. 사자Panthera leo
2. 호랑이Panthera tigris
3. 재규어Panthera onca
4. 표범Panthera pardus
5. 퓨마Puma concolor
6. 치타Acinonyx jubatus
7. 미라시노닉스Miracinonyx
8. 설표Uncia uncia
9. 운표Neofelis nebulosa
10. 스라소니Lynx

펠리네

펠리네아과는 원추형의 송곳니를 가지고 있는 무리로서, 현생 고양이과 동물과 이미 멸종되어 사라진 초기 형태의 고양이과 동물을 포함한다. 이들은 대부분 플라이오세가 끝나고 플라이스토세로 접어들 무렵에 등장하여 중기 플라이스토세를 거치면서 지역에 따라 독자적인 계통으로 발전하게 된다. 하지만 펠리네의 기원과 발전, 계통 분류에 대해서는 학자에 따라 상당한 이견을 보이고 있다. 판테라는 대부분의 대형 고양이과 동물을 포함하는 하나의 속이지만 퓨마나 치타는 이들과 다른 독립된 속으로 분류되는 경우가 흔하다. 또한 사자, 호랑이, 표범 등은 하나의 속으로 분류되지만 각 종을 따로 구분하여 이해하는 것이 보다 일반적이다. 현생 고양이과 동물들은 언제 처음 등장하였으며, 어떤 과정을 거쳐서 오늘날과 같은 분포와 모습을 하게 되었는지 알아보자.

1. 사자Panthera leo

사자는 무리지어 생활하는 유일한 고양이과 동물로 현생 고양이과 동물 중에서 호랑이 다음으로 체구가 크다. 암사자는 체중이 110~170kg 정도 되며, 다 자란 수사자는 150~250kg에 이르고 특징적인 갈기(mane)를 가지고 있다(그림 11-1).

오늘날 사자는 적도 아래의 아프리카와 인도 북서부의 산림 지역에 일부가 생존하고 있을 뿐이지만, 과거에는 아프리카와 인도뿐 아니라 유라시아와 북 · 남미에 이르는 광범위한 지역에 서식하였다. 역사적으로 보더라도 사하라 사막을 제외한 아프리카의 전역, 아라비아 반도, 그리스 등에서의 서식이 기록으로 남아 있다. 그러나 1세기경에는 서유럽에서, 2세기경에는 모든 유럽에서 사자가 자취를 감추게 되며, 19세기 말에서 20세기 초에 이르는 기간에는 아프리카의 여러 지역에서도 멸종되어 사라진다.

케이프사자(Cape lion, *Panthera leo melanochaitus*)는 아프리카의 최남단 케이프

그림 11-1

현생 아프리카사자. 사자는 현생 고양이과 동물 중에서 호랑이 다음으로 크며, 무리지어 생활하는 유일한 고양이과 동물이다. 수사자는 갈기를 가지고 있는데, 이는 성적 과시의 목적이 있는 것으로 보인다.

지역에 서식하였던 아종으로 19세기 중반에 멸종되었다. 바르바리사자(Barbary lion, *Panthera leo leo*)는 현생종 중에서 가장 큰 아종으로 수컷은 180~290kg, 암컷은 120~180kg 정도의 체구였다. 한때 모로코, 이집트 등 아프리카 북부의 산악 지역에 널리 분포하였지만 20세기 초에 멸종되어 사라졌다. 아시아사자(*Panthera leo persica*)는 터키에서 인도에 이르는 넓은 지역에 서식하였지만 점차 감소하여 현재는 인도 구자라트 지방의 산림 지역에 300개체 정도만이 명맥을 유지하고 있다. 이란에서는 비교적 최근인 1940년대까지도 아시아사자의 생존이 보고된 바 있다.

현재까지 알려진 사자의 화석 기록을 살펴보면 탄자니아에서 발견된 약 350만 년 전의 표본이 가장 이른 것으로 보이며, 그 이전의 상태에 대해서는 명확히 밝혀지지 않고 있다. 중기 플라이스토세 무렵의 화석 표본들은 아프리카, 유럽, 아시아 대륙에서 출토되고 있다. 유럽 지역에서는 이탈리아에서 출토된 70만 년 전의 표본이 가장 앞서는 것이며, 이후 마지막 빙하기와 간빙기 동안의 표본들이 독일, 그리스, 폴란드 등지에서 출토된 것으로 보아 이 무렵에는 이미 유럽 전역에 걸쳐서 서식하였던 것으로 보인다. 후기 플라이스토세 무렵에는 유럽과 아시아를 넘어서 시베리아와 멀리 남미의 페루까지 서식지를 넓혀 가게 된다.

그림 11-2

유럽동굴사자. 중기 플라이스토세에 유럽 대륙에 나타났던 종으로, 전체적인 골격 형태는 현생 사자와 거의 같지만 체구는 더 컸다. 현생종과 마찬가지로 무늬가 없었으며, 수컷은 갈기가 없거나 아주 적었을 것으로 추정된다.

유럽 지역에서 발견된 사자는 흔히 **유럽동굴사자**(European cave lion)라 하며, 판테라 레오 스펠레아(*Panthera leo spelaea*)라는 학명으로 현생 사자와 구분하고 있다(그림 11-2). 후기 플라이오세 이후에 등장한 종들은 현생 사자와 거의 유사해서 차이점을 찾아보기 어렵지만, 중기 플라이오세 무렵의 유럽동굴사자들은 현생 사자보다 큰 체구를 가지고 있었다. 프랑스 등지에서 발견된 동굴 벽화에 사자의 모습을 특별한 무늬 없는 모습으로 그려 놓은 것으로 보아 아마도 유럽동굴사자는 현생 사자처럼 아무런 무늬가 없었을 것으로 보인다.

수컷 유럽동굴사자의 경우 갈기를 가지고 있었는지는 정확히 알 수 없다. 사자의 갈기는 성적인 과시 외에 별다른 기능이 없는 것으로 짐작된다. 많은 학자들은 이들이 아시아사자처럼 갈기가 적거나 없었으며, 나중에 나타난 갈기 있는 무리에 의해 점차 밀려났을 것으로 추정하고 있다.

후기 플라이스토세에 이르면 사자는 북미와 남미 대륙까지 진출하게 되는데, 이 지역의 종을 **북미사자**(American lion, *Panthera leo atrox*)라 한다(그림 11-3). 한때는 이들을 독립된 종으로 보기도 하였으나 현재는 유라시아 대륙의 종과 매우 가까운 계통으로 보고 있다. 북미사자의 화석은 동시베리아, 알래스카, 페루 등지에서

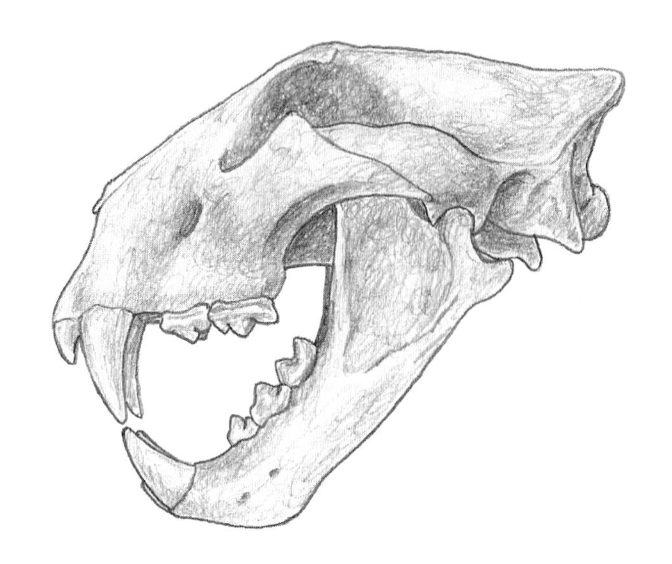

그림 11-3

북미사자의 두개골. 시베리아에서 북 · 남미에 이르는 지역에 서식하였던 종이다. 유럽동굴사자와 가까운 계통으로 두개골과 골격의 형태에 큰 차이는 보이지 않는다. 현생 사자와 비교해서 25% 정도 더 큰 체구를 가지고 있었다.

출토되었으며, 북미에서는 비교적 최근인 1만 1,500년 전까지도 생존하였던 것으로 알려져 있다. 전체적인 골격 형태와 체구는 유럽동굴사자와 유사하며, 현생 사자와 비교해서는 25%가량 더 크다고 알려져 있다.

2. 호랑이Panthera tigris

호랑이는 아시아의 산림 지대에 서식하고 있는 종으로서 특징적인 줄무늬를 가지고 있으며, 사자와 달리 발정기를 제외하고는 대부분 혼자 생활한다. 주로 사슴, 영양, 멧돼지를 사냥하지만 상황에 따라서는 호저, 원숭이, 거북이 등을 잡아먹기도 하며, 먹이가 부족하면 소, 돼지 등 가축을 습격하는 경우도 있다.

호랑이는 현생 고양이과 동물 중에서 가장 큰 종으로, 평균적인 크기로만 보면 체중이나 몸길이 모두 사자를 능가한다. 하지만 호랑이는 암수나 서식 지역에 따라서 크기의 상당한 편차를 보인다(그림 11-4). 자바호랑이의 수컷은 체중이 140kg 정도지만 벵골호랑이는 260kg까지 나가며, 가장 큰 종류인 시베리아호랑이는 다 자란 수컷의 경우 보통 280kg 정도 되고 기록상으로는 384kg에 이른 것도 있다.

몸무게

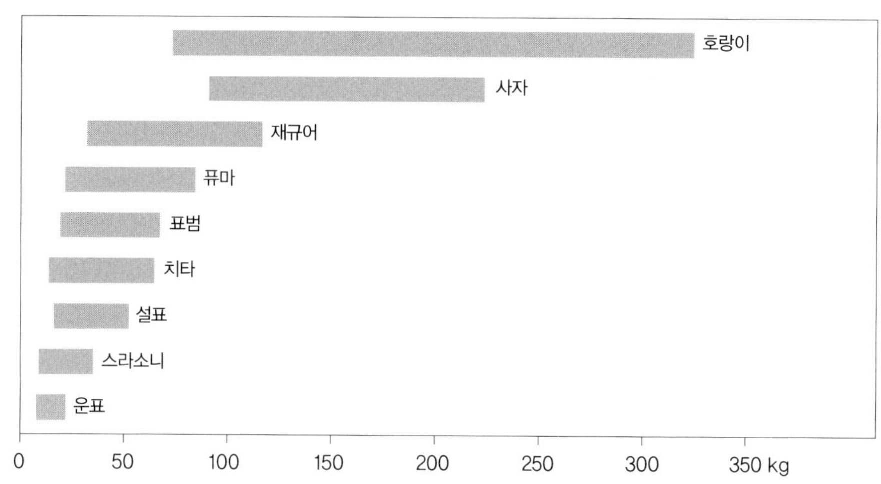

꼬리를 제외한 몸길이

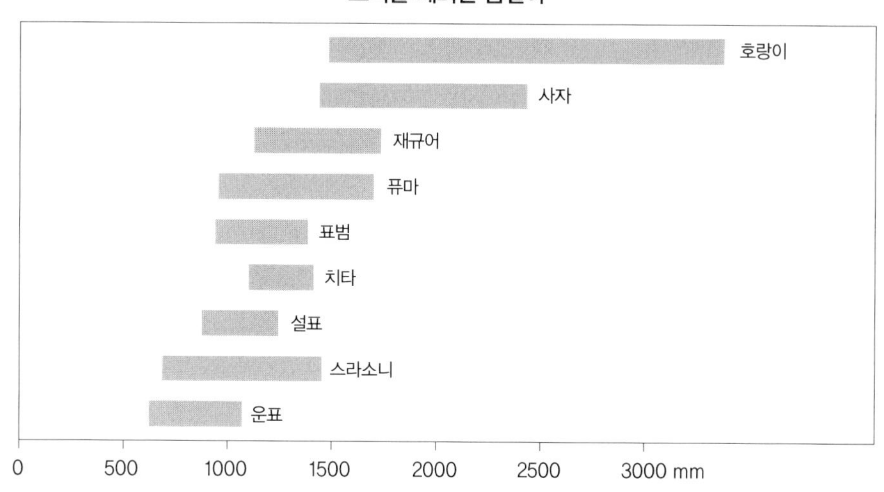

그림 11-4

중 · 대형 고양이과 동물의 체구 비교. 호랑이는 다른 고양이과 동물에 비해 암수나 서식 지역에 따른 체구의 편차가 상당히 크다.

호랑이와 사자는 골격의 형태가 상당히 유사하여 구별하기 어려운 경우도 있다. 그러나 호랑이는 콧등 부분의 폭이 다소 좁으며, 상대적으로 몸통이 길고 다리는 짧은 편이다(그림 11-5). 화석 표본에 있어서도 동유럽, 중동, 동시베리아 등 분포 지역이 중복되는 경우에는 이 두 종이 혼동되는 경우가 드물지 않다.

판테라(*Panthera*), 즉 사자, 호랑이 등 대형 고양이과 동물의 기원에 대해서는 아직 명확하게 밝혀지지 않았다. 하지만 많은 학자들은 초기 플라이스토세 무렵 재

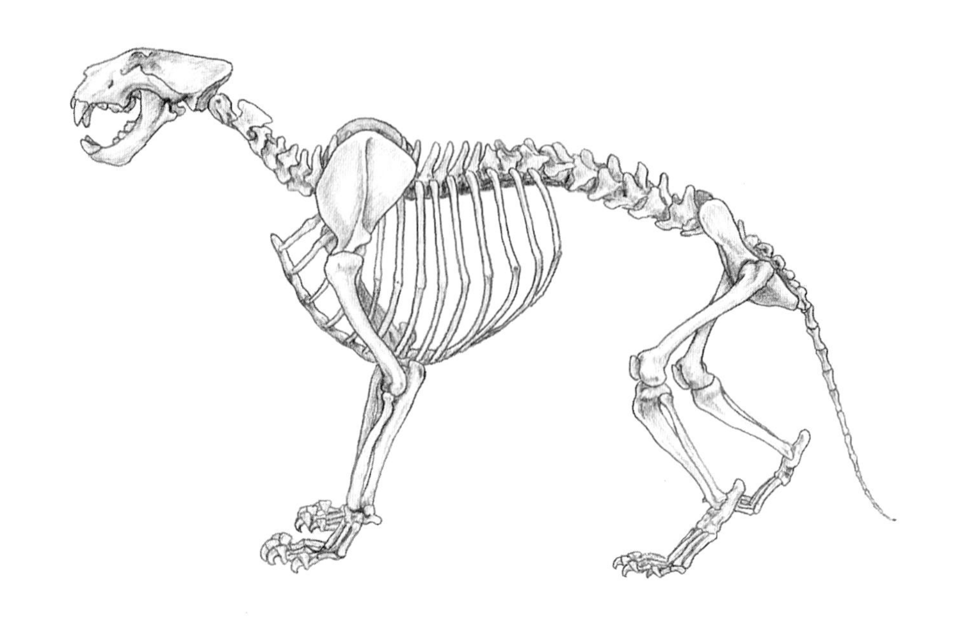

그림 11-5

호랑이의 전신 골격. 호랑이와 사자의 골격은 상당히 유사해서 구분하기 어렵지만, 호랑이의 경우 콧등 부분이 다소 좁으며, 상대적으로 몸통은 길고 다리는 짧다.

규어와 유사한 형태를 한 초기 형태의 판테라가 아프리카, 유럽, 아시아, 북미까지 퍼져 나갔으며, 이후 분포 지역에 따라서 사자, 호랑이, 표범 등이 독자적인 계통으로 발전해 나간 것으로 보고 있다. 또한 이런 견해를 가지고 있는 학자들은 탄자니아에서 발견된 350만 년 전의 표본을 판테라의 가장 초기 형태로 지적하고 있다.

호랑이의 가장 빠른 화석 기록은 초기 플라이스토세로 거슬러 올라간다. 이는 중국 북부 지방의 초기 플라이스토세 지층에서 발견된 표본으로, 체구는 현생종에 비해 작으며 전체적인 골격의 형태는 재규어와 유사하다. 처음에는 이 표본을 호랑이와는 별개의 종으로 보고 판테라 팔레오시넨시스(*Panthera palaeosinensis*)(Zdansky, 1924)라는 학명으로 발표하였으나 오늘날에는 이 종을 호랑이의 가장 초기 형태로 이해하고 있다. 인도네시아의 자바, 중국, 시베리아, 카스피 해 연안 등에서도 호랑이 화석이 발견되었는데, 현재까지 호랑이 화석의 출토지는 현생종의 분포 지역을 크게 벗어나지 않는다.

흥미로운 사실은 오늘날 호랑이가 서식하지 않는 일본의 후기 플라이스토세 지층에서도 호랑이 화석이 발견되었다는 것이다. 일본에서 발견된 화석 표본은 발리 호랑이 정도로 체구가 작다고 알려져 있다.

아직까지 북미 대륙에서 호랑이 화석이 발견되었다는 보고는 없지만 베링 해에

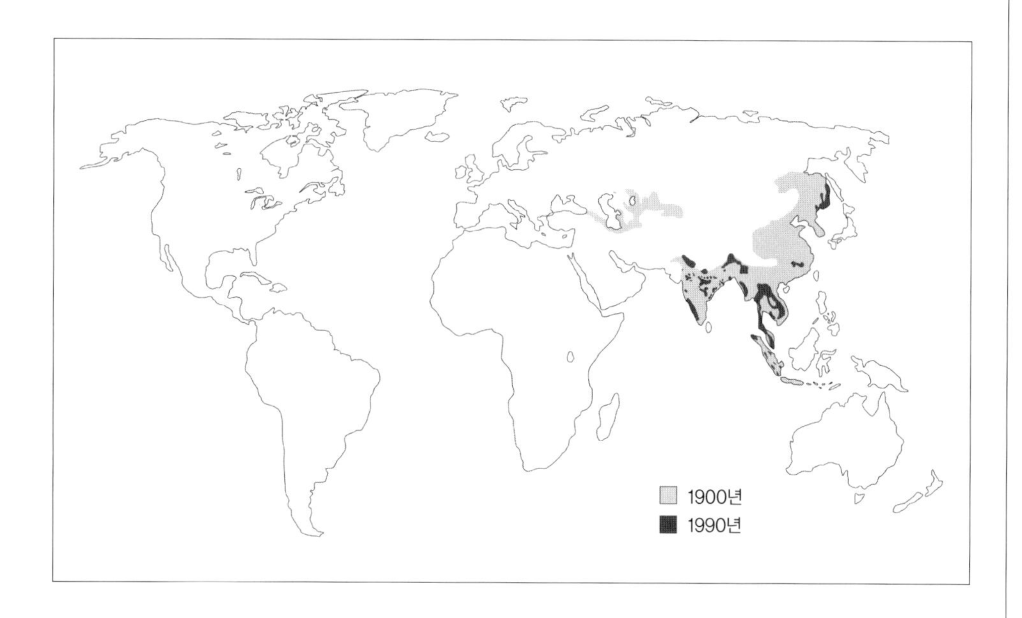

그림 11-6

호랑이의 분포 변화. 호랑이는 20세기가 시작할 무렵까지도 카스피 해 연안에서 중앙아시아를 거쳐 인도, 동남아시아, 동북아시아에 이르는 광범위한 지역에 분포하였지만 20세기가 끝날 무렵에는 남획과 서식지 감소로 개체 수와 분포 지역이 급격히 감소하였다.

인접한 시베리아에서는 화석이 출토되고 있다. 따라서 학계의 일부에서는 호랑이도 사자와 마찬가지로 얼어붙은 베링 해를 넘어 북미 대륙으로 진출했을 가능성을 제시하고 있다.

현생 호랑이는 9개의 아종이 보고되고 있는데, 20세기를 거치면서 개체 수와 서식지가 급격히 감소하여 3아종은 멸종하였고 현재는 6아종만이 생존하고 있다(그림 11-6).

벵골호랑이(Bengal tiger, *Panthera tigris tigris*)는 인도, 네팔, 부탄, 방글라데시 등의 열대와 아열대 밀림 지역에 서식하고 있는 아종으로, 현생 호랑이 중 가장 많은 개체 수가 생존하고 있다(그림 11-7). 수컷은 체중이 200~295kg, 암컷은 205~227kg 정도 나간다.

인도차이나호랑이(Indochinese tiger, *Panthera tigris corbetti*)는 캄보디아, 라오스, 미얀마, 태국, 베트남, 중국 등에 1,000마리 정도가 서식하고 있으며, 벵골호랑이에 비해 체구가 작고 조금 더 진한 색을 띤다.

말레이호랑이(Malayan tiger, *Panthera tigris jacksoni*)는 2004년부터 독자적인 아종으로 분류되고 있는 계통으로, 말레이시아에 국한해서 분포하고 있으며 벵골호랑이와 인도차이나호랑이 다음으로 많은 개체 수가 생존하고 있는 것으로 알려

그림 11-7

벵골호랑이. 인도, 네팔, 방글라데시 등지에 서식하고 있는 호랑이로 가장 많은 개체 수가 생존하고 있다. 몸무게는 수컷이 200~295kg, 암컷이 205~227kg 정도 나가며 몸길이는 약 2.9m이다.

져 있다.

수마트라호랑이(Sumatran tiger, *Panthera tigris sumatran*)는 인도네시아의 수마트라 섬에만 서식하고 있는 호랑이다. 현생 호랑이 중에 체구가 가장 작아서 수컷은 100~130kg, 암컷은 70~90kg 정도 나간다. 이처럼 체구가 작은 이유는 수마트라 섬의 빽빽한 밀림과 작은 크기의 먹잇감에 기인하는 것으로 보인다.

시베리아호랑이(Siberian tiger, *Panthera tigris altaica*)는 가장 큰 아종으로 아무르호랑이, 백두산호랑이, 한국호랑이(Korean tiger, *Panthera tigris coreensis*)로도 불린다. 한국, 시베리아, 중국의 동북부 등 추운 지역에 분포하고 있기 때문에 다른 호랑이들에 비해 털가죽이 두꺼우며, 색이 연하고 줄무늬의 개수가 적다(그림 11-8). 다 큰 수컷은 보통 200~300kg 정도 나가지만 야생 호랑이의 경우 384kg, 사육된 호랑이의 경우 423kg까지 나간 기록이 있다.

남중국호랑이(South China tiger, *Panthera tigris amoyensis*)는 아모이호랑이라고도 불리는 아종으로 체구가 상당히 작다. 야생 상태에 극소수만이 살아 있어서 멸종위기에 직면해 있다.

현생 호랑이 중에서 3개의 아종은 이미 멸종하고 말았다. **발리호랑이**(Balinese tiger, *Panthera tigris balica*)는 인도네시아의 발리 섬에 살았던 작은 체구의 호랑이로, 1937년 이후 야생 호랑이가 발견되지 않고 있으며 포획 상태의 호랑이도 없는

그림 11-8

시베리아호랑이. 현생 고양이과 동물 중에서 가장 큰 종으로 수컷의 경우 체중이 200~300kg 정도지만, 야생 상태의 호랑이 중에는 384kg에 이른 기록도 있다. 추운 지역에 서식하기 때문에 다른 아종에 비해 털가죽이 두꺼우며, 바탕색이 연하고 줄무늬가 적은 편이다.

상태다. 자바호랑이(Javan tiger, *Panthera tigris sondaica*)는 인도네시아의 자바 섬에 서식하였던 호랑이로, 1980년대에 접어들면서 멸종한 것으로 보인다. 카스피호랑이(Caspian tiger, *Panthera tigris virgata*)는 로마 제국에서 검투사나 사자와 싸움을 붙였던 호랑이로 페르시아호랑이라고도 불린다. 아프가니스탄, 이란, 이라크, 파키스탄, 터키 등에 분포하였지만 1970년경에 멸종하였다. 주황색 바탕에 가는 줄무늬가 많다.

3. 재규어 Panthera onca

재규어는 북 · 남미 대륙을 통틀어서 가장 큰 고양이과 동물이다. 체중은 60~100kg 범위지만 큰 개체는 150kg에 이르기도 하는데, 일반적으로 적도에서 먼 지역으로 갈수록 체구가 더 커지는 경향을 보인다. 주로 페커리, 사슴, 맥 등을 잡아먹지만 소형 설치류나 아마딜로 등 다양한 대상을 먹이로 한다. 재규어는 수영을 즐기는 고양이과 동물로서 물고기나 거북이, 심지어는 작은 악어를 잡아먹는 경우도 있다. 또한 체구가 크고 강하여 퓨마가 사냥하기 어려운 대형 흰입페커리나 500kg에 이르는 큰 황소를 공격하기도 한다. 일견 표범과 상당히 유사해 보이기도 하지만 재규어는 체

그림 11-9

재규어. 중남미 지역의 최상위 포식자로 표범과 유사해 보이지만 더 크고 강하다. 재규어의 장미꽃무늬 개수는 적지만 더 크며 가운데에 흑점이 있어서 표범과 구별된다.

구가 더 크며 골격이 보다 강하다(그림 11-9). 털가죽 문양 역시 비슷해서 구분하기 어렵지만, 자세히 보면 재규어의 로제트(rosette, 장미꽃무늬)가 더 크고 숫자가 적으며 가운데에 흑점이 있다(그림 3-1).

재규어의 화석 기록은 북미와 유럽의 초기 플라이스토세로 거슬러 올라간다. 현생종의 경우 분포 지역이 중남미로 제한되지만 플라이스토세 당시에는 북미와 중남미의 전역에 걸쳐서 서식하였던 것으로 보인다. 당시의 재규어는 현생종에 비해서 체구가 더 크고 다리가 길었으며, 사지 말단의 골격도 그리 짧지 않았다.

북미 지역에서의 화석 출토는 플로리다, 텍사스, 테네시 등 북미사자의 분포가 적었던 지역에 집중되고 있다. 아직은 화석이 많이 발견되지 않아서 정확히 결론내리기는 어렵지만, 사자와의 경쟁을 피했거나 아니면 경쟁에서 밀렸기 때문에 나타난 현상일는지도 모른다. 텍사스의 초기 플라이스토세 지층에서 발견된 화석 중에는 재규어의 초기 형태로 보이는 것이 있어서 판테라 팔레오온카(*Panthera paleoonca*)라는 새로운 종으로 발표되었으나(Meade, 1945), 이를 디노펠리스로 봐야 한다는 반론도 만만치 않아서 쉽게 결론내리기는 어려운 실정이다. 남미 지역에서도 볼리비아의 중기 플라이스토세 지층, 아르헨티나의 후기 플라이스토세 지층 등에서 재규어 화석 출토가 보고되고 있다.

현생종의 경우 분포 지역에 따른 크기 차이를 관찰할 수 있다. 남부 멕시코와 중남미 등 적도에 가까운 지역의 재규어가 가장 작으며, 적도에서 남북으로 멀어질수록 체구가 증가한다. 플라이스토세 당시에도 이와 마찬가지로 남미의 가장 아래쪽 지역에서 발견된 골격 표본들이 가장 큰 것으로 알려져 있다. 이런 현상이 나타나는 이유는 기후나 서식지 환경과 밀접하게 연관되어 있는 것으로 짐작된다. 체구가 증가하면 부피는 세제곱으로 증가하지만 표면적은 제곱으로 증가하기 때문에 체표면적은 상대적으로 감소하게 된다(그림 7-7). 따라서 추운 지역에서는 체열 손실을 막기 위해 체구가 증가하는 경향을 보인다.

체구는 서식지 환경의 영향도 받는다. 수풀이 밀집되어 있는 밀림 지대에서 큰 체구는 기민한 움직임에 오히려 방해가 된다. 따라서 열대 밀림 지대의 종들은 작은 체구를 가지고 있지만 넓은 평원 지대의 종들은 체구가 커지는 경향을 보인다. 플라이스토세의 재규어 화석을 살펴보면 지역에 따른 체구 차이 외에도 시간 경과에 따라 체구가 점차 작아지는 흐름을 발견하게 된다. 현생 재규어는 화석 종에 비해 체구가 작고 다리가 짧다. 특히 발바닥 부분의 중수골(metacarpal bones)이나 중족골(metatarsal ones)의 길이가 상대적으로 매우 짧다. 이처럼 작은 체구와 짧은 다리는 넓은 초원 지대에서의 빠른 주행보다는 밀림 지대에서의 생활에 더 적합하다.

쿠르텐(Kurten B.)은 이처럼 시간이 경과함에 따라 체구가 작아지는 이유를 북미사자와의 경쟁 관계로 설명하였다. 재규어는 처음에 넓은 초원 지대에 서식하였지만 나중에 등장한 북미사자로 인해 밀림 지대로 밀려났으며, 이로 인해 체구가 점차 작아지게 되었다는 것이다.

흔히 유럽재규어(European jaguar)라 불리는 판테라 곰바스조에겐시스(*Panthera*

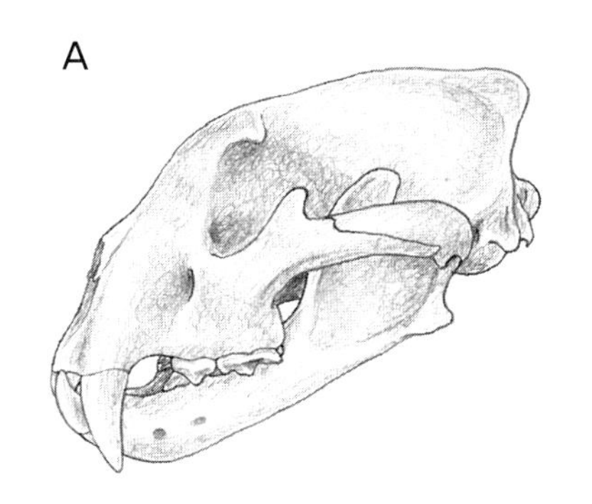

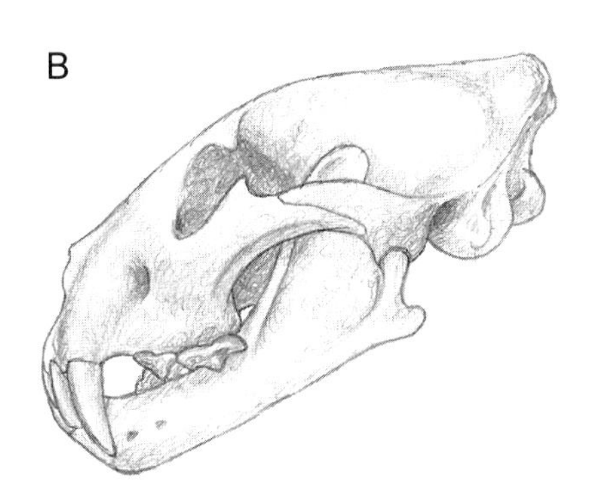

그림 11-10

현생 재규어(A)와 유럽재규어(B). 유럽 재규어로 불리는 판테라 곰바스조에겐시스는 플라이스토세 초기 유럽에 서식하였던 초기 형태의 재규어로 현생종보다 체구가 컸다.

gombaszoegensis)는 플라이스토세 초기에서 중기에 이르는 기간 동안 유럽에 나타났던 원시 형태의 재규어다(그림 11−10). 유럽재규어의 가장 초기 형태는 이탈리아 올리볼라 지역의 150만 년 전 지층에서 발견되었으며, 이보다 늦은 시기의 표본들은 영국, 스페인, 프랑스, 네덜란드 등의 중기 플라이스토세 지층에서 발견되었다. 이탈리아의 다른 지역에서 발견된 표본 중에는 판테라 토스카나(*Panthera toscana*)라는 학명으로 불리는 것도 있지만 실제적으로 이 둘은 동일 종이다. 유럽재규어는 체구가 현생종보다 크며, 플라이스토세 당시의 북 · 남미 대륙의 종과는 거의 같은 것으로 알려져 있다.

4. 표범 Panthera pardus

표범은 현생 대형 고양이과 동물 중에서 가장 넓은 지역에 분포하고 있는 종으로, 아프리카, 중동, 아시아 등 오늘날의 서식 지역은 문헌상의 기록으로 남아 있는 분포 지역에서 크게 감소하지 않았다(그림 11−11). 또한 이들은 열대 우림에서 한대에 이르는 다양한 기후 조건하에 서식하고 있으며, 해발 5,000m 이상의 고산 지대

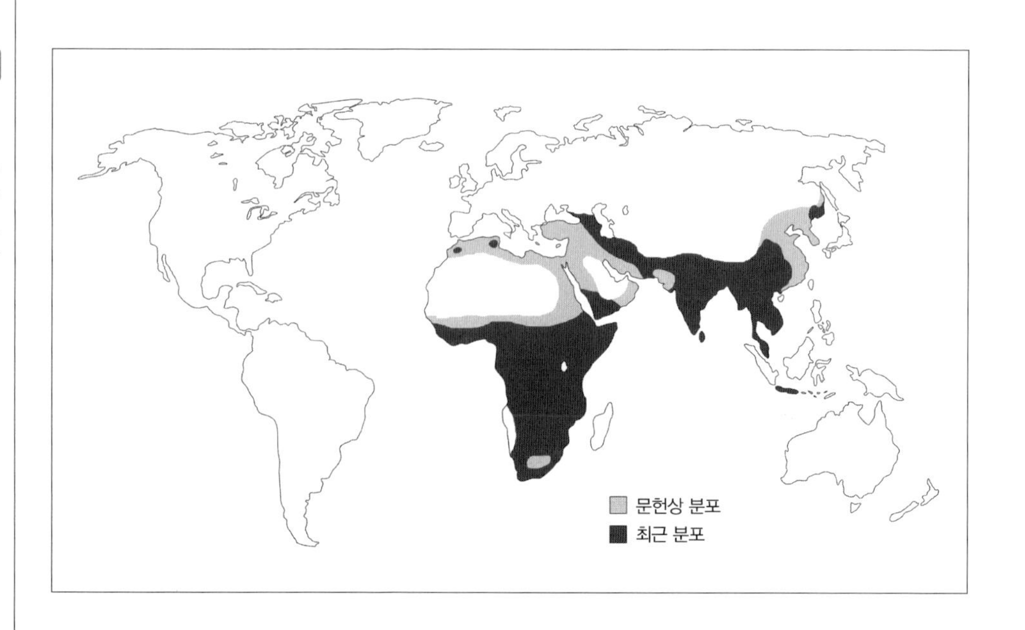

그림 11−11

현생 표범의 서식 지역과 문헌상의 기록으로 남아 있는 분포 지역. 표범은 열대 우림에서 한대 산악 지대를 아우르는, 주변 환경에 대한 뛰어난 적응력을 가지고 있다. 다른 대형 고양이과 동물에 비해 서식 지역의 감소가 두드러지지 않는다.

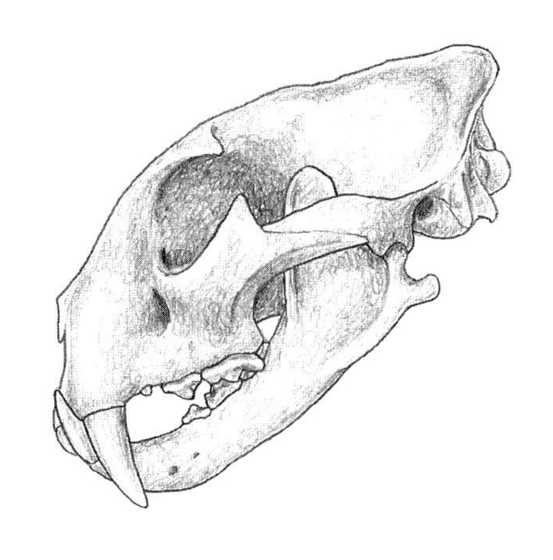

그림 11-12

표범의 두개골과 외형. 재규어와 유사해 보이지만 재규어에 비해 두개골이 다소 작고 날렵한 체구를 가지고 있으며 무늬가 다르다.

에서도 발견된다. 주로 영양이나 사슴 등을 잡아먹지만 쥐, 새, 원숭이, 파충류 등 먹잇감을 별로 가리지 않는다. 이런 사실들은 표범이 다른 대형 고양이과 동물보다 뛰어난 적응력을 가지고 있다는 것을 의미한다.

평균적인 체중은 30~70kg 정도지만 수컷은 90kg에 이르기도 하며, 암컷은 수컷의 2/3로 체구가 작다. 재규어와 유사한 외모지만 체구가 다소 작고 상대적으로 다리가 길며, 자세히 보면 무늬 또한 다르다(그림 11-12, 11-13).

표범의 화석은 아프리카, 유럽, 아시아 대륙에서 발견되고 있지만 북미 대륙에서는 아직 보고되지 않았다. 표범은 베링 해를 범어서 북미 대륙까지 진출하지는 않

그림 11-13

표범. 재규어에 비해 체구가 조금 작으며 상대적으로 다리가 길다. 보통 영양이나 사슴 등을 먹이로 하지만 지역에 따라 소형 설치류, 원숭이, 새, 파충류 등 다양한 대상을 잡아먹으며 뛰어난 환경 적응력을 보인다.

은 것으로 보인다. 가장 앞선 기록은 아프리카 탄자니아의 초기 플라이스토세 것이며, 중기 플라이스토세 이후의 표본들은 유럽과 아시아의 여러 지역에서 발견되었다. 유럽 지역에서는 유럽동굴사자보다 먼저 나타났으며, 중기에서 후기 플라이스토세로 이행하는 무렵에는 지중해 근방에 집중적으로 서식하였던 것으로 보인다. 현생종에 비해 체구가 크며, 전체적인 골격은 플라이스토세 당시 북미 지역에 서식하였던 초기 형태의 재규어와 유사한 것으로 알려져 있다.

판테라 스카우비(*Panthera schaubi*)는 200만 년 전으로 추정되는 프랑스의 플라이스토세 지층에서 발견된 표본으로, 흔히 짧은 안면의 표범(short-faced leopard)으로 불리고 있다. 학자에 따라서는 이를 초기 형대의 표범으로 보기도 하지만 현재로서는 단정적으로 말하기 어려운 상태다. 아시아에서는 중국 남부, 인도네시아 자바, 일본 등지에서 발견되었다. 특히 자바의 후기 플라이스토세 지층에서 발견된 표본은 현생종에 비해 골격이 상당히 큰 것으로 알려져 있으며, 중국에서 발견된 표본은 판테라 파르두스 지넨시스(*Panthera pardus sinensis*)라는 독립적인 아종으로 발표되었다.

표범은 후기 플라이스토세 무렵부터는 지역에 따른 독자적인 계통으로 발전해 온 것으로 보인다. 오늘날에는 지역에 따라 30아종 정도가 서식하고 있는데, 대부분 멸종 위기에 있거나 개체 수가 급감하고 있는 실정이다. 대표적인 아종으로 아프리카표범(African leopard, *Panthera pardus pardus*), 아무르표범(Amur leopard, *Panthera pardus orientalis*), 아라비아표범(Arabian leopard, *Panthera pardus nimr*), 페르시아표범

(Persian leopard, *Panthera pardus saxicolor*), 인도표범(Indian leopard, *Panthera pardus fusca*), 자바표범(Java leopard, *Panthera pardus meas*) 등이 있다.

5. 퓨마Puma concolor

퓨마는 북중미와 남미 대륙에 서식하고 있는 대형 고양이과 동물로 쿠거(cougar), 산악사자(mountain lion), 팬서(panther) 등으로도 불린다. 예전에는 펠리스속으로 분류되어 펠리스 콘콜로르(*Felis concolor*)라는 학명이 사용되었으나 1993년 이후 독립된 속으로 분류되고 있다.

체구는 표범과 재규어의 중간 정도로 평균 체중은 60~70kg이지만 수컷의 경우 120kg에 이르기도 한다. 서식 지역에 따른 체구 차이가 커서 적도 지역의 종은 체구가 작지만 분포 지역의 남북 끝으로 갈수록 체구가 커진다. 황갈색의 털가죽에는 특

그림 11-14

퓨마. 퓨마는 표범과 재규어의 중간 정도 크기로, 적도에서 먼 지역으로 갈수록 체구가 크다. 무늬가 없는 황갈색으로 귀끝이 검으며, 북미종은 붉은빛이 좀더 강하다.

별한 무늬가 없지만 귀의 끝부분은 검고, 북미종은 남미종에 비해 붉은색이 더 강하다(그림 11-14).

퓨마는 고양이과 동물 중에서도 도약 능력이 뛰어나 수평으로 12m, 수직으로 5m 가까이 뛰어오를 수 있다. 사슴을 물고 3m 이상 되는 나무 위로 뛰어오르는 경우도 있다고 한다.

약 50만 년 전까지의 퓨마 화석은 북·남미 지역에서 많이 발견되고 있지만 그보다 앞선 시대의 표본들은 아직까지 발견되지 않았다. 또한 북·남미 이외 지역에서는 보고된 바가 없다. 미국에서는 애리조나, 캘리포니아, 플로리다, 텍사스 등 여러 지역에서 퓨마의 화석이 출토되고 있으며, 그 유명한 란초 라 브레아 지역에서도 발견되었다.

많은 학자들은 퓨마가 치타, 그리고 치타와 유사했으나 멸종된 미라시노닉스(*Miracinonyx*)와 가까운 계통이었으며, 대략 350만 년 전에 계통이 갈라졌을 것으로 추정하고 있다. 또한 최근에는 DNA 비교를 통해 퓨마와 치타가 근친의 계통이라고 밝힌 연구 결과도 보고되었다.

북미의 초기 플라이스토세 지층에서 발견된 펠리스 스투데리(*Felis studeri*)는 한때 퓨마의 초기 형태로 여겨졌다. 하지만 이 종은 현생 퓨마에 비해 체구는 크지만 송곳니의 크기가 작아서 치타와 유사한 형태를 하고 있다. 최근에는 이 종을 퓨마보다는 치타에 더 가까운 것으로 보고 미라시노닉스속으로 분류하고 있다.

6. 치타 Acinonyx jubatus

치타는 날렵한 체구와 빠른 주행 능력으로 널리 알려져 있다. 시속 110km 이상의 속도를 낼 수 있으며, 정지 상태에서 시속 100km에 이르는 시간이 3.5초 정도로 가장 뛰어난 스포츠카를 능가하는 가속 능력을 보여 준다. 체중은 40~80kg, 몸길이는 1.2~1.4m 정도며 빠른 주행에 적합한 가볍고 날렵한 골격을 가지고 있다. 사지 골격은 길고 가늘며, 흉곽이 깊고 허리는 잘록하다. 견갑골과 요추는 운동 범위가 크고 유연해서 탄력적으로 움직일 수 있다. 발톱을 숨길 수 있는 능력은 다른 고양이

그림 11-15

치타. 치타는 놀라운 속도로 주행할 수 있는 고양이과 동물로서, 이에 적합한 신체 구조를 가지고 있다. 털이 짧고 거칠며 작고 둥근 반점으로 덮여 있고, 눈 옆으로는 눈물 자국처럼 보이는 검은색의 줄무늬가 있다.

그림 11-16

킹치타. 야생 상태에서 간헐적으로 목격되었던 종류로, 일반적인 치타와 달리 불규칙한 얼룩 줄무늬를 가지고 있으며 체구도 좀더 크다. 그동안 새로운 아종으로 추정해 왔으나 최근에 와서 돌연변이의 일종으로 밝혀지게 되었다.

과 동물에 비해 다소 약하며, 주행시에는 발톱이 나와서 지면에서 미끄러지지 않도록 스파이크와 같은 역할을 한다.

털은 거칠고 짧은 편이며 작고 둥근 검은 반점으로 덮여 있다(그림 11-15). 특히 눈 밑에서 주둥이 옆으로 이어지는 눈물 자국처럼 보이는 검은 줄무늬가 아주 특징적이다. 그러나 이와는 완전히 다른 무늬의 치타도 있다. 킹치타(king cheetah)는 1926년 짐바브웨에서 처음 발견된 이후 야생 상태에서 간헐적으로 목격되고 있는데, 일반적인 치타와는 달리 불규칙한 줄무늬를 가지고 있으며 체구도 좀더 크다(그림 11-16).

그동안 킹치타에 대해서는 정확한 내용을 알 수 없었으며, 새로운 아종으로 분류하려는 시도도 있었다. 그러나 1981년 남아프리카 공화국의 치타 보호 센터에서 야생에서 포획된 수컷과 교배한 치타 자매의 새끼 중에 각기 한 마리씩의 킹치타가 포함됨으로써 킹치타가 새로운 아종이 아닌 돌연변이임이 밝혀지게 되었다.

치타의 가장 오래된 화석 기록은 약 350만 년 전의 아프리카로 거슬러 올라가지만, 화석 출토가 빈약해서 자세한 내용이 알려져 있지는 않다. 유럽치타(European cheetah)로 알려진 아시노닉스 파르디넨시스(*Acinonyx pardinensis*)는 프랑스, 독일 등 유럽의 중기 플라이스토세 지층에서 발견된 초기 형태의 치타다. 골격의 형태나 사지의 길이 비율 등은 현생종과 크게 다르지 않지만 체구가 현생 사자 정도로 훨씬

그림 11-17

아시노닉스 파르디넨시스(뒤). 플라이스토세 중기 유럽과 아시아 대륙에 나타났던 초기 형태의 치타로 자이언트치타나 유럽치타로도 불린다. 사자 정도의 크기로 현생종(앞)에 비해 체구가 컸지만, 시간이 흐르면서 체구가 작아져 후기 플라이스토세 무렵에는 현생종과 거의 같은 크기가 되었다.

커서 자이언트치타(giant cheetah)라 불리기도 한다(그림 11-17).

그렇다면 아시노닉스 파르디넨시스는 얼마나 빨리 달릴 수 있었을까? 길고 날렵한 사지와 현생종보다 큰 보폭으로 더 빨리 달릴 수 있었을 것으로 생각할 수도 있겠지만, 더 무거운 체중을 감안한다면 대략 현생 치타 정도의 주행 능력을 가지고 있었다고 보는 것이 타당할 것이다. 하지만 큰 체구로 인해 현생 치타가 제압하기 어려운 대상도 사냥할 수 있었을 것이다.

인도, 중국 등 아시아 지역에서도 비슷한 크기의 치타 화석이 발견되었다. 대부분의 학자들은 아프리카와 유럽, 아시아의 초기 치타들이 모두 같은 종이거나 상당히 가까운 계통이었을 것으로 보고 있다. 자이언트치타는 시간이 경과함에 따라 점차 체구가 작아져서 후기 플라이스토세 무렵에는 현생 치타와 거의 같은 크기가 된다. 아시노닉스 파르디넨시스는 아프리카에서 유럽을 거쳐 아시아에 이르는 넓은 지역에 서식하였지만 현생종으로 이어지면서 오늘날과 같이 분포하게 된 것으로 보인다. 치타는 비교적 최근까지도 인도, 중동 등지에 서식하였던 것으로 알려져 있으며, 이란에는 오늘날에도 극소수의 아시아치타(*Acinonyx jubatus venaticus*)가 생존하고 있는 것으로 추정된다.

7. 미라시노닉스Miracinonyx

북미 지역의 플라이스토세 지층에서는 현생 치타나 퓨마와 비슷하면서도 이들과는 조금 다른 형태의 화석들이 출토되었다. 그동안 이 화석 표본들에 대해서는 학자에 따라 펠리스(*Felis*)나 치타(*Acinonyx*)속으로 분류하는 등 많은 논란이 있었는데, 최근에는 대부분의 학자들이 미라시노닉스(*Miracinonyx*)라는 독립된 속으로 분류하고 있다. 미라시노닉스는 체구는 더 컸지만 전체적인 골격의 형태와 길이 비율은 현생 치타와 매우 유사하기 때문에 흔히 북미치타(American cheetah)라고도 불린다.

현재까지 미라시노닉스속에는 2종이 알려져 있다. 미라시노닉스 인익스펙타투스(*Miracinonyx inexpectatus*)는 약 300만 년 전에 등장한 종으로, 전체적인 골격의 형태나 체구는 유럽치타, 즉 아시노닉스 파르디넨시스와 유사하다(그림 11-18). 아시노닉스 스투데리(*Acinonyx studeri*)나 펠리스 스투데리(*Felis studeri*)로 불리는 경우도 있으나 실제적으로는 모두 동일한 종이다. 미라시노닉스 트루마니(Miracinonyx trumani)는 나중에 등장한 종으로 체구가 작으며, 전체적인 골격의 형태는 현생 치타에 더 가깝다(그림 11-19).

미라시노닉스의 골격은 퓨마와 치타의 중간 정도 형태이다(그림 11-20). 따라서 퓨마보다 더 날렵하고 빠르면서 치타보다는 더 강인했을 것으로 보인다. 퓨마와

그림 11-18

미라시노닉스 인익스펙타투스의 전신 골격. 북미의 초기 플라이스토세 지층에서 발견된 고양이과 동물이다. 골격은 퓨마와 치타의 중간 정도 형태를 하고 있지만 치타에 보다 가깝다. 전체적인 외형이나 체구는 아시노닉스 파르디넨시스와 상당히 유사하고, 현생 치타보다는 훨씬 컸을 것으로 보인다.

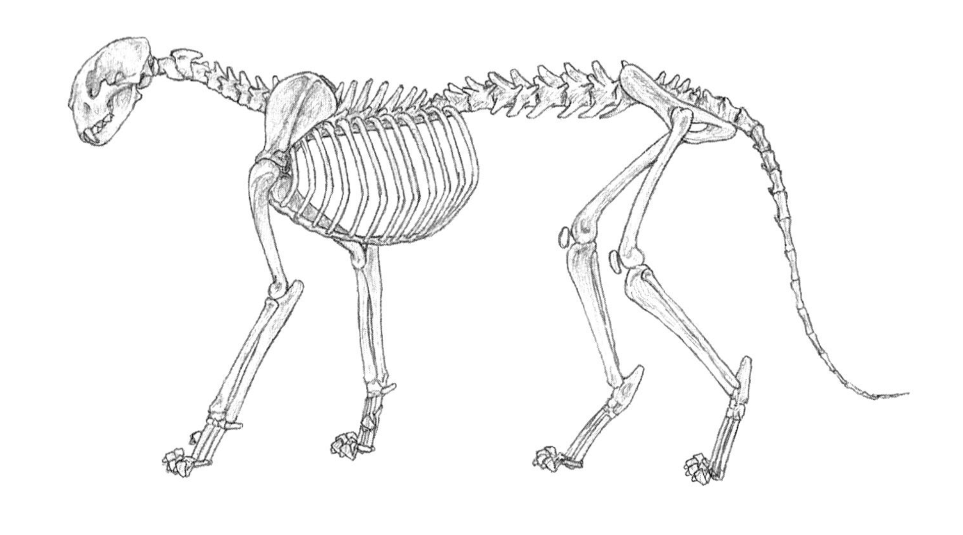

미라시노닉스 트루마니. 미라시노닉스 인익스펙타투스보다 늦게 나타난 종으로, 흔히 북미치타라고 불린다. 전체적인 외형이나 체구는 현생 치타와 유사했을 것으로 추정된다.

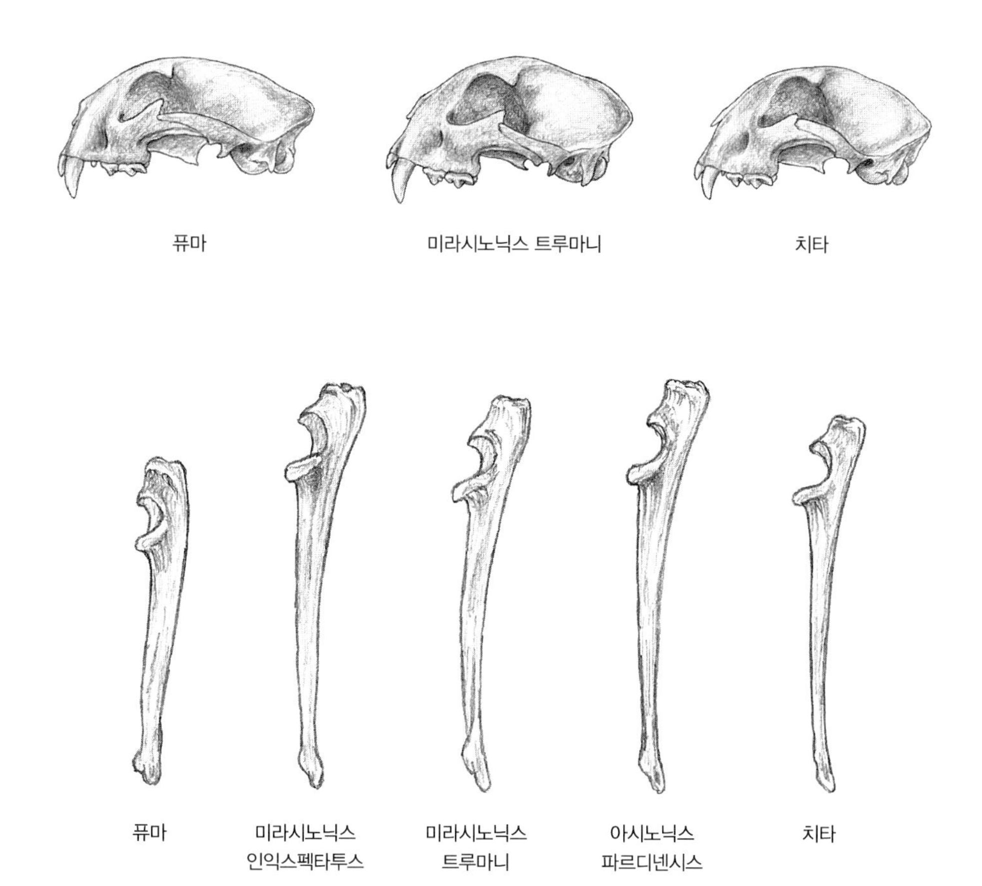

그림 11-20

퓨마, 미라시노닉스, 치타의 두개골 및 척골 비교. 미라시노닉스의 골격은 전체적으로 보면 퓨마와 치타의 중간 정도 형태를 띠고 있다. 미라시노닉스는 퓨마보다 날렵하면서 치타보다는 더 강인한 체구였을 것이다.

비교해서 두개골은 상대적으로 작고 정수리 부분이 둥글게 돌출되어 있으며, 비강이 더 발달하였다. 사지는 가늘고 긴데, 특히 요골, 척골, 경골 등 말단 쪽 골격이 길다. 전체적으로 보면 미라시노닉스의 골격은 오히려 치타 쪽에 더 가깝다. 하지만 사지 말단 쪽 골격의 상대적인 길이는 치타만큼 길지 않으며, 발톱은 더 완벽하게 숨길 수 있는 형태를 하고 있다. 또한 뒷다리의 경골과 비골의 결합이 느슨하기 때문에 불규칙한 지면에서 자세를 잡는다거나 나무에 오르는 등의 능력은 현생 치타보다 뛰어났을 것으로 보인다.

아직까지 미라시노닉스의 정확한 계통 관계는 알 수 없지만 일부 학자들은 이들이 퓨마와 치타의 중간 단계로, 퓨마와 같은 조상에서 갈라진 계통일 것으로 추정하고 있다(그림 11-21).

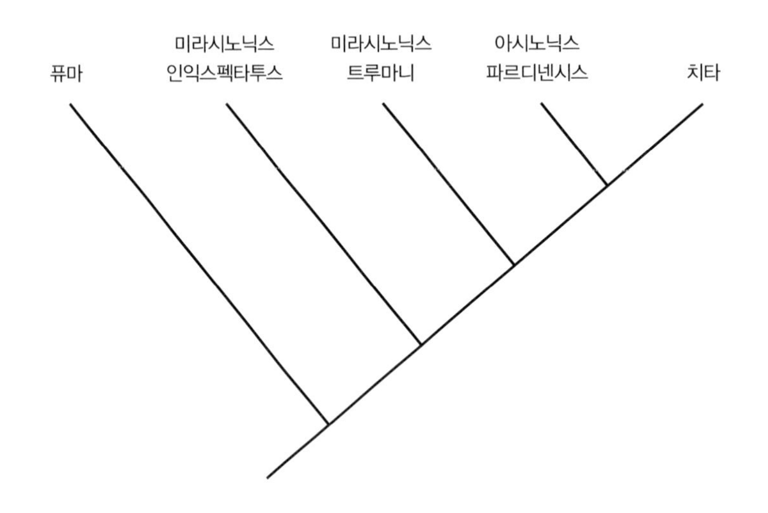

그림 11-21

미라시노닉스의 계통 분류. 발켄버그(Valkenburgh B. V.) 등의 학자는 미라시노닉스가 퓨마와 치타의 중간 단계로, 퓨마와는 같은 조상으로부터 분기되었을 것으로 추정하고 있다.

8. 설표 Uncia uncia

설표는 아프가니스탄, 파키스탄, 인도 등의 중앙아시아와 히말라야의 고산 지대에 서식하고 있는 종이다. 단독 생활을 하며 산양, 사슴, 멧돼지 등을 잡아먹는데, 여름에는 주로 해발 3,000m 이상의 고산 지대에서 생활하지만 겨울철에는 먹이를 좇아 낮은 지대로 내려온다.

전체적인 외모가 표범을 닮았기 때문에 그동안 판테라속으로 분류되어 왔지만,

그림 11-22

설표. 히말라야와 중앙아시아의 고산 지대에 서식하고 있는 종으로, 그동안 판테라 운시아(*Panthera uncia*)라는 학명으로 불려 왔으나 최근에는 판테라와 다른, 독립된 속으로 분류하고 있다. 표범과 비슷해 보이지만 털가죽이 두껍고 바탕색은 하얀색에 가깝다.

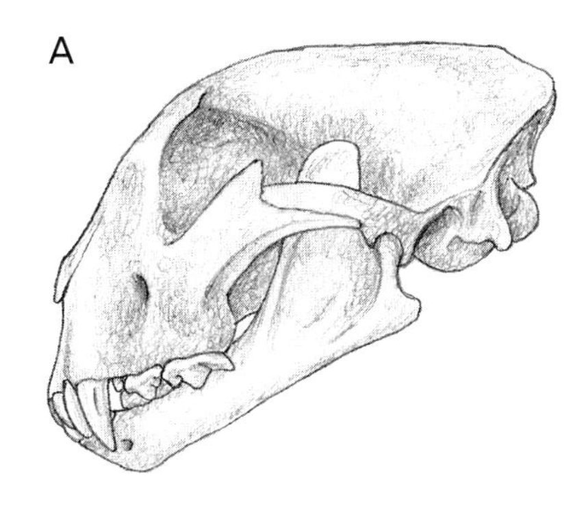

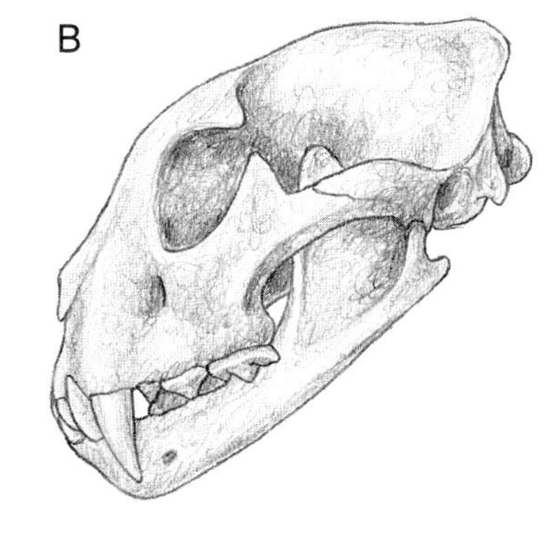

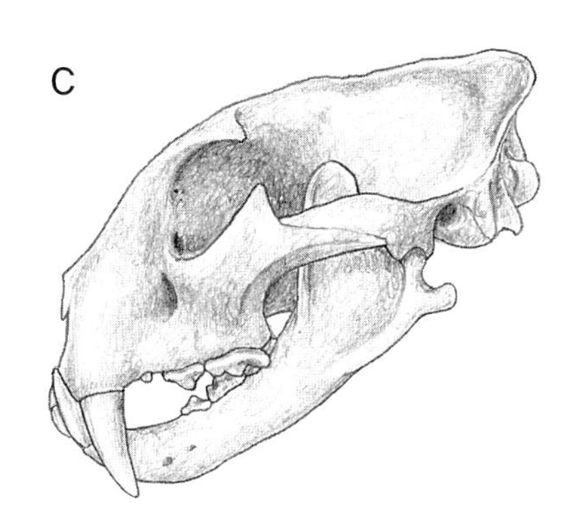

그림 11-23

치타(A), 설표(B), 표범(C)의 두개골 비교. 설표의 외형은 표범과 유사해 보이지만, 두개골은 정수리 부분이 넓고 둥글며 비강이 잘 발달되어 있어서 전체적으로 치타에 더 가깝다. 전신 골격 역시 전체적으로 가름하고 가벼운 형태를 하고 있으며 사지가 길어서 치타와 유사하다.

최근에는 표범과 가까운 계통이 아닌 것으로 보고 독립된 속으로 분류하고 있다. 체구는 수컷이 70kg 정도로 표범과 비슷하지만 두꺼운 모피와 굵은 꼬리 때문에 표범보다 커 보이기도 한다. 무늬는 표범이나 재규어와 유사하나 바탕색이 훨씬 밝아서 하얀색에 가깝다(그림 11-22). 발바닥에는 쿠션처럼 털이 길게 자라 있기 때문에 눈 속에서도 발이 잘 빠지지 않는다.

설표의 계통 분류에 대해서는 아직도 논란이 계속되고 있다. 전체적인 외형은 표범과 유사해 보이지만 두개골이나 골격의 형태는 표범보다는 오히려 치타에 더 가깝다. 두개골은 몸통에 비해 상대적으로 작은데, 정수리 부분은 넓고 둥근 형태를 하고 있으며 비강도 넓게 발달해 있다(그림 11-23). 두꺼운 모피로 몸통과 다리가 굵어 보이지만 골격 자체는 비교적 갸름하고 가벼우며, 치타만큼은 아니지만 사지의 골격이 꽤 길다. 판테라의 특징 중 하나는 성대 부분의 설골(hyoid bone)이 연골과 인대를 통해 청각융기와 느슨하게 연결되어 있기 때문에 진동이 자유로워서 우렁찬 소리를 낼 수 있다는 것이다. 하지만 설표는 다른 대형 고양이과 동물과 달리 굵은 소리로 포효하지 못하는 것으로 알려져 있다. 이런 연유로 최근에는 설표를 판테라와 분리된 독립된 속으로 분류하고 있는 것이다.

설표의 화석 기록은 상당히 빈약한 편이다. 그동안 중국 북부의 중기 플라이스토세 지층과 중앙아시아 알타이 산맥의 후기 플라이스토세 동굴에서의 화석 발굴이 보고되었는데, 중국의 표본에 대해서는 표범으로 동정하는 학자도 있다. 최근에는 파키스탄 북부 지역에서 120만~140만 년 전의 것으로 추정되는 설표의 화석 표본이 발견되었다. 이런 화석 기록에 근거해 보면 설표는 중기 플라이스토세 이후 오늘날과 거의 같은 지역에 국한되어 독자적인 계통으로 발전해 온 것으로 보인다.

9. 운표 Neofelis nebulosa

운표는 구름표범 또는 타이완표범으로도 불리는, 체중 11~20kg, 몸길이 1m 남짓되는 중형 고양이과 동물이다. 표범으로 불리고 있지만 표범과는 완전히 다른 계통이며, 체구나 무늬도 표범과는 확연히 구별되어 불규칙한 형태의 얼룩무늬로서 구름처럼 보이기도 한다(그림 11-24). 주로 나무 위에서 생활하면서 원숭이나 새를 잡아먹지만 땅 위의 작은 포유류나 고슴도치, 사슴 등을 사냥하는 경우도 있다.

운표는 현생 고양이과 동물 중에서 두개골 크기에 비해 상대적으로 가장 긴 송곳니를 가지고 있다(그림 10-22). 이들의 긴 송곳니를 먹이의 종류나 사냥 습성 등과 연관지어 이해하려는 연구가 시도되고 있지만 아직은 명확히 밝혀지지 않은 상태다.

운표는 중국 남부, 대만, 인도, 네팔, 인도네시아 등에 분포하고 있는데, 타이완표범이라는 표현이 무색하게 타이완에서는 이미 멸종된 것으로 보인다. 운표의 화석 출토는 오늘날의 분포 지역과 대체로 일치한다. 현재까지 자바의 초기 플라이스토세 지층, 중국 남부 및 베트남 북부의 중기 플라이스토세 지층에서 화석 출토가 보고되었다. 하지만 자바에는 현생 운표가 서식하고 있지 않다. 중국에서 발견된 표

그림 11-24

운표. 체중이 20kg 남짓한 중형 고양이과 동물로서 중국 남부, 대만, 인도, 네팔, 인도네시아 등지에 분포하고 있다. 두개골의 크기에 비해 상대적으로 가장 긴 송곳니와 튼튼한 골격을 가지고 있다. 주로 나무 위에서 생활하면서 원숭이나 새 등을 잡아먹는다.

본은 같은 지역에 분포하고 있는 현생종의 직접적인 조상으로 추정되지만, 이빨의 형태가 다소 다르기 때문에 네오펠리스 네불로사 프리미게니아(*Neofelis nebulosa primigenia*)라는 다른 아종으로 분류하고 있다.

10. 스라소니 Lynx

스라소니는 살쾡이와 표범 중간 정도 크기의 고양이과 동물로서, 유라시아와 북미 등 북반구 대부분의 지역에 분포하고 있다(그림 11-25). 서식지나 계절에 따라 차이를 보이지만 일반적으로 몸통의 털이 길며 귀끝에는 검은색의 긴 털이 나 있다. 사지, 특히 뒷다리는 상당히 긴 편이며 꼬리는 짧고 뭉툭하다. 스라소니는 하나의 속으로 현재 4개의 종이 알려져 있다.

유라시아스라소니(Eurasian lynx, *Lynx lynx*)는 체중이 20~30kg 정도로 다른 종에 비해 월등히 크다. 또한 다리가 굵고 길며 발이 커서 강인한 인상을 준다. 목 주위의 털은 길고 풍성하며, 귀끝에는 7cm 정도 되는 검은 털이 길게 나 있다(그림

그림 11-25

스라소니의 분포 지역. 스라소니는 유라시아와 북미 등 북반구 대부분의 지역에 분포하고 있으며, 지역에 따라 크게 4종으로 분류된다. 북미 지역의 캐나다스라소니와 밥캣은 분포 지역이 일부 중복되며, 유라시아스라소니와 이베리아스라소니 역시 18세기까지는 이베리아 반도 내에서 중복되는 영역이 있었다.

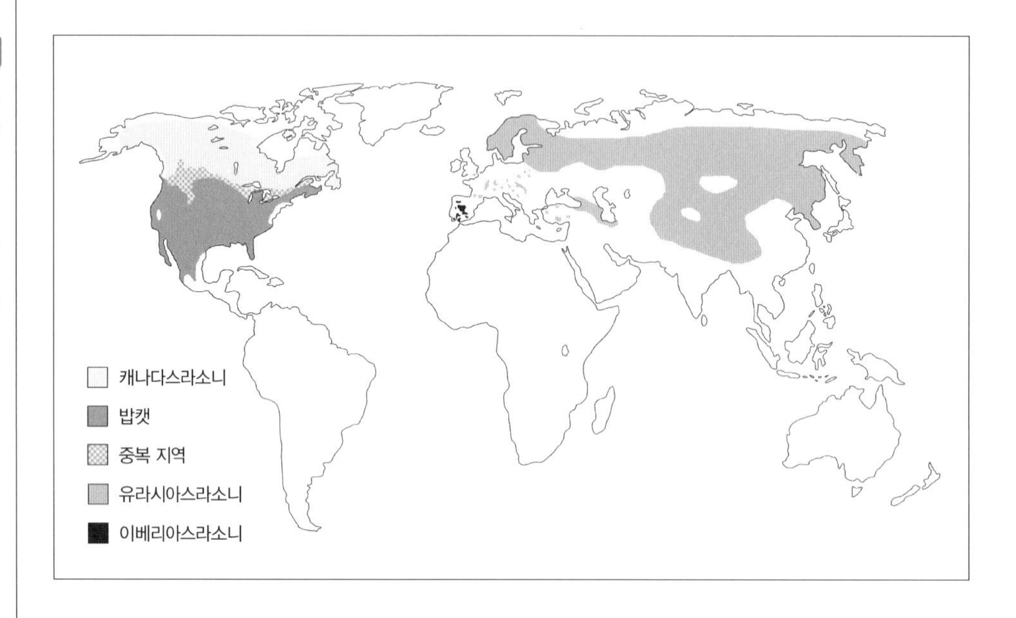

그림 11-26

유라시아스라소니. 스라소니 중에서 가장 큰 종으로 체중이 20~30kg 정도 된다. 큰 몸집과 굵고 튼튼한 다리 때문에 매우 강인한 인상을 준다. 몸통은 긴 털로 덮여 있는데, 특히 목 주변의 털이 길며 귀끝에는 7cm 정도 되는 긴 털이 붓 모양으로 나 있다.

11-26).

캐나다스라소니(Canada lynx, *Lynx cacadensis*)는 체중이 8~11kg으로 체구가 유라시아스라소니의 절반 정도밖에 되지 않는다. 이처럼 작은 체구는 이들의 주된 사냥 대상이 산토끼라는 사실과 관련 있는 것으로 보인다. 체구가 큰 유라시아스라소니는 사슴까지 잡아먹는 것으로 알려져 있다.

이베리아스라소니(Iberian lynx, *Lynx pardinus*)는 스페인과 포르투갈에 국한되어 분포하고 있는 종으로, 스라소니 중 가장 진한 반점을 가지고 있으며 체구는 캐나다스라소니와 비슷하다.

밥캣(bobcat, *Lynx rufus*)은 미국과 멕시코, 캐나다의 남부 지역에 분포하고 있는 종으로, 서식지의 일부는 캐나다스라소니와 중복된다. 체구는 캐나다스라소니와 비슷하며, 무늬는 선명하지 않지만 다리와 몸통의 아랫부분은 줄무늬에 가깝다(그림 11-27).

스라소니의 화석은 유럽, 아시아와 북미 지역의 플라이스토세 지층에서 비교적 풍부히 출토되고 있다. 가장 앞선 화석 기록은 북미의 후기 플라이오세 지층에서 발견된 초기 형태의 스라소니로, 링스 렉스로아덴시스(*Lynx rexroadensis*)로 명명되었다. 플라이오세가 끝나고 플라이스토세로 접어들 무렵에는 유럽과 아시아 북부 지역에 링스 이시오도렌시스(*Lynx issiodorensis*)가 등장한다. 이 종은 골격의 형태가

그림 11-27

밥캣. 미국, 캐나다, 멕시코 등 북미 대륙의 남쪽 지역에 서식하고 있는 종으로, 외모는 캐나다스라소니와 유사하다. 무늬는 선명하지 않으며 다리와 몸통의 아래쪽은 줄무늬에 가깝다.

현생종과 상당히 유사했으며, 또한 짧은 꼬리를 가지고 있었다. 그러나 이 종들이 현생 스라소니의 직접적인 조상인지는 명확하지 않다. 학자에 따라서는 아프리카에서 유래한 공통의 조상으로부터 현생종이 분기된 것으로 주장하기도 한다. 어쨌거나 중기 플라이스토세 무렵 빙하기를 거치면서 지역의 단절이 일어났으며, 이후 단절된 지역별로 오늘날과 같은 현생종들이 발전해 온 것은 분명해 보인다.

중기 플라이스토세가 끝날 무렵 북미 지역에는 현생 밥캣의 아종인 링스 루푸스 코아쿠지(*Lynx rufus koakudsi*)가 서식하였지만 멸종하고 말았다. 오늘날 유라시아스라소니와 이베리아스라소니의 서식지는 중복되지 않지만, 18세기까지는 이베리아 반도 내에서 이 두 종의 영역이 중복되었던 것으로 알려져 있다. 하지만 두 종 중간 형태의 화석이 발견되지 않는 것으로 보아 중기 플라이스토세 무렵에는 이미 완전한 계통의 분기가 일어났을 것이다.

Chapter 12

검치 기능의 역학적 분석

1. 검치 길이와 개구
2. 턱 근육의 길이와 힘
3. 악관절
4. 검치 움직임의 방향
5. 검치의 굴곡도
6. 이빨의 형태 및 톱날 구조
7. 이빨의 마모와 골절
8. 공격 대상 부위
9. 다른 가능성

검치 기능의 역학적 분석

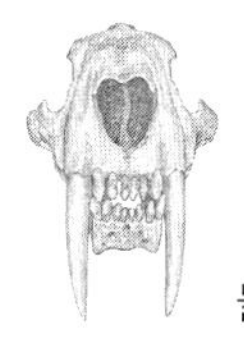

검치호랑이의 비정상적으로 긴 송곳니는 보는 이들을 매료시키기에 부족함이 없다. 그동안 검치호랑이, 특히 이들의 긴 검치는 아마추어는 물론이거니와 고생물학자들에게도 주요 관심사가 되어 왔으며, 검치의 기능을 설명하기 위한 많은 가설들도 제시되었다. 하지만 검치의 기능이나 이들의 사냥 방법에 대해서는 아직 명확하게 밝혀지지 않은 부분이 많아서 논란이 계속되고 있는 실정이다. 이 장에서는 검치 기능에 대한 새로운 시각에서의 접근을 통해 검치의 기능과 검치호랑이의 가장 가능성 있는 사냥 형태에 대해 알아보고자 한다.

1. 검치 길이와 개구

현생 고양이과 동물의 송곳니와 비교할 때 검치호랑이의 긴 검치는 보다 효과적이고 강력한 살생 무기였을 것으로 보이기도 한다. 하지만 더 자세히 접근하다 보면 이들의 검치는 우리에게 많은 문제를 제시한다. 님라비드나 펠리드의 송곳니는 그 형태와 크기가 매우 다양하다. 그러나 이런 다양함에도 불구하고 상악의 송곳니 길이와 깨물 수 있는 대상의 크기가 반비례 관계에 있음은 의심의 여지가 없다. 다시 말해서 송곳니의 길이가 길수록 깨물 수 있는 대상의 크기가 작을 수밖에 없기 때문에 같은 크기의 대상을 물기 위해서는 턱을 더 크게 벌려야만 한다는 것이다(그림 12-1).

턱을 벌리는 동작과 관련해서 최대 개구와 유효 개구를 구분하는 것은 매우 중요하다. 최대 개구(arc of rotation)란 입을 다물었을 때의 교합면(occlusal plane)과 최대로 벌렸을 때의 교합면이 이루는 각도를 말한다. 그러나 최대 교합이 입을 통해

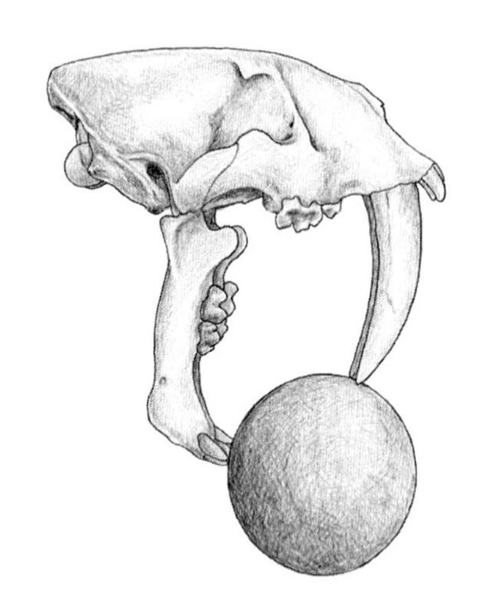
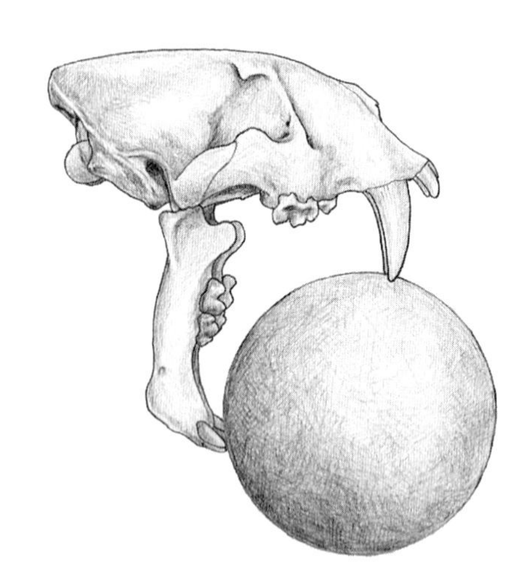

그림 12-1

검치 길이와 깨물 수 있는 대상 크기의 상관관계. 검치의 길이가 길수록 깨물 수 있는 대상의 크기가 작기 때문에 같은 크기의 대상을 물기 위해서는 턱을 더 크게 벌려야만 한다.

들어갈 수 있는 대상의 크기와 일치하는 것은 아니다. 유효 개구(effective gape)는 입을 최대로 벌렸을 때 상악의 송곳니 끝과 하악의 송곳니 끝이 이루는 각도를 말한다. 즉 검치호랑이가 얼마나 큰 대상을 물 수 있는지는 유효 개구에 의해 결정되는 것이다. 현생 고양이과 동물의 최대 개구는 60~65°다. 바보우로펠리스의 경우 최대 개구는 100°를 넘지만 유효 개구는 60°인 것으로 알려져 있다(Martin L. D., 1984). 이런 사실은 바보우로펠리스가 턱을 훨씬 크게 벌릴 수 있지만 실제적으로 깨물 수 있는 대상의 크기는 현생 고양이과 동물과 크게 다르지 않다는 것을 말해 준다.

검치호랑이에 있어서 턱을 크게 벌릴 수 있는 능력은 필수적이라고 볼 수 있다. 그렇지 않고는 작은 먹잇감만을 사냥할 수밖에 없었을 터인데, 이런 가정은 그들의 덩치와는 맞지 않는다. 그동안 검치호랑이의 골격이 턱을 크게 벌리기에 적합하다는 학설이 많이 제기되었다. 검치호랑이의 골격에서는 하악골의 근육돌기(coronoid process)가 짧으며 하악와(glenoid fossa)가 낮고 후두부가 앞쪽으로 돌아가 있다는 특징이 관찰되는데, 래리 마틴(Martin L. D.)은 이런 특징들이 턱을 크게 벌리는 능력에 부합하는 것이라고 주장하였다.

에머슨(Emerson S. B.)과 라딘스키(Radinsky L.)의 연구는 주목할 만하다. 그들은 검치호랑이의 최대 개구를 추정하기 위해 측두근의 신장도(temporalis stretch)를 측정하였다(그림 12-2). 측두근의 신장도는 관절돌기의 골두(condyle head)에서 측두근의 기시부(origin)를 이은 선과 관절돌기의 골두에서 측두근의 부착부(insertion)

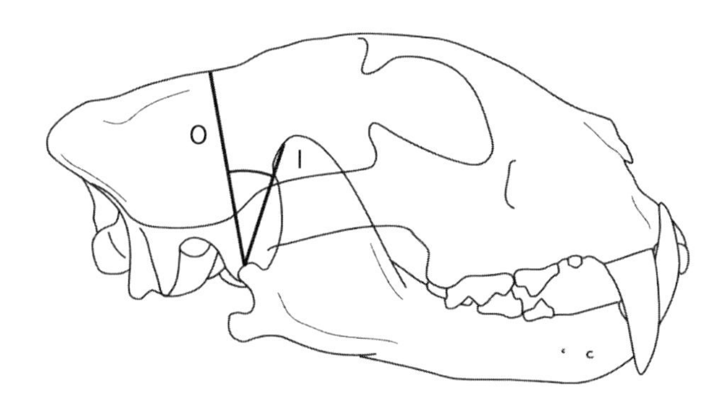

그림 12-2

측두근의 신장도 측정 모델. 측두근의 신장도는 관절돌기의 골두로부터 측두근의 기시부(O)와 부착부(I)가 이루는 각으로, 최대 개구의 정도를 추정하는 지표가 된다.

를 이은 선이 이루는 각도로 측정한다. 여기에서 측두근의 기시부(O)는 측두와의 능선 중간점으로, 부착부(I)는 하악골 근육돌기의 첨부로 정한다. 에머슨과 라딘스키는 이 모델을 이용하여 디닉티스, 호플로포네우스, 유스밀루스, 바보우로펠리스, 마카이로두스, 호모테리움, 스밀로돈 등 검치호랑이의 측두근 신장도를 측정하여 현생 고양이과 동물들과 비교하였다. 결과는 디닉티스만이 현생 고양이과 동물과 유사한 수치를 보였을 뿐 나머지 검치호랑이들은 훨씬 큰 신장도를 보였는데, 그들은 이를 통해 검치호랑이들이 현생종에 비해 턱을 훨씬 크게 벌릴 수 있었다고 결론지었다.

에머슨과 라딘스키는 안면골의 경사도(inclination)와 최대 개구의 상관관계에 대해서도 연구 결과를 발표하였다. 먼저 경구개(palate)를 수평으로 맞춘 상태로 두개골을 배치한 후, 이를 기준으로 해서 두개골의 바닥(basicranium)을 수평으로 하였을 때 두개골이 어떻게 회전하는가를 비교하였다(그림 12-3). 퓨마의 경우 두개골이 23° 정도 아래쪽으로 회전하였지만 호플로포네우스와 유스밀루스의 두개골은 오히려 위쪽으로 회전하였다. 특히 유스밀루스의 경우는 23° 정도로 그 폭이 매우 컸다. 에머슨과 라딘스키는 이처럼 두개저를 수평으로 하였을 때 검치호랑이의 두개골이 위쪽으로 회전한다는 사실은, 입을 크게 벌리더라도 하악골이 목에 부딪히지 않도록 하기 위한 구조로서, 검치호랑이가 현생 고양이과 동물들에 비해 훨씬 입을 크게 벌릴 수 있었음을 증명하는 것이라고 설명하였다.

그림 12-3

안면골의 경사도. 경구개를 수평으로 한 상태(A)를 기준으로 하여 두개저를 수평으로 맞췄을 때(B)의 두개골 회전 정도를 측정한다. 퓨마의 경우는 두개골이 아래쪽으로 회전하는 반면에 호플로포네우스와 유스밀루스는 두개골이 위쪽으로 회전하는 것을 알 수 있다.

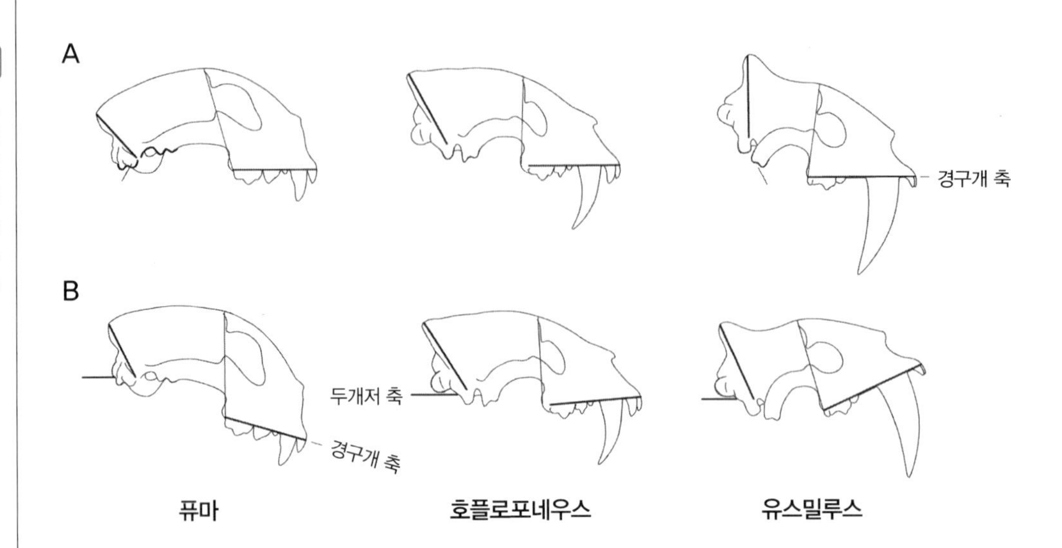

2. 턱 근육의 길이와 힘

턱의 움직임과 개구는 턱을 움직이는 근육들과 밀접하게 연관되어 있기 때문에 검치의 기능을 이해하기 위해서는 이들 근육의 해부학적 · 생리학적인 특징을 알아볼 필요가 있다. 근절(sarcomere)은 골격근의 기능적인 최소 단위로, 굵은 마이오신(myosin)과 가는 액틴(actin)의 두 가지 미세 섬유로 구성된다(그림 12-4).

마이오신은 A대(A band) 전역에 걸쳐서 일정 간격으로 배열해 있으며, 액틴은 I대(I band)에 있으면서 일정 부분이 A대로 들어가서 마이오신 미세 섬유의 각 사이에 위치한다. 근섬유에 신경 자극이 전달되면 양쪽의 액틴 섬유가 근절의 중심으로 끌려 들어가며 마이오신과의 결합이 증가하면서 근육이 수축하게 된다. 근육은 수축함으로써 힘을 발휘하는데, 이때 필연적으로 근육의 길이가 변화한다. 이런 근육의 힘과 길이의 상관관계는 긴장-길이의 그래프로 표현할 수 있다(그림 12-5).

근육은 액틴과 마이오신의 결합이 최대로 일어날 때 가장 큰 힘을 발휘하는데, 이때의 근절 길이는 대략 2.25μm 정도가 된다. 근육이 당겨져서 길이가 늘어나면 액틴과 마이오신의 결합이 감소하며 근육의 힘이 떨어지게 된다. 만약 근절의 길이가 3.65μm 이상으로 증가하면 액틴과 마이오신의 결합이 모두 사라져서 근육은

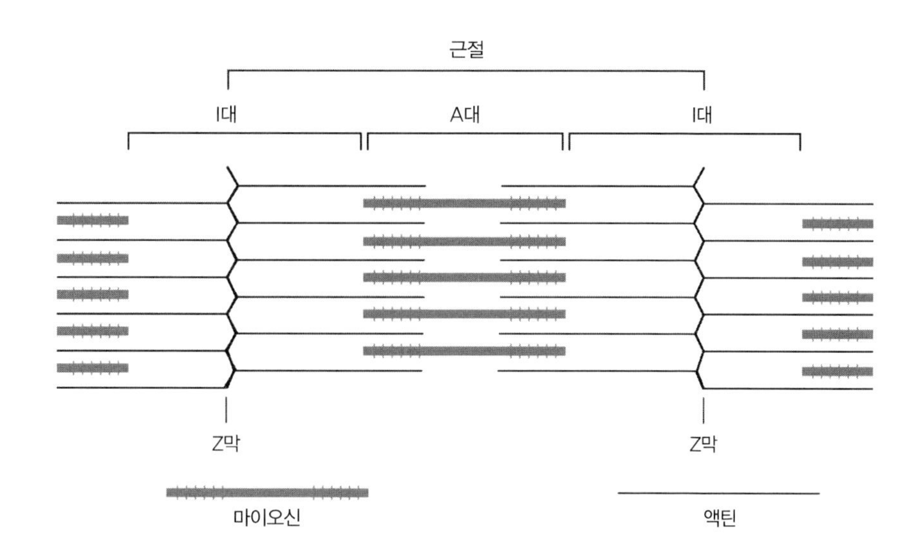

그림 12-4

근절의 구조. 근절은 골격근의 기능적인 최소 단위로, 마이오신과 액틴 두 가지 미세 섬유로 구성된다. 신경자극이 전달되면 양쪽에 있는 액틴 섬유가 근절의 중앙으로 이동하면서 마이오신과 결합하게 되며, 결과적으로 근육이 수축한다.

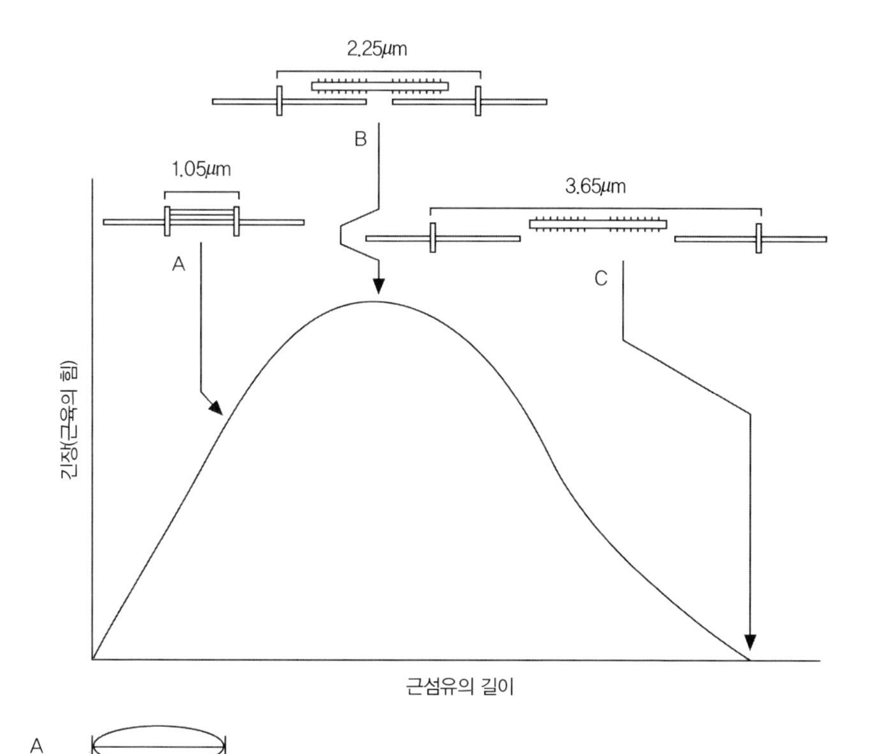

그림 12-5

근섬육의 긴장-길이 그래프. 근육의 길이와 힘은 밀접한 상관관계를 갖는다. 액틴과 마이오신의 결합이 최대로 일어날 때(B) 근육은 최대의 힘을 발휘하지만, 너무 짧거나(A) 지나치게 당겨져서 늘어난 경우(C)에는 근육의 힘이 감소하게 된다.

더 이상 수축할 수 없게 된다. 반대로 근육의 길이가 적정 수준 이하로 감소하여 액틴과 마이오신의 결합이 줄어들어도 근육의 힘은 떨어지게 된다. 일반적으로 포유류의 근절 길이는 1.25~3.65μm 정도이며, 그 이상이나 이하가 되는 경우는 거의 없다.

앞서 언급한 것처럼 긴 송곳니를 가지고 있는 검치호랑이는 턱을 크게 벌릴 수 있었다. 예를 들어서 검치호랑이가 최대 개구 110°, 유효 개구 60° 정도로 입을 벌릴 수 있다고 가정한다면 측두근(temporalis m.)과 교근(masseter m.)은 대략적으로 입을 다물고 있을 때 길이의 150% 이상으로 당겨져야만 한다. 만약 근육의 길이가 200% 이상으로 늘어난다면 근섬유 자체의 파괴되며, 설령 이것이 가능하다고 하더라도 근육의 힘은 급격히 감소할 수밖에 없다.

바보우로펠리스의 생존 당시 근절의 길이가 정확히 얼마였는지 알 수 있는 방법은 없다. 그러나 최대 개구 110° 정도로 입을 벌린다는 것이 강한 힘을 발휘하기 위함이라고 보기는 어렵다(그림 12-6). 검치호랑이의 긴 송곳니가 매우 강한 인상을 주기는 하지만, 이들의 턱 근육은 강한 힘을 발휘하는 것과는 다소 거리가 있어 보인다.

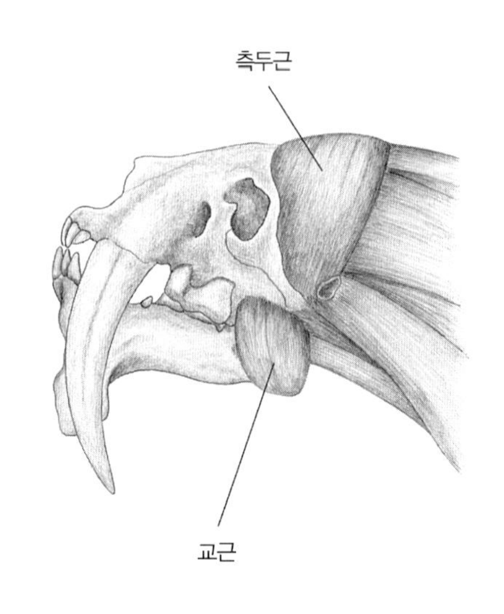

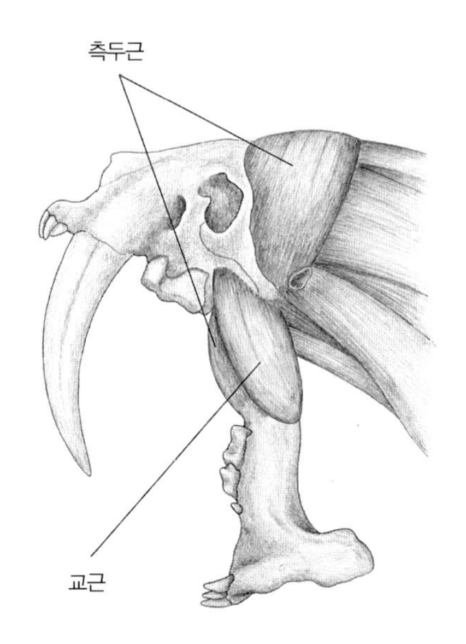

그림 12-6

바보우로펠리스 프릭키의 턱 근육. 바보우로펠리스는 엄청나게 긴 검치로 인해 최대 개구 110° 이상으로 턱을 벌려야만 했을 것으로 보인다. 바보우로펠리스의 생존 당시 근절의 길이를 정확히 알 수는 없으나, 이런 정도의 개구는 필연적으로 턱 근육의 힘을 현저히 저하시켰을 것이다. 이들의 턱 근육이 강한 힘을 발휘하기에 적합하다고 보기는 어렵다.

3. 악관절

검치호랑이의 경우 화석 표본의 대부분은 골격으로 국한되며, 연부 조직 심지어는 연골로 된 구조물도 화석으로 보존된 예를 찾아보기 어렵다. 따라서 연골과 인대로 구성된 이들의 악관절(temporomandibular joint)에 대한 연구 역시 현재까지는 전무한 상태다. 그러나 검치의 기능을 이해하기 위해서는 악관절에 대한 고찰이 반드시 필요하다.

검치호랑이의 악관절 움직임은 현생 포유류와 많은 유사점을 가지고 있었을 것이다. 악관절은 하악골의 관절돌기 골두(condyle head)가 측두골의 하악와(glenoid fossa)와 결합하여 이루어지는 관절로 상당한 정도의 운동성을 갖는다. 하악와는 관절돌기가 들어갈 수 있도록 움푹 파인 형태를 하고 있으며, 그 앞쪽으로 관절능(articular eminence)이 약간 튀어나와서 탈구(dislocation)를 방지하도록 되어 있다.

하악와와 관절돌기 사이에는 말 안장 모양으로 생긴 단단한 섬유질의 관절판(meniscus, articular disc)이 위치하여 관절강을 위아래의 공간으로 구분하면서 관절의 부드러운 움직임을 돕는다. 관절판은 가운데 부분은 얇고 앞뒤로 두툼한 형태인데, 관절이 움직임에 따라 그 두께가 변한다.

악관절은 상당한 정도의 운동성을 갖는 관절로서 여러 인대에 싸여 보호를 받는다(그림 12-7). 악관절의 외측은 관절낭인대(capsular ligament)로 싸여 있는데, 이 인대의 앞쪽과 측면은 두껍게 되어 있어서 이를 측두하악인대(temporomandibular ligament)라 구분해서 부른다. 측두하악인대는 다시 안쪽에서 수평 방향으로 배열된 접형하악인대(sphenomandibular ligament, internal lateral ligament)와 바깥쪽에서 비스듬하게 주행하는 외측외인대(external lateral ligament)의 두 부분으로 구성된다.

일반적으로 연부 조직은 제1형 교원질(type I collagen)과 제3형 교원질(type III collagen)의 두 가지 단백질로 구성되는데, 제1형 교원질은 구조적인 단단함을 제공하며 제3형 교원질은 조직에 탄력성을 부여한다. 예를 들어 단단한 인대, 근막, 뼈 등은 주로 제1형 교원질로 구성되지만, 탄력이 있는 혈관의 경우에는 제3형 교원질이 80%를 차지하며 제1형 교원질은 20% 정도로 국한된다. 악관절을 감싸고 있는

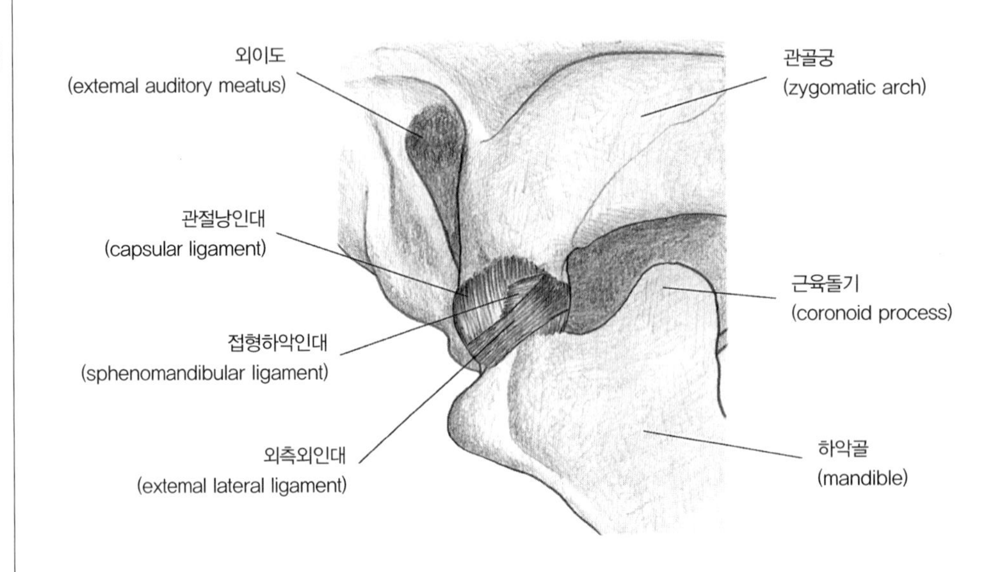

그림 12-7

스밀로돈의 악관절 인대 복원도. 현생 포유류와 마찬가지로 검치호랑이의 악관절 역시 관절낭인대와 측두하악인대에 싸여 있었을 것이며, 탄력성이 거의 없고 단단한 인대에 의해 턱을 벌리는 능력은 일정 부분 제한되었을 것으로 보인다.

인대들은 매우 단단한 조직으로서 대부분 제1형 교원질로 구성되기 때문에 탄력성은 거의 없는 대신에 관절돌기가 탈구되지 않도록 단단히 붙잡아 주는 역할을 한다.

현재까지 검치호랑이의 악관절 인대에 대해서는 별로 알려진 정보가 없다. 그러나 단단한 인대들이 악관절의 움직임, 즉 개구 정도를 일정 수준 제한한다는 것은 염두에 두어야 한다. 특히 바보우로펠리스같이 입을 크게 벌려야만 하는 경우에 관절돌기가 단단히 고정되지 않는다면 필연적으로 탈구될 수 있기 때문이다.

하악골은 전후 방향과 아래쪽으로 일정 부분의 운동성을 가지고 있으며, 이런 움직임은 크게 회전과 전위의 두 가지로 구분된다(그림 12-8). 회전(rotation)은 축을 중심으로 한 원형 궤도를 따르는 운동으로 축의 종류는 수평축(horizontal axis), 수직축(vertical axis), 전후축(sagittal axis)의 세 가지로 구분된다(그림 12-9). 전위(translation)는 앞뒤 방향으로 미끄러지는 수평 운동을 말한다. 입을 벌리면 하악골의 관절돌기는 앞쪽으로 어느 정도 전위되지만, 앞쪽에 있는 관절능이 탈구가 일어나지 않도록 더 이상의 진행을 막게 된다.

일반적으로 턱을 벌릴 때의 회전 운동은 수평축을 중심으로 일어나게 되며, 수직축이나 전후축을 중심으로 한 회전 운동은 거의 일어나지 않는다. 수직축이나 전후축을 중심으로 한 회전 운동은 씹는 동작을 보일 때 제한적으로 나타난다. 스밀로

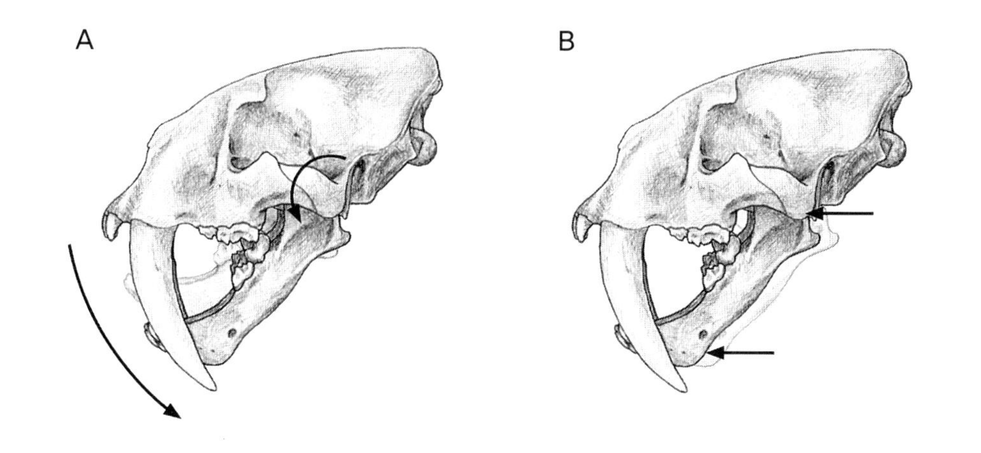

그림 12-8

악관절의 회전(A) 및 전위(B). 회전은 축을 중심으로 한 원형 궤도의 운동이며, 전위는 앞뒤 방향으로 미끄러지듯이 움직이는 수평 운동을 말한다. 턱을 벌리는 과정에서 이 두 가지의 운동은 거의 동시에 일어난다.

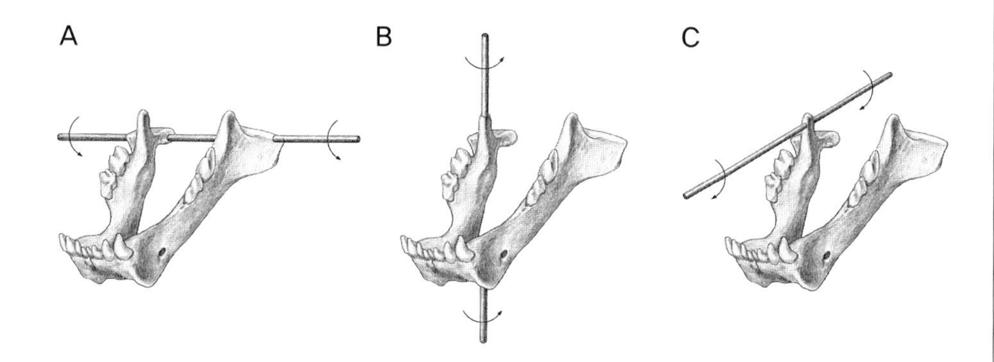

그림 12-9

악관절 회전 운동의 유형. 악관절의 회전 운동은 축에 따라 세 가지 유형으로 구분된다. 턱을 벌릴 때는 주로 수평축(A)을 중심으로 한 회전 운동이 나타나며 수직축(B)이나 전후축(C)을 중심으로 한 회전 운동은 거의 일어나지 않는다.

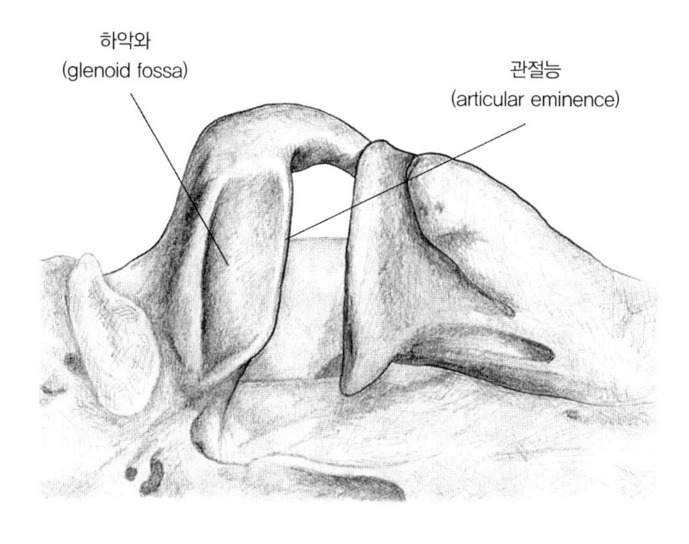

그림 12-10

스밀로돈의 하악와. 스밀로돈을 비롯한 대부분의 검치호랑이에서 하악와는 좌우로 긴 형태를 하고 있다. 이러한 골격의 특징은 수평축을 중심으로 한 회전 운동이 강조되어 있으며, 수직축이나 전후축을 중심으로 한 회전 운동은 극히 제한적일 수밖에 없다는 것을 의미한다.

돈의 악관절에서 하악와는 좌우로 상당히 길다(그림 12-10). 다른 대부분의 검치호랑이들에서도 이런 특징이 발견되는데, 이는 수평축을 중심으로 한 회전 운동이 강조되어 있는 대신에 수직축이나 전후축을 중심으로 한 회전 운동은 극히 제한적일 수밖에 없다는 것을 의미한다.

검치호랑이의 악관절에서 발견되는 또다른 특징은 하악와와 관절능의 발달이 미약하다는 것이다. 현생 표범과 비교해 볼 때 스밀로돈의 하악와는 얕고 관절능 역시 그리 두드러지지 않는다(그림 12-11). 이런 골격의 특징은 다른 검치호랑이에서도 흔히 발견되며, 특히 바보우로펠리스에서는 두드러지게 나타난다. 이런 특징에 근거할 때 현생 고양이과 동물과 검치호랑이의 개구는 분명히 차이가 있었을 것으로 보인다. 턱을 벌리는 과정은 순간이지만 이해하기 쉽도록 시차를 두어 생각해 보자(그림 12-12).

- **첫 단계** : 턱을 벌리기 시작하면 관절돌기는 회전 운동을 시작한다. 그러나 하악와 내에서 관절돌기의 위치는 그리 크게 변하지 않는다. 이 과정은 표범이나 스밀로돈 모두 거의 비슷했을 것으로 보인다.
- **중간 단계** : 초기의 회전 운동 후 전위 운동이 이어진다. 실제적으로 이 두 가지 운동은 거의 동시에 일어날 것이다. 하지만 관절능이 잘 발달된 표범은 전방으로의 움직임이 제한되기 때문에 관절돌기의 골두는 아래쪽으로 미끄러지게 된다. 반면에 하악와가 얕고 관절능이 잘 발달되지 않은 스밀로돈은 전방으로의 움직임이 비교적 자유로웠을 것으로 보인다.
- **마지막 단계** : 이때 관절돌기 골두의 회전 및 전위 운동은 최고치에 이르게 된다. 턱을 다물고 있을 때와 비교해서 표범의 관절돌기 골두는 앞쪽으로의 이동이 그리 크지 않지만 하방으로는 큰 폭으로 위치가 변한다. 스밀로돈의 경우는 전방으로의 이동이 상대적으로 자유로워서 관절돌기의 골두는 하방뿐 아니라 전방으로도 적지 않게 이동한다.

이것은 어디까지나 스밀로돈과 표범의 골격 특징에 근거한 시뮬레이션에 지나지 않는다. 그러나 하악와가 얕고 관절능이 높지 않다는 것은 관절돌기의 보다 큰

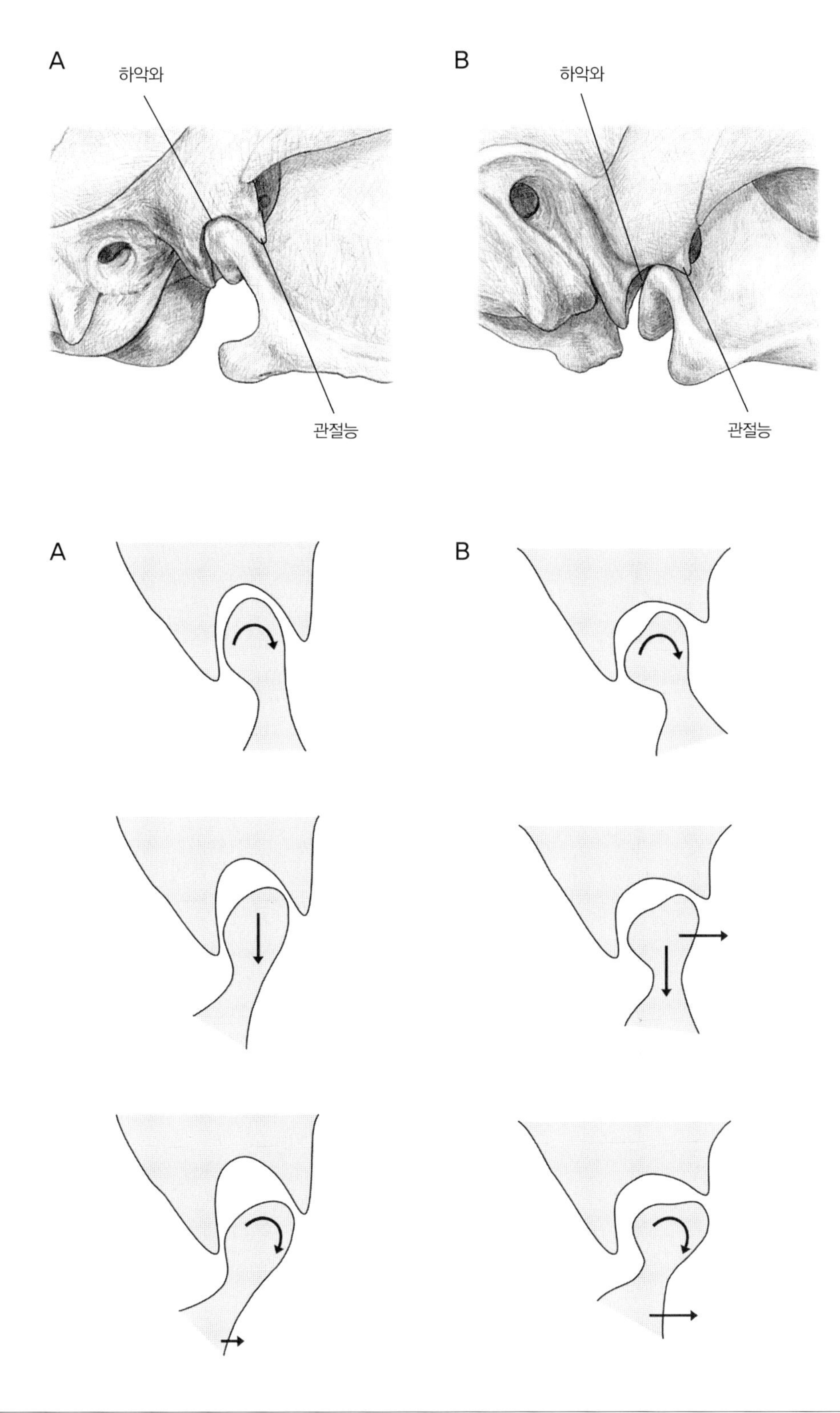

그림 12-11

현생 표범과 스밀로돈의 악관절 형태. 표범의 악관절(A)에서는 하악와가 상당히 깊고 관절능 역시 높게 융기되어 있는 것을 관찰할 수 있다. 반면 스밀로돈(B)의 경우에는 하악와가 얕고 관절능 역시 발달이 미약한 것을 볼 수 있다.

그림 12-12

개구에 따른 악관절 움직임의 시뮬레이션. 하악와가 깊고 관절능이 높은 표범(A)의 경우에는 회전과 아래쪽으로의 움직임이 주가 되며, 앞쪽으로의 전위는 상당히 제한적이다. 반면 스밀로돈(B)의 경우에는 하악와가 얕고 관절능이 높지 않기 때문에 관절돌기는 앞쪽으로도 비교적 큰 폭으로 전위된다. 이런 차이로 스밀로돈은 더 크게 입을 벌릴 수 있었을 것으로 보인다.

전방 이동, 그리고 결과적으로 보다 큰 개구를 가능하게 했을 것으로 보인다. 또한 이러한 특징은 앞서 여러 학자들이 턱을 크게 벌리기에 적합한 골격 형태로 지적한, 근육돌기가 짧고 안면 골격이 위쪽으로 경사져 있다는 등의 소견과도 부합하는 것이다.

4. 검치 움직임의 방향

그동안 여러 학자들은 검치호랑이는 사냥을 할 때 긴 검치를 하방으로 내리찍어서 먹잇감의 살 속으로 박아 넣었으며, 이 과정에서 하악골은 아무 기능도 수행하지 않았다고 주장해 왔다. 마치 사람이 단검을 손에 쥐고 아래쪽으로 찌르는 동작처럼 생각했던 것이다. 또한 이러한 설명을 뒷받침하기 위해 흉유돌근(sternomastoid m.), 쇄유돌근(cleidomastoid m.), 사각근(scalenus m.) 등 두개골을 아래쪽으로 당기는 근육들의 기능이 강조되었다. 그러나 이런 가설에 대해서는 몇 가지 문제점이 제기된다.

첫째, 일반적으로 검치는 매우 얇고 길기 때문에 골절되기 쉽다. 검치를 이용해 찌르는 과정 중에 검치가 뼈를 가격하게 되면 부러질 가능성이 매우 크다. 둘째, 검치는 사람이 휘두르는 칼만큼 예리하지 못하기 때문에 이런 뭉툭한 이빨을 가지고 먹잇감의 두껍고 질긴 가죽을 뚫기는 그리 쉽지 않다. 셋째, 하악골에 의해 반대 방향에서 밀어 주는 힘이 없는 상황에서 상악골의 움직임만으로 검치를 살 속 깊이 박아 넣기 위해서는 굉장히 큰 힘이 요구된다.

최근에는 이런 문제점들을 해결하기 위해 두두사근(obliquus capitis cranialis), 미두사근(obliquus capitis caudalis) 등 두개골을 아래쪽으로 당기는 목 근육의 기능을 강조하거나(그림 12-13), 검치의 찌르는 동작에 있어서 하악골이 반대 방향의 힘으로 보조적인 역할을 한다는 가설이 제기되었다.

이런 가설들은 어떤 면에서 설득력이 있으나 여전히 몇 가지 문제점을 가지고 있다. 하악골이 검치의 찌르는 동작에 기여한다는 것은 의심의 여지가 없지만, 사실 하악골의 역할은 그 이상으로 클 수 있다. 근육은 기시점과 부착점을 가지고 있으며, 근육이 수축함에 따라 부착점은 기시부 쪽으로 끌어당겨진다(제6장 참조, 그림

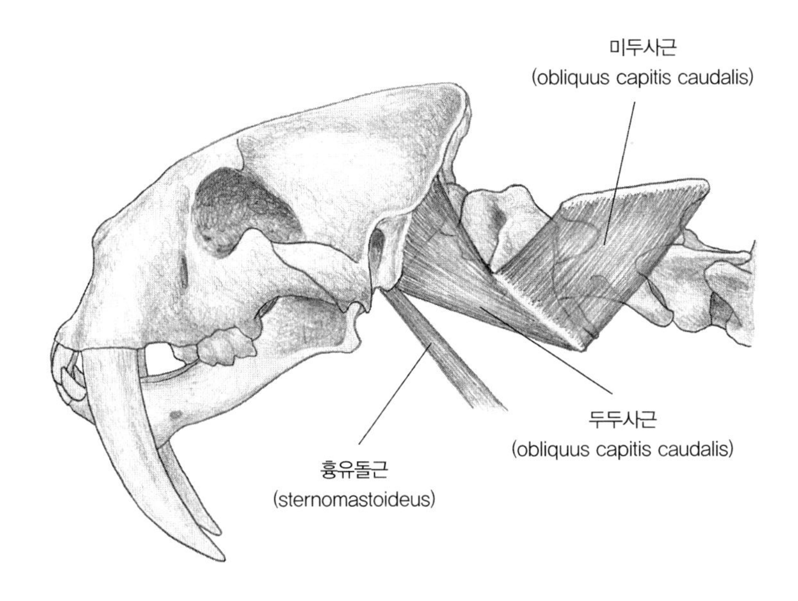

그림 12-13

스밀로돈의 경부 근육 복원도. 최근에는 목 근육의 중요성을 강조하는 가설이 제시되었다. 호모테리움, 스밀로돈 등 검치호랑이의 제1, 2경추는 잘 발달되어 넓은 근육 부착점을 제공하며, 결과적으로 두두사근이나 미두사근 등의 강력한 목 근육에 의해 검치를 아래로 내리찍는 동작이 매우 강력했을 것이라는 주장이다.

6-1). 다시 말해서 작고, 가벼우며, 말단 쪽에 위치한 골격은 보다 크고, 무거우며, 몸통 쪽에 위치한 골격 쪽으로 끌어당겨진다는 것이다.

팔을 구부리는 동작을 예로 들어 보면, 팔이 몸통 쪽으로 움직이는 것이지 몸통이 팔 쪽으로 움직이는 것은 아니다. 따라서 검치의 동작과 관련해서 생각해 볼 때 상악골을 아래쪽으로 움직여서 먹잇감을 찌른다는 것은 지극히 비현실적이며, 대신에 고정된 상악골을 향해서 하악골이 움직임으로써 대상을 깨물게 된다는 것이 보다 현실적이라고 할 수 있다(그림 12-14).

이전의 학설들은 흉유돌근, 두두사근, 미두사근 등 목을 구부려서 두개골을 아래쪽으로 당기는 근육에 초점이 맞춰져 있다. 물론 이 근육들이 두개골을 아래로 끌어내리는 것은 사실이지만, 실제 먹잇감를 무는 움직임에 있어서는 측두근과 교근 등 턱을 다무는 근육이 보다 중요할 것으로 보인다. 이런 턱 근육이 턱을 다무는 힘은 뼈를 부술 수 있을 정도로 매우 강력하다. 따라서 상대적으로 고정되어 있는 두개골을 향하여 하악골이 주도적으로 움직임으로써 검치가 살 속 깊이 박히게 된다고 보는 것이 더욱 타당할 것이다.

검치호랑이의 제1, 2경추와 이곳에 부착하는 근육들이 잘 발달되어 있다는 설명에도 문제가 있어 보인다. 물론 호모테리움과 스밀로돈의 제1, 2경추가 잘 발달되어

그림 12-14

턱뼈 움직임의 방향. 이전의 학설들은 목 근육에 의해 두개골이 아래쪽으로 끌어당겨짐에 따라 검치를 먹잇감의 살 속으로 박아 넣을 수 있는 것으로 설명하고 있지만, 사실 이는 매우 비현실적이다(A). 이보다는 측두근과 교근에 의해 하악골이 위쪽으로 끌어당겨짐으로써 검치가 살 속으로 파고든다고 보는 것이 보다 현실적인 설명이 될 것이다(B).

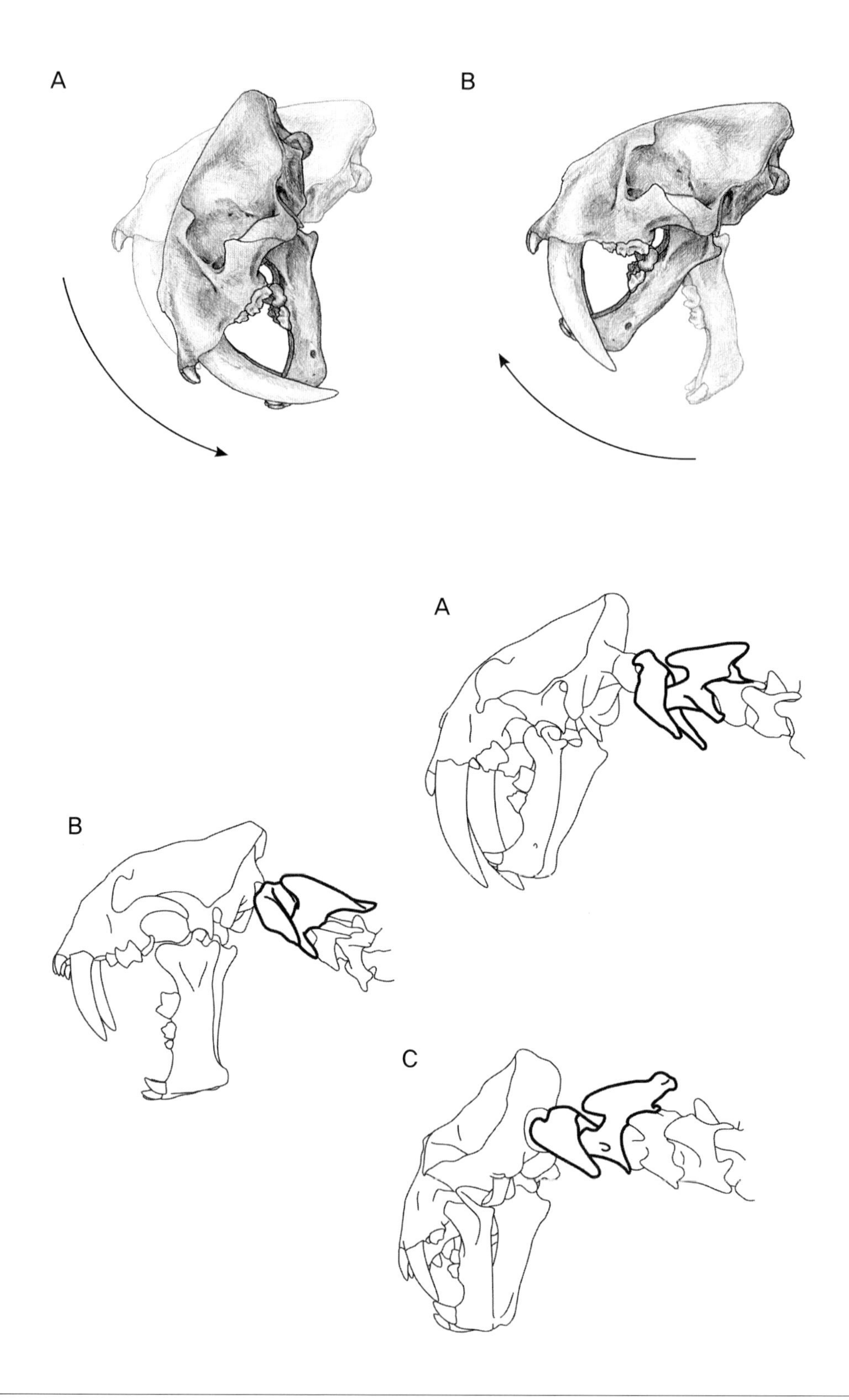

그림 12-15

제1, 2경추의 발달과 검치 길이. 제1, 2경추의 발달은 스밀로돈(A), 호플로포네우스(B), 제노스밀루스(C) 등의 골격에서 공통적으로 발견되는 소견이지만 이들의 검치 길이는 모두 다르다. 따라서 경추의 발달을 검치 길이와 연계시켜 설명하려는 것은 무리가 있어 보인다.

있다는 것은 사실이지만, 이런 골격 특징은 호플로포네우스와 제노스밀루스 등 다른 검치호랑이들에서도 관찰된다(그림 12-15). 그러나 이들 검치호랑이의 검치 크기는 차이가 있어서, 스밀로돈의 검치는 상당히 길지만 호모테리움, 호플로포네우스, 제노스밀루스 등의 송곳니는 그리 긴 편이 아니다.

그렇다면 제1, 2경추는 거의 유사한데 검치의 크기만 차이를 보이는 것은 어떻게 설명해야 할까? 검치의 기능과 연관해서 두두사근이나 미두사근 등의 목 근육이 생각만큼 크게 관여하지 않았을 수 있다. 설령 목을 구부려서 두개골을 아래로 끌어당기는 근육들이 검치 기능에 크게 기여를 한다고 가정하더라도, 경추에서 기시하는 두두사근이나 미두사근은 길이가 상당히 짧을 뿐 아니라 근육의 작용하는 방향이 뒤쪽을 향하기 때문에 흉유돌근이나 쇄유돌근처럼 하방의 가슴 쪽에서 시작하는 긴 근육들만큼 큰 역할을 수행할 수 없다.

검치호랑이의 후두부를 살펴보면 경추와 결합하는 후두과의 위쪽 부분이 매우 복잡한 형태를 하고 있음을 알 수 있다(그림 12-16). 이런 형태는 보다 넓은 근육의 부착점을 제공하기 위한 것으로서, 두개골을 뒤쪽으로 당겨서 위쪽을 향하게 하는 근육들이 잘 발달해 있음을 의미한다. 즉 두개골을 아래로 끌어당기는 근육보다는 위쪽으로 끌어올리는 근육이 더욱 중요했다는 것을 말한다. 결국 검치를 먹잇감의 살 속으로 박아 넣기 위해 머리를 아래로 당긴다는 설명은 설득력이 없어 보인다.

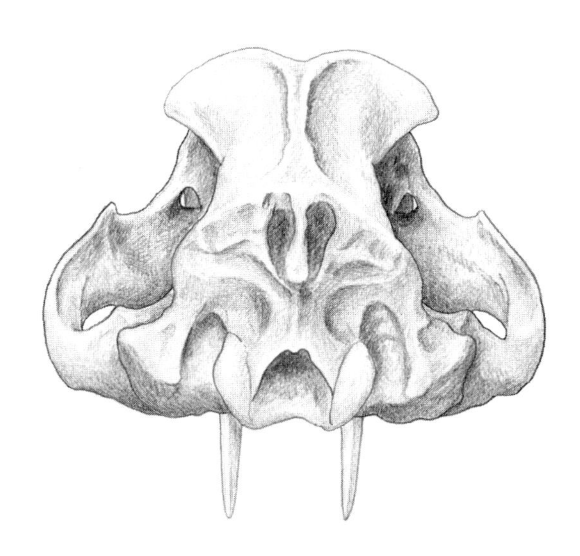

그림 12-16

스밀로돈의 후두골 표면. 스밀로돈의 후두부는 경추와 연결되는 후두과 위쪽 부분이 후두과의 아래쪽에 비해 훨씬 복잡한 형태를 보인다. 이처럼 복합한 형태는 더 넓은 근육 부착점을 제공하기 위한 것으로서, 두개골을 들어올리는 신전근이 목을 구부려 두개골을 아래쪽으로 끌어내리는 굴곡근보다 더 중요했음을 의미한다.

5. 검치의 굴곡도

검치의 기능을 이해하기 위해서는 크기뿐 아니라 그 형태도 함께 고려해야 한다. 공룡 발톱의 굴곡(curvature) 정도와 관통(penetration) 능력의 상관관계에 대해서는 이미 많은 연구가 진행되었다. 기본적으로 공룡의 발톱은 원형 궤도의 운동을 하게 된다(그림 12-17). 그리고 발톱의 관통력은 발톱 중심의 연장선과 발톱 끝에서의 접선이 이루는 각의 크기로 결정된다. 즉 이 각의 크기가 작을수록 발톱의 관통력은 커진다는 것을 의미한다. 따라서 발톱의 굴곡이 원형의 운동 궤도에 가깝게 휘어 있을 때 최대의 힘을 발휘하지만, 발톱의 휜 정도가 작아서 발톱의 연장선과 발톱 끝에서의 접선이 이루는 각이 커지게 되면 관통력은 떨어진다.

이와 같은 분석은 검치의 움직임에도 그대로 적용해 볼 수 있다. 물론 검치가 위에서 내리찍는 움직임은 실질적으로 거의 일어나지 않으며, 하악골이 위쪽으로 끌어당겨짐으로써 조직의 관통이 일어난다고 앞서 설명하였다. 즉, 위에서 아래쪽으로 내리찍는 발톱의 움직임과 검치의 움직임은 완전히 내용이 다르다. 하지만 하악골에 대한 검치의 수동적인 움직임 역시 원형의 궤도로 이해될 수 있다는 점에서 검치의 관통력 정도는 발톱과 같은 방법으로 분석될 수 있다. 만약 검치가 거의 휘

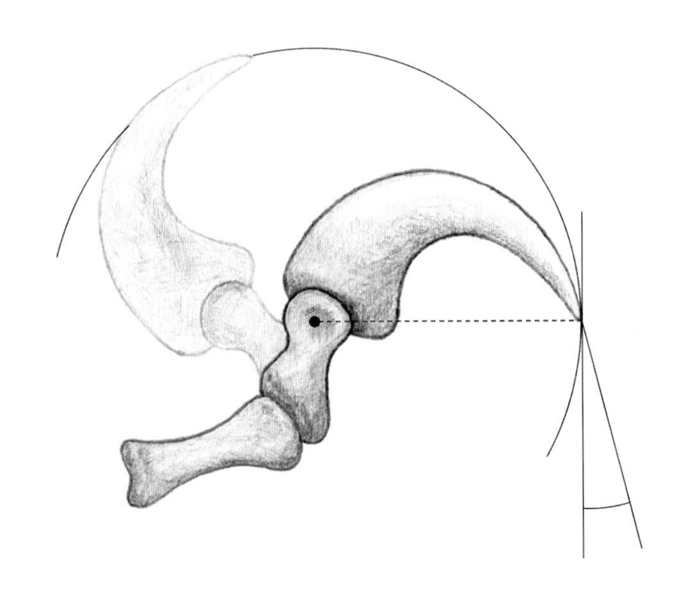

그림 12-17

공룡 발톱의 굴곡도와 관통 능력의 분석. 발톱의 관통력은 발톱 중심의 연장선과 발톱 끝에서의 접선이 이루는 각의 크기로 결정된다. 즉 이 각의 크기가 작을수록 발톱의 관통력은 커지게 된다.

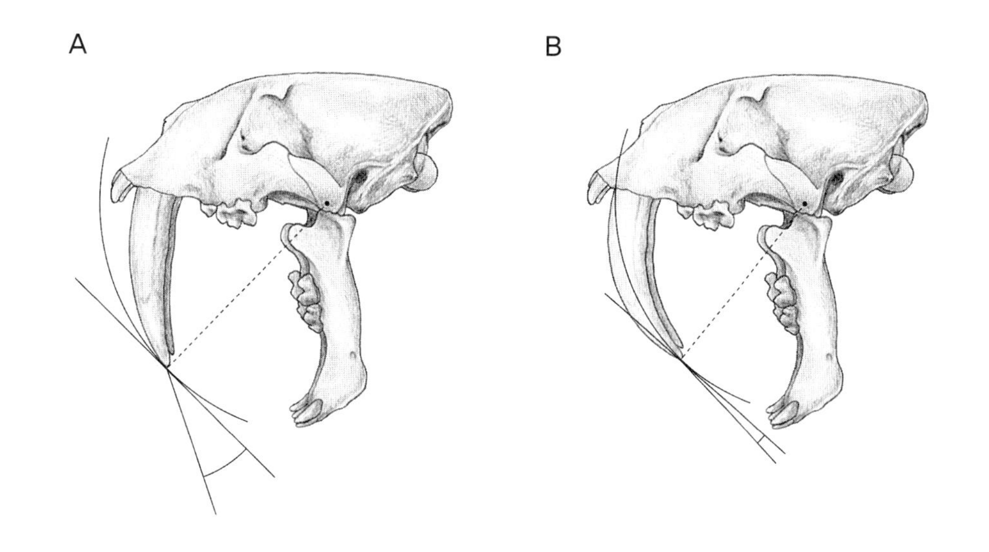

그림 12-18

검치의 굴곡도와 관통력. 검치가 휘지 않고 직선에 가까운 형태를 하고 있으면 검치 중심의 연장선과 검치 끝의 접선이 이루는 각이 크기 때문에 관통력이 떨어진다(A). 반면에 검치가 휘어 있는 경우는 검치의 중심선과 접선이 이루는 각이 작으며, 이에 반비례해 관통력이 커진다(B).

어져 있지 않고 직선에 가까운 형태를 하고 있다면(그림 12-18, A) 검치의 중심선과 검치 끝의 접선이 이루는 각이 커서 관통력은 떨어진다고 볼 수 있다. 반면에 검치가 보다 많이 휘어진 형태를 하고 있는 경우에는 두 선이 이루는 각도가 작아져서 관통력이 증가한다(그림 12-18, B).

그러나 관통력이 크다는 것이 반드시 더 깊이 치명적인 상처를 가할 수 있다는 것을 의미하지는 않는다. 검치가 많이 휘어 있으면 관통력이 커져서 먹잇감의 피부를 예리하게 뚫고 들어갈 수는 있지만 깊은 상처를 만들 수는 없다. 예를 들어 그림 12-18에서 B의 경우, 관통력은 크지만 깊은 상처를 낼 수는 없다는 것이다. 여기에서 또 하나 고려해야 할 것은 하악골의 존재이다. 하악골은 깨무는 과정에 주도적인 역할을 수행하지만, 검치를 깊이 찔러 넣는 데는 장애물이 될 수 있다.

경험적으로 볼 때 검치의 길이가 긴 경우에는 검치가 보다 많이 휘어 있는 것을 관찰할 수 있다. 예를 들어 바보우로펠리스나 틸라코스밀루스의 긴 검치는 다른 검치호랑이들에 비해 더 많이 휘어 있다. 이런 긴 검치는 상당히 깊은 상처를 만들 수 있을 것으로 보이지만, 검치의 굴곡과 하악골의 존재 때문에 생각만큼 깊이 관통할 수는 없었을 것으로 보인다. 이들의 살생 방법은 깊은 창상이 아니라, 오히려 예리하고 얕은 창상을 통해 치명상을 가하는 것이었을 가능성이 있다.

6. 이빨의 형태 및 톱날 구조

검치 형태의 다양성에 대해서는 널리 알려져 있지만(제8장 참조, 그림 8-4), 검치 형태에 따르는 기능적인 차이에 대해서는 아직 명확히 밝혀지지 않은 부분이 많다. 일반적으로 포식자의 이빨 형태는 먹이를 먹는 형태나 사냥 기술과 밀접하게 연관되어 있다. 육식 공룡의 경우도 다양한 형태의 이빨이 발견되는데, 이들의 이빨 형태에 대해 알아봄으로써 검치호랑이의 이빨에 대한 이해의 폭을 넓힐 수 있을 것으로 생각된다.

육식 공룡에서는 칼카로돈토사우루스(*Carcharodontosaurus*)의 이빨처럼 납작하면서 테두리가 톱날 구조(serration)인 유형과 스피노사우루스(*Spinosaurus*)처럼 원추형이면서 표면에 수직 홈(vertical groove)이 파여 있는 유형의 두 가지 형태를 찾아볼 수 있다(그림 12-19). 칼카로돈토사우루스는 북아프리카의 백악기 지층에서 발견된 대형 육식 공룡으로, 이들의 이빨 형태는 단검형 검치나 군도형 검치와 매우 유사하다. 스피노사우루스는 아프리카의 백악기 지층에서 발견된 또다른 대형 육식 공룡으로, 원추형으로 생긴 이들의 이빨은 검치호랑이에서 볼 수 있는 원추형 검치와 상당히 닮았다.

그렇다면 톱날 구조를 가지고 있는 납작한 이빨과 수직 홈을 가지고 있는 원추형 이빨의 기능은 어떻게 다른 것인가? 기본적으로 톱날 구조는 자르는 기능을 보다 효율적으로 수행할 수 있도록 하며, 수직 홈은 찌르는 기능이 보다 효율적이도록 돕는 역할을 한다. 이런 구조는 이빨과 먹잇감의 연부 조직 사이의 접촉 면적을 감소시켜서 결과적으로 마찰력을 줄이는 역할을 한다. 특히 톱날 구조의 경우는 피부 속으로 들어갈 때뿐만 아니라 나올 때 한 번 더 조직을 베어 낼 수 있어서 더 효과적이다.

톱날의 높이는 살점을 물어서 벨 수 있는 정도를 반영한다. 일반적으로 군도형 검치의 톱날 높이는 단검형 검치에 비해 낮은데, 이는 군도형 검치의 살점을 베는 능력이 다소 떨어짐을 의미한다. 예를 들어 호모테리움의 단검형 검치에 비해 스밀로돈의 군도형 검치는 섬세하고 낮은 톱날 구조로 인해 살점을 베어 내는 능력이 약했을 것으로 생각된다.

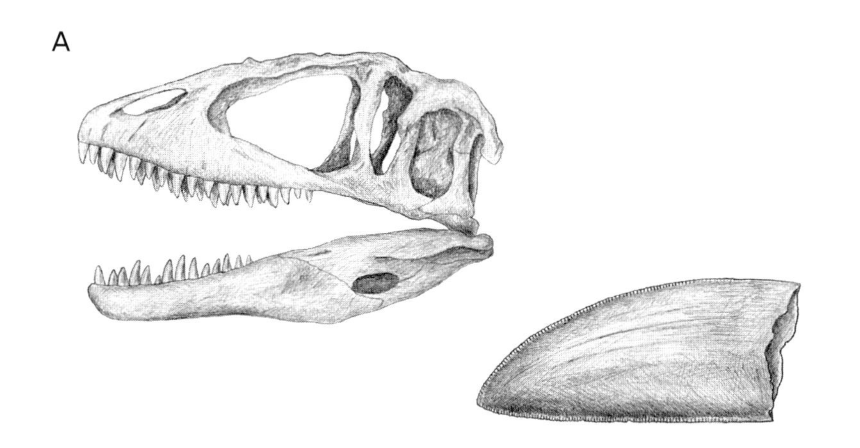

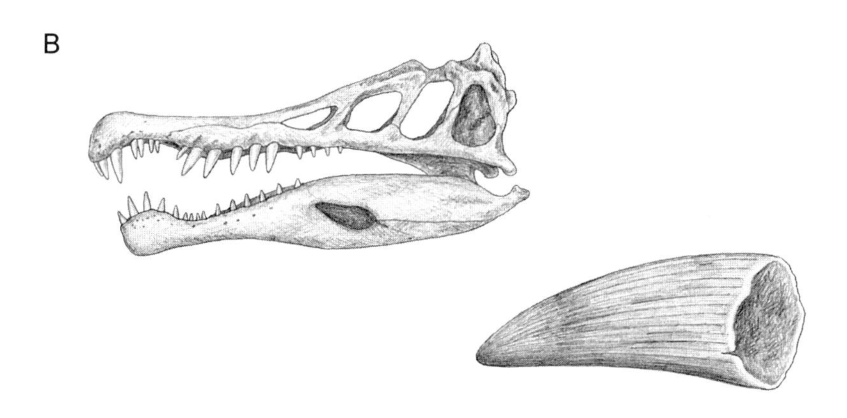

그림 12-19

육식 공룡의 이빨 형태. 칼카로돈토사우루스(A)의 이빨은 납작하면서 테두리에 톱날 구조를 가지고 있으며, 스피노사우루스(B)의 이빨은 원추형이면서 표면에 수직 홈이 패여 있다. 따라서 칼카로돈토사우루스의 이빨은 단검형 검치 내지 군도형 검치와 매우 유사하며, 스피노사우루스는 원추형 검치와 상당히 닮았음을 알 수 있다.

톱날 구조는 어린 개체에서는 명확하지만 나이가 들어 감에 따라 마모되어 점차 평평해지는 경향을 보인다. 나이 먹은 스밀로돈의 검치는 톱날이 마모되어 거의 없어지기 때문에 살점을 베는 능력보다는 검치 자체로 찌르는 능력에 더 의존하게 된다.

결론적으로 검치호랑이의 송곳니 형태는 이들의 사냥 형태를 반영한다고 볼 수 있다. 단검형 검치나 군도형 검치는 납작한 형태와 톱날 구조로 인해 먹잇감의 중요한 기관을 베어 냄으로써 치명상을 가하기에 적합해 보인다. 반면 원추형 검치의 경우는 먹잇감에 관통상을 가하거나 목이나 주둥이를 물어서 질식시키는 사냥 패턴을 가지고 있었을 가능성이 크다. 원추형 검치의 상대적으로 짧고 튼튼한 형태와 수직 홈은 이런 기능을 수행하기에 적합해 보인다.

현생 고양이과 동물의 이빨을 살펴보면 상악의 송곳니와 하악의 송곳니는 크기와 형태가 거의 유사하며, 상하 송곳니가 정확하게 맞물리도록 되어 있음을 알 수 있다. 그런데 검치호랑이의 경우는 이와 확연히 구별되는 모습을 하고 있다. 스밀로돈의 경우 검치, 즉 상악의 송곳니는 매우 크고 길지만 아래턱의 송곳니는 이와 비교할 수 없을 정도로 짧아서 오히려 상악의 외절치(lateral incisor tooth)와 거의 유사한 형태이다.

또한 턱을 다물 때 하악의 송곳니는 상악의 검치와 일정 거리를 떨어져서 전혀 접촉하지 않는 대신에 상악의 외절치와 맞물리게 된다(그림 12-20). 이런 형태와 구조적인 차이는 송곳니의 기능과 밀접하게 연관되어 있다. 현생 고양이과 동물의 원추형 송곳니는 짧고 단단하며, 가위처럼 정확하게 맞물리게 되어 있어서 대상을 깨물기(nipping)에 적합하다. 펜치(pincher)나 니퍼(nipper)와 유사한 구조인 것이다. 검치호랑이 중에 원추형 검치도 이와 유사한 기능을 했던 것으로 생각된다.

스밀로돈의 경우처럼 길고 납작한 군도형 검치는 조직을 찝는 것보다는 찌르거나(stabbing) 베기(reaping)에 더 적합하다. 톱날 구조가 있는 스테이크용 칼이나 톱과 유사하다. 단검형 검치의 경우는 그 중간 정도로 볼 수 있을 것이다.

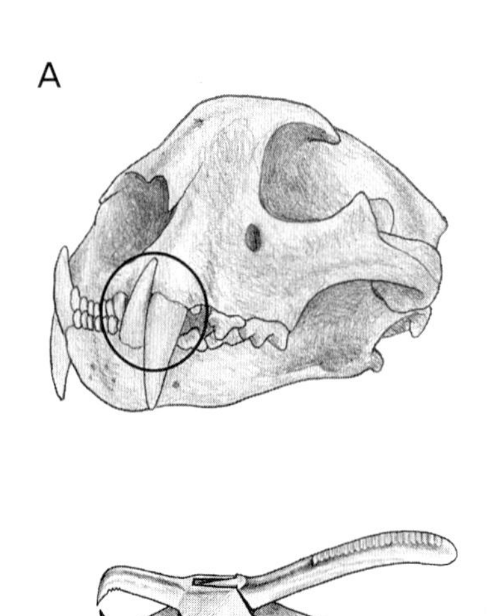

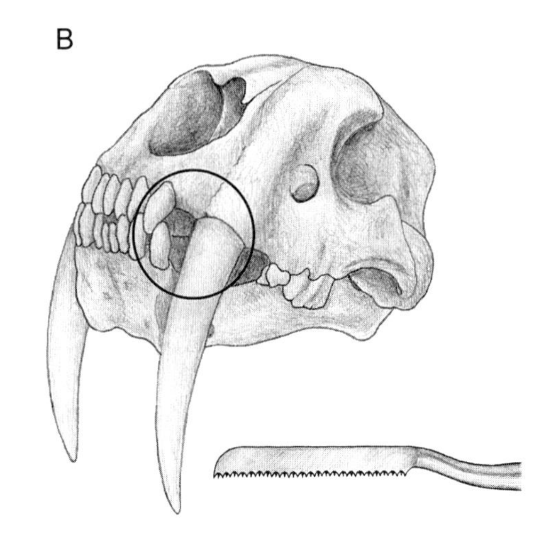

그림 12-20

현생 표범(A)과 스밀로돈(B)의 송곳니 비교. 표범의 상하 송곳니는 거의 같은 형태이며 정확히 맞물리도록 되어 있는 반면에 스밀로돈의 상하 송곳니는 형태가 다르고 서로 맞물리지 않는다. 즉 표범의 송곳니는 깨무는 역할을, 스밀로돈의 검치는 찌르거나 베는 역할을 수행한다는 것을 알 수 있다. 아래 그림은 성형외과 수술에 사용되는 란젠벡감자(Langenbeck bone holding forceps)와 조셉톱(Joseph saw)으로 전자는 표범과, 후자는 스밀로돈의 송곳니와 유사한 구조이다.

7. 이빨의 마모와 골절

검치 표면에 대한 현미경 관찰 소견은 검치 기능을 이해하는 또다른 단초를 제공한다. 이빨의 마모 정도는 사냥과 먹이 섭취에 있어서 이빨을 얼마나 많이 사용했느냐와 대략적으로 일치한다. 현미경으로 관찰하면 이빨 표면의 미세한 흠집(feature)들을 발견할 수 있다. 그런데 스밀로돈(*Smilodon fatalis*)의 이빨 표면에서는 다른 검치호랑이에 비해 훨씬 적은 흠집이 관찰된다. 이런 현미경적 관찰 소견에 대해서는, 스밀로돈은 검치를 먹잇감의 살생에만 사용하였고 먹이 섭취 과정에는 거의 사용하지 않았다는 해석이 가능하다. 또한 먹잇감을 죽일 때에도 검치가 먹잇감의 뼈와 접촉하는 것은 가급적 피했을 것으로 보인다. 이런 이유로 이빨 표면에 흠집이 많이 남지 않게 되었을 것이다.

1993년 발켄버그(Valkenburgh B. V.)는 란초 라 브레아(Rancho la Rea) 지역에서 발견된 육식 동물의 이빨 골절 상태에 대한 연구 결과를 발표하였다. 이 연구 결과에 따르면 스밀로돈의 이빨 골절은 다른 포식자에 비해 그리 흔하게 발견되지 않았다. 발켄버그는 이에 대해 스밀로돈은 강한 앞발을 이용하여 먹잇감이 움직이지 못하도록 완전히 제압한 후 검치를 사용했을 것이라고 설명하고 있다. 학자에 따라서는 스밀로돈이 적극적인 사냥꾼이 아니라 동물의 사체를 먹이로 하였던, 일종의 청소동물이었기 때문에 이빨 골절이 당시의 다른 포식자들에 비해 적은 것이라는 해석을 내놓기도 한다. 어쨌거나 스밀로돈을 포함하여 긴 송곳니를 가지고 있던 검치호랑이들은 검치를 주로 연부 조직을 다루는 데 사용하였고, 가급적 검치가 뼈와 충돌하는 일을 피했던 것으로 보인다.

당시의 다른 포식자에 비해 스밀로돈의 이빨 골절 비율이 낮은 것은 사실이지만, 현생 고양이과 동물에 비하면 3배 정도로 매우 높은 수치를 보인다. 이에 대해서는 두 가지의 해석이 가능하다.

첫째, 검치호랑이의 납작하고 긴 송곳니는 현생 고양이과 동물의 짧은 원추형의 이빨에 비해 외부 힘에 취약하기 때문에 보다 쉽게 부러질 수 있다는 것이다. 긴 검치의 취약성에 대해서는 이미 많은 학자들이 지적한 바 있다.

둘째, 란초 라 브레아 지역의 다른 포식자에 있어서도 이빨 골절이 상당히 빈번하였다는 사실은 당시의 상황이 오늘날에 비해 더 열악했을 가능성을 시사한다. 즉 포식자 간의 경쟁이 오늘날보다 더 치열했을 것이다. 스밀로돈은 가급적 긴 검치를 뼈에 닿지 않게, 그리고 상대를 완전히 제압한 후 사용하려 했지만, 경쟁자들과의 경쟁이나 싸움으로 인해 어쩔 수 없이 심하게 다룰 수밖에 없는 상황에 직면했을는지 모른다.

8. 공격 대상 부위

그동안 많은 연구가 있었음에도 불구하고 검치호랑이가 먹잇감을 사냥하기 위해 주로 어느 부분을 공격했는지에 대해서는 아직도 논란이 계속되고 있다. 에이커스텐(Akersten W.)은 먹잇감의 복부를 가장 가능성 있는 공격 부위로 지적했다(그림

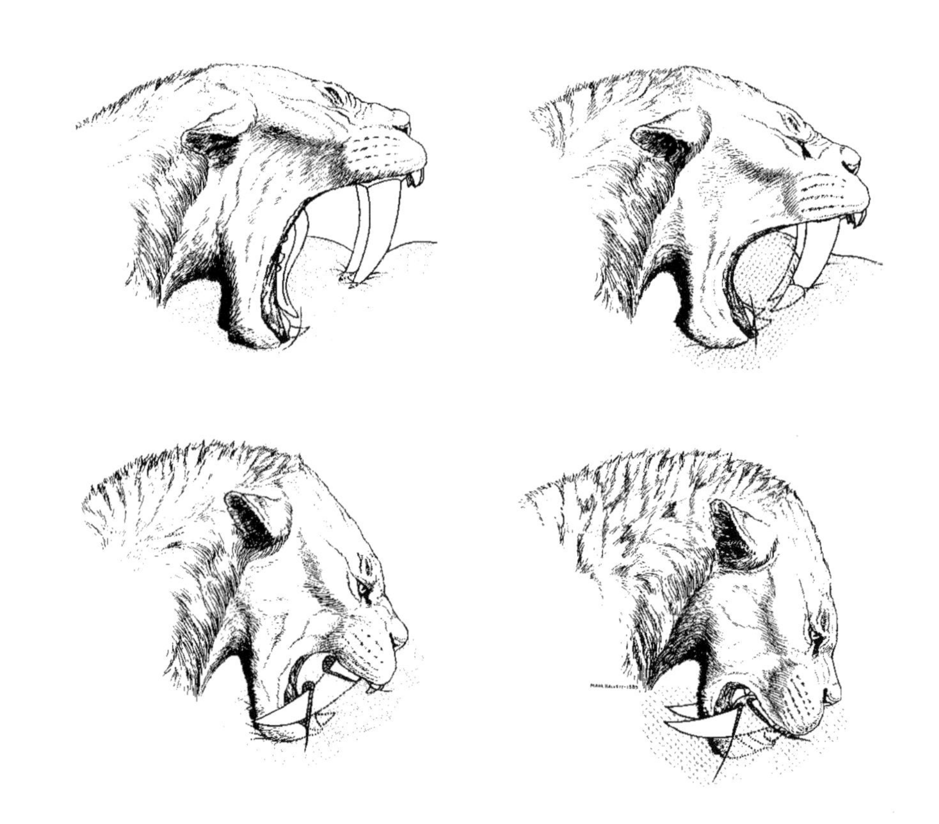

그림 12-21

에이커스텐이 제시한 스밀로돈의 사냥 시나리오. 스밀로돈은 강한 앞발을 이용하여 먹잇감을 쓰러뜨린 뒤 복부를 노출시킨다. 이어서 긴 검치로 복부를 공격하여 상대적으로 얕은 관통상을 만든 후, 먹잇감으로부터 떨어져서 과다 출혈로 죽을 때까지 기다린다.

12-21). 그가 제시한 스밀로돈의 사냥 기술은 현생 아프리카사자와 매우 흡사하다.

스밀로돈은 현생 사자처럼 무리지어 사냥을 했다. 무리의 일부가 매머드 떼를 몰고 있는 동안에 한두 마리의 스밀로돈이 어린 매머드를 공격하는데, 강한 앞발을 이용하여 넘어뜨린 후 복부를 노출시킨다. 먹잇감을 완전히 제압한 후 비로소 긴 검치를 사용하여 복부에 비교적 얕은 관통상을 가한다. 그런 다음 사냥꾼과 나머지 무리는 멀리 떨어져서 상처 입은 어린 매머드가 과다 출혈로 죽을 때까지 기다린다. 이것이 에이커스텐이 제시한 스밀로돈의 사냥 시나리오다.

여기서 공격 부위의 차이는 어떤 의미를 갖는지 생각해 보자. 만약에 사냥꾼이 먹잇감의 배나 등처럼 넓고 평평한 부위을 공격한다면 하악골 때문에 상대적으로 얕은 상처를 만들 수밖에 없다. 반면에 목이나 다리처럼 폭이 좁고 돌출된 부위를 공격한다면 상대적으로 더 깊은(대부분의 경우에는 더 치명적인) 상처를 입힐 수 있다(그림 12-22).

에이커스텐이 제시한 시나리오에 따르면 스밀로돈은 어린 매머드의 복부에 얕은 관통상만을 만들게 된다. 사실 복부, 특히 복벽에는 생명과 직결되는 중요한 구조물이나 굵은 혈관이 없다. 상복벽 동맥(superior epigastric artery), 하복벽 동맥(inferior epigastric artery), 심장골 회선동맥(deep circumflex iliac artery) 등이 복벽을 구성하는 주요 혈관인데, 이런 혈관은 생명과 직결될 만큼 굵은 동맥이 아니다. 따라서 이 혈관들이 손상받는다고 하더라도 먹잇감이 그 자리에서 움직이지 못할

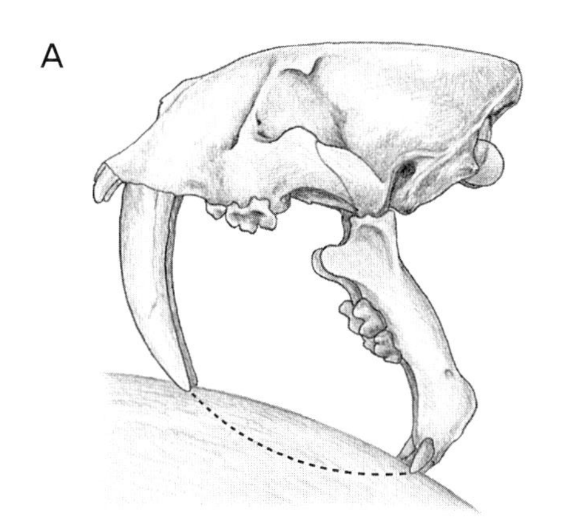

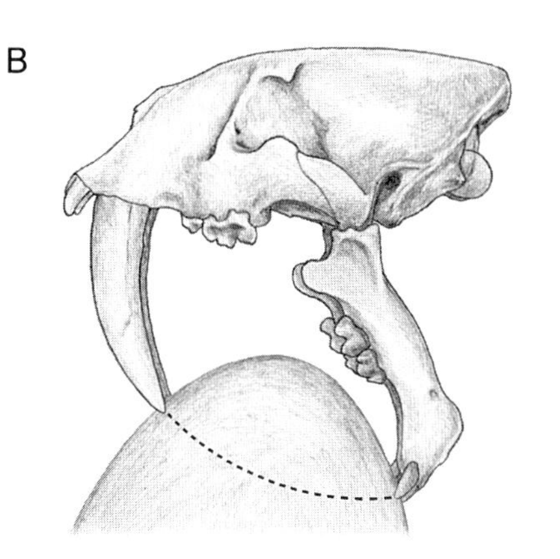

그림 12-22

공격 대상 부위. 만약 먹잇감의 넓고 평평한 부위를 공격한다면 하악골의 방해로 깊은 상처를 만들 수 없다(A). 반면에 목이나 다리 등 폭이 좁고 돌출된 부분을 공격하는 경우에는 상대적으로 더 깊은 관통상을 만들 수 있다(B).

정도의 치명상은 아니며, 또한 주변의 다른 경쟁자들이 노리고 있는 상황에서 먹잇감을 방치한 채로 기다린다는 것은 현실적으로 거의 불가능하다.

최근에는 터너(Turner A.) 등의 학자들이 가장 가능성 있는 공격 부위로 목을 지목하였는데, 이는 상당히 설득력이 있어 보인다. 경부는 위쪽으로 척추 골격에 의해 지지되며 아래쪽으로는 중요한 혈관이 지나간다. 경부를 지나는 경동맥(carotid artery)은 과다 출혈로 죽음을 초래할 수 있을 정도로 충분히 클 뿐만 아니라, 경동맥은 두개골과 안면에 혈액을 공급하는 매우 중요한 혈관이기 때문이다. 또한 폭이 좁고 돌출된 목의 형태는 공격하기에도 적합하다.

터너는 양쪽 경동맥을 손상시키기 위해 아래쪽에서 공격하여 목의 중앙을 무는 시나리오를 제시하였는데, 이 부분에는 문제가 있어 보인다. 실제 사냥에 있어서 매번 먹잇감의 아래쪽을 공격해서 목의 중앙을 무는 것은 그리 쉽지 않을 것이다. 또한 한쪽 경동맥의 손상만으로도 대뇌를 저산소증에 빠뜨려 죽음에 이르게 할 수 있다. 사람의 경우에도 자살, 타살, 교통사고 등으로 한쪽 경동맥이 다쳤을 때 응급 조치가 이루어지지 않는다면 죽음에 이를 수 있다. 따라서 먹잇감을 측면에서 공격하여 톱니 구조로 무장한 날카롭고 긴 검치로 한쪽 경동맥을 절단하는 것이 단검형 혹은 군도형 검치호랑이의 일반적인 사냥 기술이었을 가능성이 크다.

9. 다른 가능성

그동안 검치의 기능에 대해서는 글립토돈(Glyptodont)의 인갑을 열기 위한 도구, 사체를 베기 위한 도구, 나무를 기어오르기 위한 도구, 연체동물을 캐내기 위한 도구, 입을 다문 채로 찌르기 위한 도구 등의 다양한 가설들이 제기되어 왔는데, 이 중의 일부는 지나친 비약으로 보여서 받아들이기가 쉽지 않다. 아직도 검치호랑이의 사냥 기술에 대해서는 논란이 계속되고 있지만, 대부분의 고생물학자들은 검치가 살생의 무기로 사용되었다는 데에는 견해를 같이하고 있다. 그러나 조금 더 넓은 시야로 바라본다면 검치호랑이가 긴 송곳니를 가지고 있는 유일한 동물이 아님을 알 수 있다. 현생 바다코끼리(walrus, *Odobenus rosamarus*)나 사향노루(musk deer,

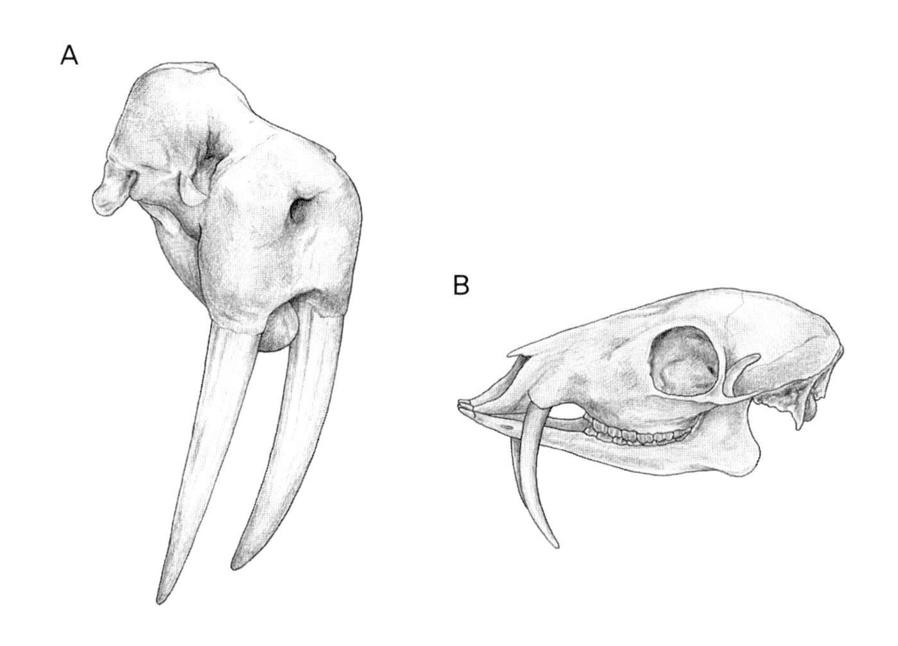

그림 12-23

바다코끼리(A)와 사향노루(B)의 두개골. 이들의 긴 송곳니는 상대 수컷과의 싸움에 사용되기도 하지만, 대부분은 이성의 관심을 끌거나 위압적인 모습으로 상대 수컷을 제압하려는 과시 목적으로 사용된다.

Moschus moschiferus) 역시 비정상적으로 보이는 긴 송곳니를 가지고 있다(그림 12-23).

송곳니 크기로만 본다면 검치호랑이는 바다코끼리의 상대가 되지 못한다. 또 바다코끼리는 연체동물이나 패류를 잡아먹고 살며 사향노루는 식물을 먹이로 한다. 그렇다면 이들은 왜 이처럼 긴 송곳니를 가지고 있는 것일까? 물론 이들도 무리 내에서 다른 수컷과의 싸움에 긴 송곳니를 사용하기도 한다. 하지만 바다코끼리와 사향노루의 긴 송곳니는 주로 외모로 상대 수놈을 제압하거나 암놈에게 더 위엄 있게 보이려는 목적으로 사용된다.

그동안 학자들은 살생 무기로서의 검치 기능에만 관심을 집중시켜 왔다. 그러나 검치의 기능을 새로운 시야로 바라볼 필요도 있을 것이다. 검치호랑이는 오늘날의 아프리카사자처럼 무리를 지어 생활했을 가능성이 있다. 이성의 관심을 끌기 위해, 아니면 무리 내에서의 위엄을 나타내고 경쟁 상대를 제압하기 위해 이런 큰 송곳니가 필요했을지도 모른다(그림 12-24). 물론 처음에는 보다 효과적인 사냥을 위해 이빨이 발달하기 시작했을 것이다. 그러나 나중에는 필요 이상으로 커지게 되어서 사냥의 효율이 떨어졌으며 이로 인해 다른 포식자와의 경쟁에서 밀리게 되었고, 그 결과로 멸종에 이르렀을지도 모를 일이다.

그림 12-24

스밀로돈 수컷끼리의 대결. 검치호랑이 역시 때로는 수컷끼리의 싸움을 피할 수 없었을 것이다. 그러나 이들의 긴 검치는 직접적인 공격 무기로서의 역할보다는 상대를 위압하려는 목적으로 사용되었을지도 모른다.

단검형 검치나 군도형 검치의 취약성에 대해서는 별다른 이견이 없다. 납작하고 긴 검치는 뼈를 직접 가격한다거나 뒤틀리는 힘에 노출되는 경우에는 쉽게 부러질 수 있기 때문에 먹잇감을 완전히 제압하기 전에는 함부로 사용할 수 없었을 것이다. 일부 학자들이 검치호랑이가 무리지어 사냥했을 것으로 보는 이유는 이에 근거한다.

그러나 여기에는 또다른 이유가 있다. 먹잇감의 살 속에 박혀 있는 검치를 빼내는 것은 검치를 찔러 넣는 것보다 훨씬 어려웠을 것이다. 또한 긴 검치를 빼내는 것은 짧은 검치를 빼내는 것보다 훨씬 더 어려웠을 것이다. 만일 먹잇감을 완전히 제압하고 검치를 찔러 넣었는데 먹잇감이 죽지 않고 요동이라도 치게 된다면 사냥꾼으로서는 무척 난감해진다. 공격하려고 나섰던 포식자가 오히려 먹잇감에게 끌려가는 애처로운 상황이 전개될 수도 있다(그림 12-25). 이런 상황이 벌어진다면 단순히 검치가 손상받는 정도가 아니라 포식자 자체도 위태로울 것이다. 이처럼 찔러 넣은 검치를 다시 빼내기가 쉽지 않다는 사실은 검치호랑이의 무리 생활을 뒷받침하는 또다른 근거가 될 수 있을 것이다. 여러 마리가 동시에 사냥에 가담한다면 먹잇감을 보다 확실하게 제압할 수 있었을 것이기 때문이다.

그림 12-25

포식자의 위기. 만약 먹잇감을 완전히 제압하지 못한 상황에서 긴 검치를 재빠르게 빼내지 못한다면 포식자가 오히려 먹잇감에게 끌려가는 상황이 전개될 수도 있을 것이다. 따라서 검치호랑이가 무리지어 사냥했다면 이런 위험을 크게 줄일 수 있었을 것으로 보인다.

복원

1. 복원 과정
2. 안면 복원
3. 몸통 및 사지 복원
4. 생태 복원

제13장 복 원

고생물학에 있어서 복원의 중요성은 간과할 수 없다. 저자는 앞선 장들을 통해 주로 두개골이나 골격의 분석을 근거로 검치호랑이가 어떤 동물이었는지 소개하였다. 검치호랑이에 대한 일차적인 정보는 거의 전적으로 골격 화석을 통해 얻어지기 때문에 이런 시도는 당연할 뿐 아니라 바람직하다고도 볼 수 있다. 하지만 한 장의 복원도를 통해 표현되는 검치호랑이의 모습은 형태, 기능, 행동 양식, 생태 등의 포괄적인 정보를 보다 직접적이고도 웅변적으로 전달해 준다. 이와 반대로 잘못 표현된 복원 모습으로 전달되는 경우의 문제점도 작다고 말할 수는 없다. 특히 어린 독자들에게 각인된 인식을 바꾸기는 여간 어려운 일이 아니다. 그동안 고생물학자들이 시도했던 공룡의 복원 형태도 시대에 따라 다른 모습으로 바뀌어 왔다. 따라서 이런 우를 다시 범하지 않기 위해서라도 검치호랑이의 복원은 가급적 객관적인 태도로 접근할 필요가 있다.

1. 복원 과정

기본적으로 멸종된 고생물의 복원 작업은 화석 골격에서 출발하게 된다. 암모나이트, 삼엽충 등 외골격(external skeletons)을 가지고 있는 경우에는 표본 자체의 형태가 생존 당시의 모습과 크게 다르지 않을 것이다. 하지만 내골격(internal skeletons)을 가지고 있는 척추동물의 경우에는 골격만으로 생존 당시의 모습을 그려 내기가 쉽지 않다.

척추동물의 화석 표본에 있어서 골격의 모든 부분이 완전하게 보존되는 경우는 극히 드물다. 검치호랑이의 경우도 란초 라 브레아 지역을 제외한다면 완전한 골격이 발견된 예는 찾아보기 어려우며 골격의 일부분만이, 그것도 불완전한 상태로 발견되는 경우가 대부분이다. 이런 경우에는 반대편에 같은 골격이 있는지 찾아보고, 거기에도 없다면 같은 종의 다른 개체나 가까운 계통의 골격을 참조하게 된다. 유명 박물관의 표본 중에도 여러 개체의 골격을 모으고, 일부를 복원한 상태로 전시

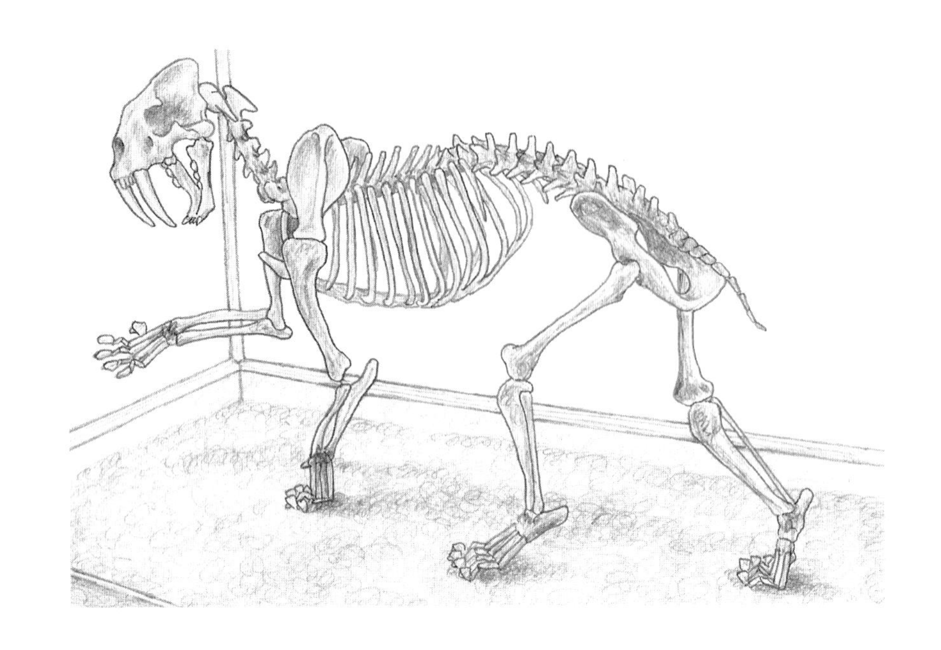

그림 13-1

마운팅. 검치호랑이의 골격을 완전한 상태로 복원하는 것은 그리 쉬운 일이 아니다. 실제적으로 표본이 불완전한 경우가 대부분으로, 이때는 반대편이나 다른 개체의 골격을 참조하여 복원하게 된다. 대부분의 골격이 갖춰진 후에는 가장 가능성 있는 생존 당시의 모습으로 골격을 조립하는데, 이런 작업을 마운팅이라 한다. 그림은 미국 로스앤젤레스 자연사박물관에 전시되어 있는 스밀로돈의 골격 모습이다.

되는 경우가 드물지 않다. 대부분의 골격이 갖춰진 후에는 가장 가능성 있는 생존 당시의 모습으로 골격을 짜맞추게 된다. 이런 작업을 마운팅(mounting)이라 한다(그림 13-1).

기본적인 골격이 완성되면 여기에 근육을 붙여 나가는 작업이 이어진다. 근육은 연부 조직으로서 화석으로 보존되지 않는다. 따라서 근육의 복원 작업을 위해서는 현생 고양이과 동물의 근육 체계에 대한 이해를 필요로 한다. 이와 더불어 골격 표본 자체를 자세히 관찰함으로써 근육에 대하여 의외로 많은 정보를 얻을 수 있다. 일반적으로 근육이 부착되는 골격의 표면은 거친 형태를 하고 있으며, 부위에 따라서는 표면적을 넓혀 보다 많은 근섬유가 부착될 수 있도록 능선(crest)을 이루거나 움푹 패인 구(groove)를 형성하기 때문이다. 두개골의 시상능선이나 후두골의 복잡한 뒷면은 이런 구조의 대표적인 예가 되겠다.

검치호랑이의 골격 표본 중에는 근육 부착점의 뼈가 비정상적으로 자라 나온 것들이 드물게 발견된다. 일부 학자들은 이런 뼈조직의 병적인 성장을 해당 근육의 과다 사용에 기인하는 것으로 이해하고, 이를 검치호랑이의 행동이나 사냥 패턴에 적용하기도 한다. 척추동물의 골격근은 크게 깊은 곳에 위치하는 심부 근육(deep

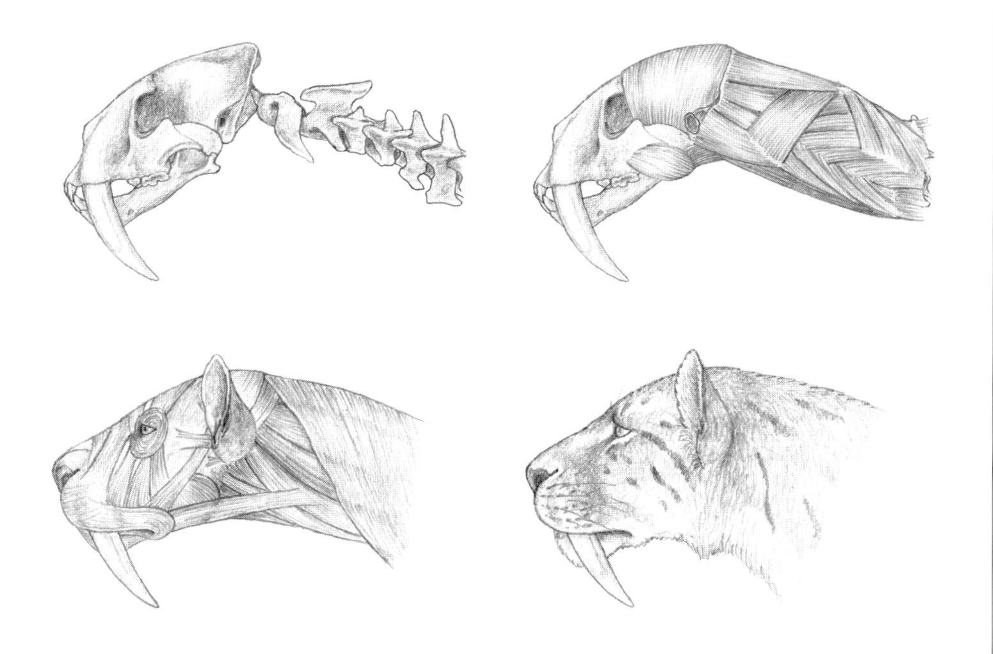

그림 13-2

스밀로돈의 두경부 복원도. 복원은 골격을 토대로 하여 심부 근육과 천부 근육의 순서로 이루어지며, 그 위에 털가죽을 입힘으로써 완성된다. 근육은 화석으로 보존되지 않지만 골격의 표면을 자세히 관찰함으로써 근육에 대한 많은 정보를 얻어 낼 수 있다. 그러나 이런 근육의 특징들이 털로 덮여서 외형에 그대로 투영되지 않는 경우가 흔하다.

muscles)과 얕게 위치하는 천부 근육(superficial muscles)의 두 가지로 구분되기 때문에, 근육의 복원은 기본적으로 이런 순서에 의해 이루어지게 된다(그림 13-2). 하지만 전체적인 외형 복원에 있어서 근육의 역할은 생각만큼 크지 않은 경우가 대부분이다. 근육의 크기나 형태에 다소 차이를 보인다고 하더라도 털로 덮인 모습에서는 그런 차이가 그대로 반영되기 어렵기 때문이다.

털의 길이나 무늬는 외형을 결정짓는 가장 중요한 요소다. 골격이나 근육의 특징이 털에 덮여서 외형에 직접적으로 투영되지 않을 수 있기 때문이다. 현생 호랑이와 사자의 외형은 누구나 쉽게 구별할 수 있지만 사실 이들의 근골격 체계는 상당히 유사해서 식별하기가 쉽지 않다. 털가죽의 무늬는 일반인들뿐 아니라 학자들에게 있어서도 종을 식별하는 중요한 기준이 된다. 그러나 화석 기록을 통해 검치호랑이의 무늬에 대해서 직접적인 정보를 얻어 낼 수는 없다. 따라서 생존 당시의 가장 가능성 있는 모습에 대한 여러 가지 학설이 있음에도 불구하고 검치호랑이의 복원 모습에는 학자나 화가들의 주관적인 관점이 반영될 수밖에 없다.

일반적으로 고양이과 동물의 무늬는 서식지의 환경을 반영한다(제3장 참조). 사막이나 넓은 초원 지대에 서식하는 종들은 주로 밝은 배경색에 연한 무늬를 가지고 있는 반면에 밀림 지역의 종들은 보다 진하고 선명한 무늬를 가지고 있다. 일반적으로 검치호랑이의 외형은 이런 내용을 기준으로 표현되기 때문에 정확한 복원을 위해서는 당시의 서식지 환경이나 생태계 전반에 대한 폭넓은 이해가 요구된다. 학자에 따라서는 안면의 문양을 강조하기도 한다. 전신에 특별한 문양이 없는 경우일지라도 경쟁 수컷에 대한 위협적인 모습을 갖추기 위해 안면에는 특징적인 문양을 가지고 있었을 것으로 보는 것이다.

2. 안면 복원

안면부의 모습이 전체적인 형태 복원에서 차지하는 비중은 절대적이다. 현생 고양이과 동물에 있어서도 안면부의 특징은 종을 식별하는 중요한 기준이 되고 있다. 검치호랑이의 경우는 현생 고양이과 동물과 달리 상당히 긴 검치를 가지고 있었으며, 이에 따라 검치를 사용하기 위해서는 턱을 훨씬 크게 벌려야만 했다. 그렇다면 검치호랑이의 안면 모습은 어떠했으며, 이런 특징들은 어떻게 반영되었을까? 이들은 오늘날의 사자나 호랑이와는 완전히 다른 모습을 하고 있었던 것일까? 여기에 대해서는 일반인들뿐 아니라 고생물학자들도 상당히 흥미를 느끼고 있으며 아울러 많은 논란의 대상이었다.

1932년 메리엄(Merriam J. C.)과 스톡(Stock C.)이 제시한 스밀로돈의 안면 모습은 현생 고양이과 동물과 상당히 유사했다(그림 13-3, A). 그러나 1969년 밀러(Miller G. J.)는 스밀로돈의 이런 복원 모습에 강한 의문을 제기했다. 그가 제시한 스밀로돈의 모습은 고양이과 동물과는 완전히 다른 상당히 이상한 형태였다. 입술은 뒤쪽으로 길게 늘어져 있으며, 코가 짧고 콧구멍은 함몰되어 있다. 또한 머리의 위쪽은 직선에 가까운 평평한 형태이고 귀는 상대적으로 낮다(그림 13-3, B).

밀러의 주장은 이렇다. 스밀로돈은 입을 크게 벌려야만 했으며, 긴 검치가 있는 앞쪽 대신에 입의 측면으로 먹이를 섭취해야 했을 것이다. 따라서 이들의 입술은 길게 늘어질 수밖에 없다. 스밀로돈의 비골(nasal bone)은 짧고 전상악골에 대해 상대적으로 뒤로 치우쳐 위치한다. 당연히 이들의 코는 짧고 콧구멍은 함몰되어 있었

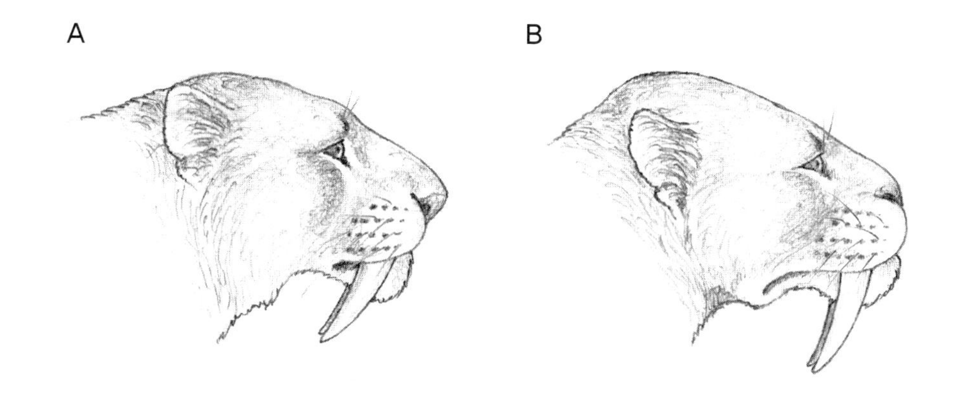

그림 13-3

스밀로돈의 안면 복원도. 메리엄과 스톡이 제시한 모델(A)은 현생 고양이과 동물과 상당히 유사한 모습인 반면에 밀러에 의해 제시된 모델(B)은 고양이과 동물과는 판이한 모습이다. 그동안 밀러의 모델은 검치호랑이의 복원에 있어서 다른 학자나 화가들에게 많은 영향을 미쳤지만, 최근 터너 등의 강력한 반론에 부딪혔다.

을 것이다. 또한 스밀로돈의 시상능선은 상당히 높게 발달되어 있다. 따라서 머리의 위쪽 라인은 직선에 가깝고, 귀는 상대적으로 낮게 위치하는 것으로 보였을 것이다.

그동안 밀러에 의해 제시된 복원 모델은 많은 학자들과 화가들에게 지대한 영향을 미쳐 왔다. 그러나 최근 터너(Turner A.) 등은 밀러의 주장에 대한 반론을 제기했는데, 이들의 설명은 상당히 설득력이 있어 보인다. 터너 등은 현생 식육목 동물들의 해부학적인 특징을 토대로 검치호랑이의 복원을 시도하였다.

현생 고양이과 동물의 입술 선은 뒤쪽으로 상악 육치에 이르며, 개과 동물처럼 육치 뒤쪽의 이빨 개수가 더 많은 경우라고 하더라도 교근의 앞쪽 경계를 벗어나지는 않는다(그림 13-4). 스밀로돈의 경우 근육의 부착점을 감안하면 교근의 앞쪽 경계는 상악 육치의 바로 뒤에 위치했을 것으로 보인다. 이런 위치라면 육치의 노출이 용이해서 측면으로 먹이를 섭취하는 데에도 큰 문제는 없었을 것이다. 따라서 터너 등은 스밀로돈의 입술이 밀러가 제시한 것만큼 뒤로 길게 늘어지지는 않았을 것이라고 설명한다.

밀러가 지적한 것처럼 스밀로돈의 비골은 상대적으로 짧으며 전상악골은 앞쪽으로 돌출되어 있다. 하지만 이런 골격의 특징들이 코의 형태나 크기를 결정짓지는 않는 것으로 보인다. 현생 식육목의 경우 비골의 크기가 다름에도 불구하고 코끝의 위치는 종에 상관없이 거의 일정하다(그림 13-4). 사자의 경우 호랑이에 비해 비골이 약간 뒤로 치우쳐서 위치하지만 코의 모습은 큰 차이를 보이지 않는다. 따라서

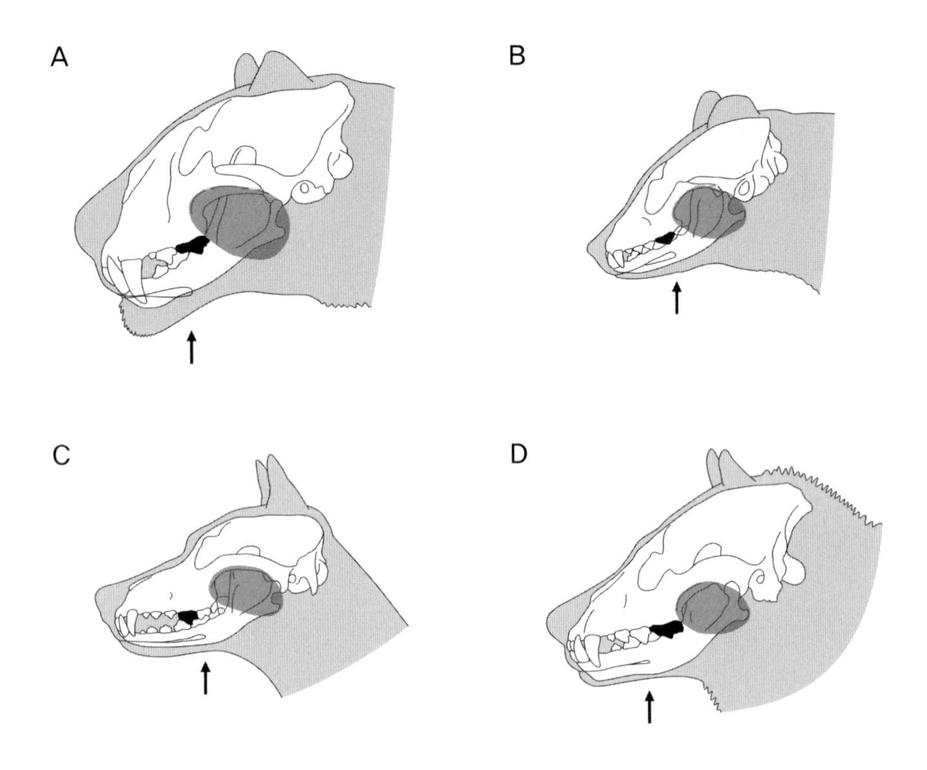

그림 13-4

입술 선과 코의 형태. 식육목 동물에서 입술 선의 뒤쪽 경계는 대부분 상악 육치 근처에 이르며, 육치 뒤쪽으로 치열 공간이 넓은 경우라 하더라도 교근의 앞쪽 경계를 벗어나지는 않는다. 비골의 형태나 크기는 계통에 따라 차이를 보인다. 하지만 코끝의 위치는 전상악골보다 약간 앞쪽에 이르는 정도로 비골의 크기에 상관없이 거의 일정하다. 화살표는 입술 선의 뒤쪽 경계이며, 진하게 색칠된 부분은 교근을 나타낸다. A. 사자(*Panthera leo*), B. 사향고양이(*Genetta genetta*), C. 개(*Canis familiaris*), D. 얼룩점박이하이에나(*Crocuta crocuta*)

밀러가 제시한, 코가 뒤로 밀려 있으면서 콧구멍이 함몰된 스밀로돈의 모습은 쉽게 받아들일 수 없다.

귀의 형태나 위치는 조금 복잡하다. 현생 고양이과 동물의 경우도 종에 따라 상당히 다양한 형태를 하고 있기 때문에(그림 3-7) 두개골의 특징만으로 귀의 외형적인 형태를 추정하기는 쉽지 않다. 귀는 연골로 이루어진 구조물로, 바깥쪽의 테두리 부분은 이륜(helix)이라 하며 이륜이 아래쪽으로 이어지면서 옴폭한 형태를 이루는 부분은 이주간절흔(intertragal notch, incisura intertragica)이라 한다(그림 13-5).

현생 고양이과 동물의 경우 귓구멍, 즉 외이도(external auditory meatus)에 대한 이주간절흔의 위치는 종에 따라 큰 차이를 보이지 않는다. 귀의 위치는 외이도나 이주간절흔의 위치보다는 오히려 이개의 크기에 좌우된다. 이개가 큰 경우에는 더 위쪽에 위치하는 것으로, 이개가 작은 경우에는 아래쪽으로 치우쳐 위치하는 것으로 보일 수 있기 때문이다.

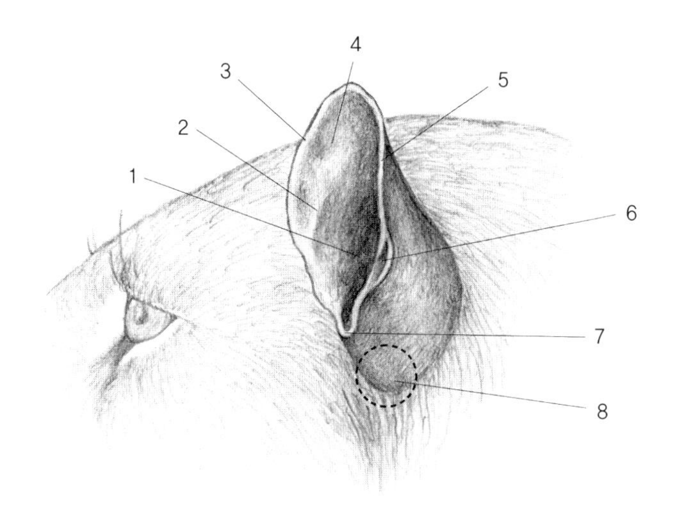

1. 이갑개(concha)
2. 대이륜(anthelix)
3. 이륜, 내측연(helix, medial margin)
4. 주상와(scapha)
5. 이륜, 외측연(helix, lateral margin)
6. 변연피하낭(cutaneous marginal pouch)
7. 이주간절흔(intertragal notch)
8. 외이도(external auditory meatus)

그림 13-5

이개의 구조와 위치. 귀는 연골로 이루어진 구조물로 외이도나 이주간절흔의 위치는 종에 상관없이 거의 일정하다. 외형적인 귀의 위치는 외이도나 이주간절흔의 위치보다는 오히려 이개의 크기에 좌우된다. 즉, 귀가 큰 경우에는 더 위쪽으로, 귀가 작은 경우에는 아래쪽으로 위치하는 것으로 보인다.

스밀로돈이 얼마나 큰 이개를 가지고 있었는지 알 수 있는 방법은 없다. 터너 등은 스밀로돈의 귀가 사자나 호랑이보다 크지는 않았을 것으로 추정했다. 스밀로돈은 주로 온대 지역에 서식하였다. 만약 큰 귀를 가지고 있었다면 겨울철 체온 보존에 불리했을 것이며, 또한 작은 크기의 동물을 먹잇감으로 하지 않았기 때문에 이들의 작은 소리를 감지할 큰 귀가 필요하지도 않았을 것이기 때문이다.

검치호랑이의 안면 복원에 있어서 하악익의 외형은 흥미를 유발하는 또다른 관심사다. 하악익은 검치를 보호하기 위해 하악골의 앞쪽 부분이 아래로 길게 돌출된 구조물로서 틸라코스밀루스, 유스밀루스, 바보우로펠리스 등에서 전형적인 예를 찾아볼 수 있다(그림 8-5, 9-14, 9-20). 검치호랑이의 하악익은 복원도에 따라 외면이 털로 덮인 모습을 한 것이 있는가 하면, 때로는 입술 점막으로 덮여 있는 모습으로 묘사되기도 한다(그림 13-6).

그렇다면 학자나 화가들은 무엇에 근거해서 이런 복원 모습을 그려 내는 것일까? 당연히 이런 문제에 대해 학자들의 관심이 모아질 법도 한데, 현재까지 이에 대

그림 13-6

입술 점막과 하악익 외형의 두 가지 모델. 하악익은 긴 검치를 보호하기 위해 하악익의 앞쪽이 아래로 길게 발달된 구조물로서, 복원도에 따라 털로 덮인 모습(A)이나 입술 점막으로 덮인 모습(B)으로 묘사되고 있다.

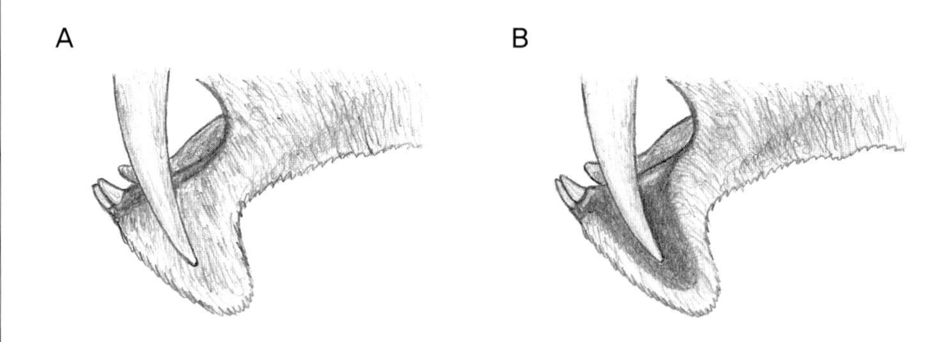

한 학문적인 토대는 의외로 빈약한 형편이다. 하악익의 외형이 어떠했는지 알기 위해서는 먼저 입술의 점막(mucous membrane) 구조에 대한 이해가 필요하다. 입술은 구강의 점막이 바깥쪽의 피부로 이행하는 구조를 하고 있다(그림 13-7).

입술 안쪽 면의 점막은 각질화되지 않은 상피(non-keratinized epithelium)와 진

그림 13-7

입술의 조직학적 구조. 입술은 안쪽의 점막이 바깥쪽의 피부로 이행하는 형태를 하고 있으며, 중간의 약하게 각질화된 점막 부분은 홍순이라 한다. 검치호랑이의 하악익은 털에 의한 이빨의 마모를 방지하면서 동시에 구조적으로 견고하도록 홍순과 같은 조직으로 덮여 있었을 가능성이 크다.

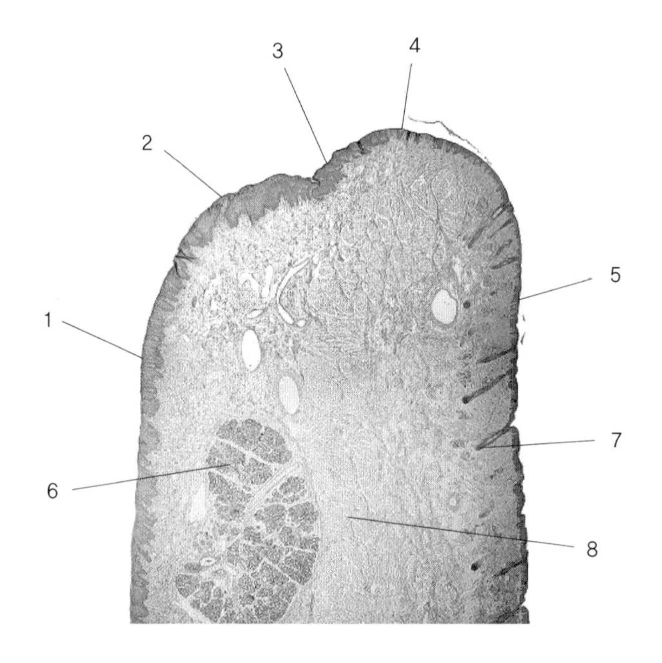

1. 점막(mucous membrane)
2. 점막-홍순 경계(muco-vermilion junction)
3. 홍순(vermilion border)
4. 점막-피부 경계(mucocutaneous junction)
5. 피부(skin)
6. 구순선(labial gland)
7. 모낭(hair follicle)
8. 구륜근(orbicularis oris m.)

피(dermis)에 해당하는 점막고유층(lamina propria)으로 이루어져서 상당히 유연하고 부드러우며, 그 아래에는 구순선(labial gland)이라는 점액선이 있어서 이빨과 점막의 접촉 부위에 윤활 작용을 하게 된다. 입술의 바깥쪽은 피부로 이루어져 있다. 피부의 표피는 각질화되어 있으며 진피 아래에 구순선을 가지고 있지 않기 때문에 다소 뻣뻣하지만 구조적으로는 점막보다 강하다. 입술 안쪽 점막과 바깥 피부 사이의 부분은 홍순(vermilion border)이라 한다. 홍순의 상피는 약하게 각질화되어 있으며 점막고유층은 바깥쪽의 진피로 이행한다. 간단히 표현하자면 점막과 피부의 중간 정도 형태를 하고 있는 것이다.

검치호랑이의 입술 구조는 어떠했을까? 먼저 하악익의 표면이 털로 덮여 있지는 않았을 것으로 보인다. 만약 하악익의 외부가 털로 덮여 있어서 검치 내측 면과 지속적으로 마찰되었다면 검치 표면의 법랑질(enamel) 손상은 피할 수 없었을 것이다. 하지만 화석 표본들에서 이런 현상은 관찰되지 않는다. 그렇다고 하악익의 외부가 점막으로 덮여 있었을 것으로 보기도 어렵다. 각질화되지 않은 점막이 외부에 직접 노출된다면 작은 충격에도 쉽게 상처를 입었을 가능성이 크기 때문이다. 따라서 하악익의 외부는 홍순과 유사한 조직으로 덮여 있었다고 보는 것이 가장 타당하다. 이런 구조만이 이빨의 마모를 방지하면서도 구조적인 견고함을 부여할 수 있었을 것이다. 아울러 검치호랑이의 입술은 침이나 먹이가 흘러내리지 않도록 이빨 옆쪽으로 턱을 이루는 형태를 하고 있었을 것으로 생각된다.

3. 몸통 및 사지 복원

털가죽의 무늬를 제외한다면 몸통과 사지의 복원에 있어서 큰 논란을 일으키는 부분은 없다. 검치호랑이의 골격 형태는 현생 고양이과 동물과 상당히 유사하기 때문에 외형 역시 큰 차이는 없었을 것으로 보인다. 하지만 보행 형태에 대해서는 논란의 여지가 있다.

평족 보행은 발꿈치를 땅에 대고 발바닥을 이용하여 걷는 형태를 말한다. 일반적으로 평족 보행을 하는 동물은 사지의 말단 쪽 골격이 근위부에 대해 상대적으로

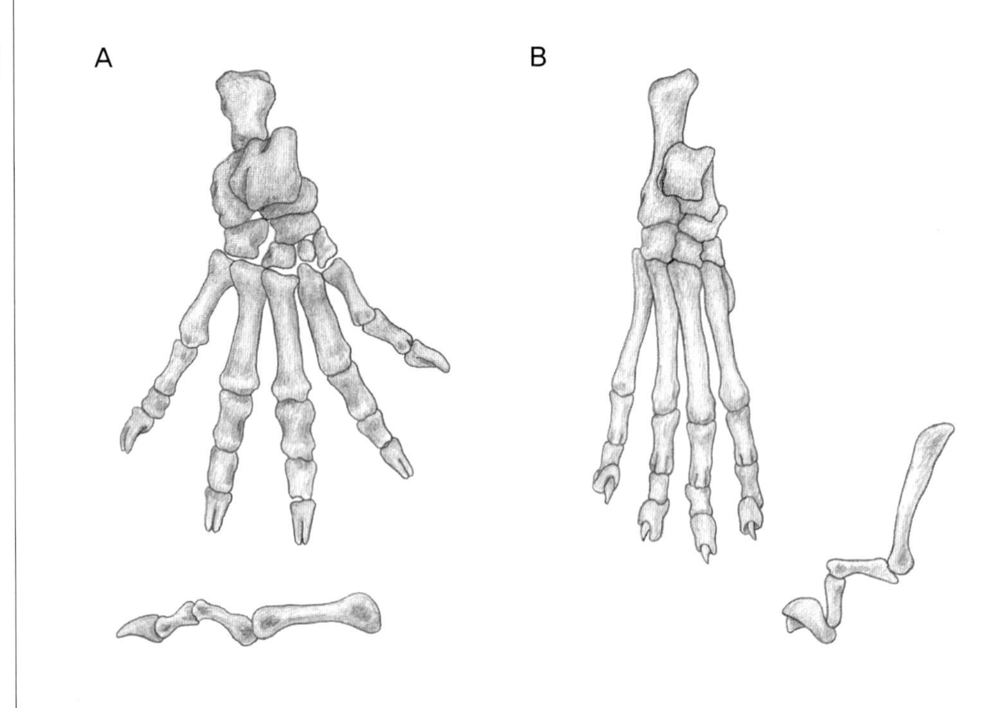

그림 13-8

뒷발의 골격 형태 비교. 크레오돈(A)의 뒷발 골격은 중족골이 상대적으로 짧고 부챗살 모양으로 펼쳐져 있어서 평족 보행에 적합한 형태인 반면에, 현생 사자(B)의 중족골은 상대적으로 길고 가까이 모아져 있어서 지족 보행에 적합한 형태이다.

짧은 특징을 보이며(제7장 참조, 그림 7-9), 중수골이나 중족골 역시 상대적으로 짧고 부챗살 모양으로 펼쳐져 있는 형태를 하게 된다(그림 13-8). 많은 학자들이 님라비드가 평족 보행을 했다고 보는 이유는 이들의 골격에서 이런 특징들을 발견할 수 있기 때문이다. 그러나 현재까지 님라비드의 화석 출토는 상당히 제한적이어서 완전한 골격을 구성하기 어려운 경우가 대부분이다. 따라서 현재 상황에서 모든 님라비드의 보행 형태를 평족 보행이라고 속단하기는 어렵다.

또한 완전한 골격이 발견되지 않은 상태에서 그려지는 복원도에는 학자나 화가의 주관적인 견해가 포함될 수밖에 없다. 바보로우펠리스의 경우 두개골, 견갑골, 골반, 사지 골격 등은 발견되었지만 흉추, 요추, 앞발, 뒷발, 꼬리 등의 골격은 아직 발견되지 않고 있다. 따라서 이들의 복원 모습은 학자에 따라 차이를 보인다. 바보우로펠리스 프릭키(*Barbourofelis fricki*)를 예로 들면 래리 마틴(Martin L. D.)은 짧은 꼬리와 평족 보행의 모습으로 표현하고 있는 반면에, 스미소니언 자연사박물관의 전시 그림은 현생 고양이과 동물과 유사한 지족 보행과 긴 꼬리의 모습으로 복원되어 있다(그림 13-9).

그림 13-9

바보우로펠리스 프릭키의 서로 다른 복원 모습. 마틴은 바보우로펠리스를 짧은 꼬리와 평족 보행의 형태로 표현하였지만(A), 스미소니언 자연사박물관 측에서는 현생 고양이과 동물처럼 긴 꼬리를 가지고 있으면서 지족 보행을 하는 모습으로 복원하였다(B). 그림은 마틴의 논문과 스미소니언 자연사박물관 전시 그림을 토대로 재구성한 것이다.

4. 생태 복원

검치호랑이의 복원을 진행하다 보면 골격이나 외형 이외의 여러 가지 문제에 부딪히게 된다. 과연 이들은 어떤 환경에서 어떤 모습으로 생활했을까? 이들의 번식은 어떠했을까? 새끼는 독립할 때까지 얼마나 오래 부모의 보호 아래 있었을까? 이런 문제들을 이해하기 위해서는 검치호랑이 자체뿐 아니라 신생대 당시의 지구 환경과 다른 동물들에 대한 이해가 선행되어야 한다. 하지만 이는 여러 분야의 학문적인 성과가 종합되어야 하는 매우 광범위한 내용으로, 검치호랑이를 전공하는 학자들의 노력만으로는 해결하기가 쉽지 않다. 현재로서는 화석 기록의 단편적인 단서를 통해 이들의 생활 모습 일부를 엿볼 수 있을 따름이다.

가장 주된 관심사는 이들의 무리 생활 여부다. 현생 고양이과 동물 중에는 사자만이 무리 생활을 하며, 다른 고양이과 동물들은 번식기를 제외하고는 대부분 혼자 살아간다. 독일의 동물학자 헬뮤트 헤머(Helmut Hemmer)는 고양이과 동물의 무리 생활은 대뇌(brain)의 상대적인 크기에 비례한다고 주장한 바 있는데, 고생물학자 중의 일부는 이를 검치호랑이에 적용하기도 한다. 현생 고양이과 동물 중에서 상대적인 대뇌의 크기는 사자와 호랑이가 가장 크며, 다음으로 표범, 재규어, 퓨마의 순서이다.

멸종된 북미사자(*Panthera leo atrox*)의 경우 상대적인 대뇌의 크기가 현생 사자보다 더 큰 것으로 알려져 있다. 알래스카 지역에서는 고양이과 동물의 것으로 보이는 이빨과 발톱 자국이 남아 있는 아메리카들소(*Bison antiquus*)의 사체가 냉동 건조 상태로 발견된 예가 보고된 바 있다. 플라이스토세 당시의 가능성 있는 포식자로는 북미사자와 호모테리움을 들 수 있지만, 이빨 자국이 베였다기보다는 뚫린 것에 가깝기 때문에 학자들은 이를 북미사자의 것으로 추정하고 있다. 그런데 북미사자의 체구가 현생 사자를 능가했다는 사실을 감안하더라도 북미사자 혼자서 사냥했다고 보기에는 들소의 체구가 너무 크다. 따라서 많은 학자들은 북미사자 역시 오늘날의 사자와 마찬가지로 무리 생활을 했을 것으로 추정하고 있다(그림 13-10).

미국 텍사스 주의 플라이스토세 프리센한 동굴(Friesenhahn Cave)에서는 호모테리움 세룸(*Homotherium serum*)과 매머드 새끼의 화석이 함께 발견되기도 했다. 만약 호모테리움이 매머드 새끼를 사냥한 것이라면, 무리가 함께 나서지 않는 한 어미 보호하에 있는 매머드 새끼를 공격하기는 불가능했을 것이다(그림 10-18).

그림 13-10

북미사자의 무리 생활. 알래스카에서 발견된 아메리카들소의 미라 표본에서는 북미사자의 것으로 보이는 이빨과 발톱 자국이 발견되었다. 북미사자의 체구가 현생 사자보다 컸다는 사실을 감안하더라도 아메리카들소는 한 마리의 북미사자가 단독으로 사냥하기에는 너무나 크다. 따라서 학자들은 북미사자 역시 현생 사자처럼 무리지어 생활했을 것으로 보고 있다.

스밀로돈 페이탈리스(*Smilodon fatalis*)의 상대적인 대뇌 크기는 현생 표범이나 재규어 정도인 것으로 알려져 있다. 그렇다면 이들은 단독 생활을 했을까? 많은 학자들은 그렇게 보고 있지 않다. 스밀로돈의 경우 현재까지 늙거나 병든 개체의 것으로 보이는 골격 표본들이 많이 발견되었다. 만약에 무리로부터 보호받지 못했다면 이런 상태로 오래 생존할 수 없었을 것이다.

란초 라 브레아 지역의 타르 못은 일종의 함정으로, 한 장소에서 많은 개체의 스밀로돈이 발견된 경우가 드물지 않다. 늪에서 빠져나오지 못하는 먹잇감을 노리고 많은 스밀로돈들이 따라 들어갔던 것으로 보인다. 만약에 스밀로돈이 단독 생활을 했다면 서로의 영역을 가지고 있었을 것이기 때문에 이처럼 한 지역에서 대량으로 발견될 수는 없을 것이다. 또한 스밀로돈의 긴 검치는 부러지기 쉽기 때문에 먹잇감을 완전히 제압하지 않은 상태에서 함부로 사용할 수 없었을 것이다. 따라서 일부 학자들은 먹잇감을 확실히 제압하기 위해서도 스밀로돈이 무리지어 사냥했을 것이라고 주장하기도 한다. 어쨌거나 이 모든 것은 가능성에 근거한 추정으로 명확히 밝혀진 사실이 아님을 강조하고 싶다.

검치호랑이의 무리 생활 여부에 관계없이 이들의 번식이나 새끼 양육은 현생 고양이과 동물과 크게 다르지 않았을 것으로 보인다. 검치호랑이의 체구는 성별에 따른 차이(sexual dimorphism)가 명확해서 대부분 수컷의 체구가 더 컸다. 만약 무리 생활을 했다면 현생 사자처럼 한두 마리의 수컷이 많은 암컷을 거느렸을 것이며, 단독 생활을 했다면 발정 기간 동안에 교미가 이루어졌을 것이다(그림 13-11).

새끼의 양육에 대해서는 바보우로펠리스 프릭키(*Barbourofelis fricki*)의 검치 화석을 통해 그 단면을 유추해 볼 수 있다. 바보우로펠리스의 경우 생후 1년 정도면 거의 어미 수준으로 체구가 커지며 대부분의 유치도 자라 나오지만 검치의 유치는 이때까지도 완전히 발육되지 않는 것으로 알려져 있다. 따라서 바보우로펠리스는 몸이 다 자란 후에도 완전히 독립하기까지는 상당 기간이 필요했을 것으로 보인다.

다른 포식자와의 먹이 경쟁도 피할 수 없었을 것이다. 유라시아, 북미 등 검치호랑이의 화석이 발견되는 대부분의 지역에서는 퍼크로쿠타(*Percrocuta*), 파키크로쿠타(*Pachycrocuta*), 디노크로쿠타(*Dinocrocuta*) 등 초기 형태의 하이에나와 다이어 울프(Dire Wolf, *Canis dirus*) 같은 포식자의 화석들도 함께 발견되고 있기 때문이다

그림 13-11

스밀로돈의 번식. 검치호랑이는 성별에 따른 체구의 차이가 분명하다. 이들의 번식 형태는 무리 생활 혹은 단독 생활을 했는지에 관계없이 현생 고양이과 동물과 크게 다르지 않았을 것으로 보인다.

(그림 13-12). 학자들이 슈델루루스(*Pseudaelurus*), 디노펠리스(*Dinofelis*), 미라시노닉스(*Miracinonyx*) 등이 나무를 탈 수 있었다고 보는 이유는 이들의 골격 특징뿐 아니라 다른 포식자와의 경쟁을 염두에 두었기 때문이기도 하다.

그림 13-12

퍼크로쿠타. 검치호랑이가 서식했던 대부분의 지역에서는 하이에나나 늑대 같은 다른 포식자의 화석들도 함께 발견되고 있다. 검치호랑이는 이들 포식자와의 먹이 경쟁을 피할 수 없었을 것으로 보인다. 퍼크로쿠타는 플라이오세 무렵 유라시아 대륙에 서식하였던 초기 형태의 하이에나로, 가장 큰 현생종인 얼룩점박이 하이에나보다 체구가 훨씬 더 컸다.

참고문헌

Abler W. 1992. The Serrated Teeth of Tyrannosaurid Dinosaurs, and Biting Structures in other Animals. Paleobiology 18 : 161−183.

Adams D.B. 1979. The Cheetah: Native American. Science 205 : 1155−1158.

Akersten W. 1985. Canine function in Smilodon (Mammalia, Felidae, Machairodontinae). Los Angeles County Museum Contributions in Science 356 : 1−22.

Anton M., Salesa M.J., Morales J., Turner A. 2004. First known complete Skulls of the Scimitar-toothed Cat Machairodus aphanistus (Felidae, Carnivora) from the Spanish late Miocene Site of Batallones-1. Journal of Vertebrate Paleontology 24 : 957−969.

Anton M, Salesa M.J., Pastor J.F., Sanchez I.M., Fraile S., Morales J. 2004. Implications of the mastoid anatomy of large extant felids for the evolution and predatory behaviour of sabertoothed cats (Mammalia, Carnivora, Felidae). Zoological Journal of the Linnean Society 140 : 207−221.

Anton M., Galobart A., Turner A. 2005. Co-existence of scimitar-toothed Cats, Lions, and Hominins in the European Pleistocene. Implications of the Post-cranial Anatomy of Homotherium latidens (Owen) for Comparative Palaeoecology. Quaternary Science Reviews 24 : 1287−1301.

Anyonge W. 1996. Microwear on Canines and Killing Behavior in Large Carnivores: Saber Function in Smilodon fatalis. Journal of Mammalogy 77 : 1059−1067.

Argot C. 2004. Evolution of South American Mammalian Predators (Borhyaenoidea) : Anatomical and Palaeobiological Implications. Zoological Journal of the Linnean Society 140 : 487−521.

Benton M.J. 1991. The Rise of the Mammals. Crescent Books, New York, USA.

Berta A. 1985. The Status of Smilodon in North and South America. Los Angeles County Museum Contributions in Science 370 : 1−15.

Bohlin B. 1940. Food Habits of the Machairodonts, with special regard to Smilodon. Bulletin of the Geological Institute of Upsala 28 : 156−174.

Brandes G. 1900. Über eine Ursach des Aussterbens einiger Diluvialer Saugethiere. Korrespondenzblatt der Deutschen Gesellschaft für Anthropologie, Ethnologie und Urgeshichte, Brunswick 31 : 103−107.

Case G.R. 1982. A Pictorial Guide to Fossils. Van Nostrand Reinhold, New York, USA.

Colombo F., Sansonna F., Baticci F., Boniardi M., Di Lernia S., Ferrari G.C., Pugliese R. 2003. Penetrating Injuries of the Neck: Review of 16 Operated Cases. AnnaliIitaliani

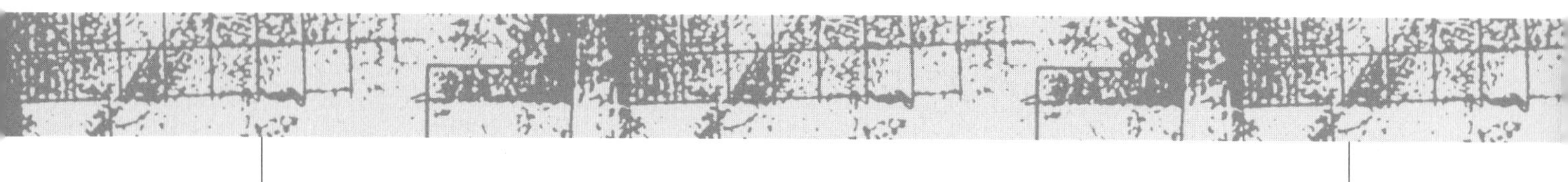

di Chirurgia 74 : 141–148.

Cope E.D. 1880. On the Extinct Cats of America. The American Naturalist 14 : 833–858.

Done S.H., Goody P.C., Stickland N.C., Evans S.A. 1996. The Dog and Cat: Color Atlas of Veterinary Anatomy. Mosby-Wolfe, Chicago, USA.

Emerson S.B., Radinsky L. 1980. Functional Analysis of Sabertooth Cranial Morphology. Paleobiology 6 : 295–312.

Estes R.D. 1991. The Behavior Guide to African Mammals. The University of California Press, Los Angeles, USA.

Feranec R.S. 2004. Isotopic Evidence of Saber-tooth Development, Growth Rate, and Diet from the Adult Canine of Smilodon fatalis from Rancho la Brea. Palaeogeography, Palaeoclimatology, Palaeoecology 206 : 303–310.

Ganapathy K., Rajaram R., Daniel J.R. 2002. Intracranial Carotid Occlusion in Brain Death (Neuroimage). Neurology India 50 : 233.

Garcia-Perea R. 1996. Patterns of Postnatal Development in Skulls of Lynxes, Genus Lynx (Mammalia: Carnivora). Journal of Morphology 229 : 241–254.

Gilbert S.G. 2002. Pictorial Anatomy of the Cat. University of Washington Press, Seatle, USA.

Gonyea W.J. 1976. Behavioral Implications of Saber-Toothed Felid Morphology. Paleobiology 2 : 332–342.

Gray H. 1984. Gray' s Anatomy of the human body. Lippincott Williams & Wilkins, USA.

Hemmer H. 1978. Fossil History of Living Felidae. Carnivore 2 : 58–61.

Hemmer H. 1978. Socialization by Intelligence: Social Behavior in Carnivores as a Function of Relative Brain Size and Environment. Carnivore 1 : 102–105.

Hemmer H., Kahlke R.D., Vekua A.K. 2001. The Jaguar-Panthera onca gombaszoegensis (Kretzoi, 1938) (Carnivora: Felidae) in the late Lower Pleistocene of Akhalkalaki (South Georgia; Transcaucasia) and its Evolutionary and Ecological Significance. Geobios 34 : 475–486.

Herring S.W., Herring S.E. 1974. The Superficial Masseter and gape in mammals. The American Naturalist 108 : 561–575.

Hildebrand M. 1995. Analysis of Vertebrate Structure. John Wiley & Sons, Inc., New York, USA.

Jepsen G.L. 1933. American Eusmiloid Sabre-Tooth Cats of the Oligocene Epoch.

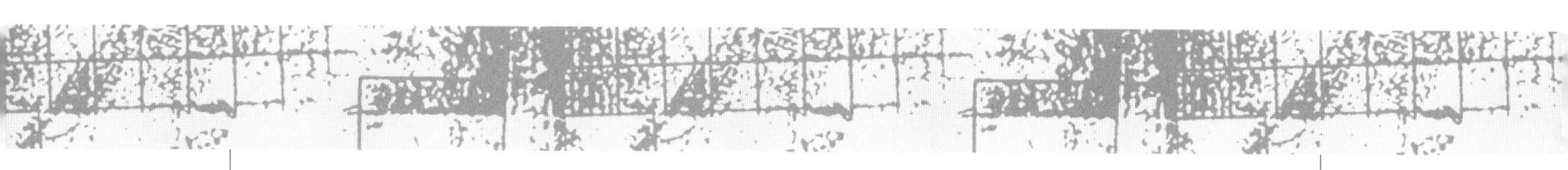

Proceedings of American Philosophical Society 72 : 355–369.

Joeckel R.M., Peigne S., Hunt R.M., Skolnick R.I. 2002. The auditory Region and Nasal Cavity of Oligocene Nimravidae (Mammalia: Carnivora). Journal of Vertebrate Paleontology 22 : 830–847.

Kardong K.V. 1998. Vertebrates: Comparative Anatomy, Function, Evolution. WCB/McGraw-Hill, Boston, USA.

Kitchener A. 1991. The Natural History of the Wild Cats. Cornell University Press, New York, USA.

Kurten B. 1968. Pleistocene Mammals of Europe. Weidenfeld and Nicholson, London.

Kurten B., Anderson E., 1980. Pleistocene Mammals of North America. Columbia University Press, New York, USA.

Martin L.D. 1980. Functional morphology and the evolution of cats. Transactions of the Nebraska Academy of Sciences 8 : 141–54.

Martin L.D. 1984. Fossil History of the Terrestrial Carnivora. In Carnovore Behavior, Ecology, and Evolution, ed. J.L. Gittleman, Cornell University Press. Ithaca. USA, 536 p.

Martin L.D. 1992. A new Miniature Saber-toothed Nimravid from the Oligocene of Nebraska. Annales Zoologici Fennici 28 : 341–348.

Martin L.D. 2000. Three Ways To Be a Saber-Toothed Cat. Naturwissenschaften 87 : 41–44.

Martin L.D., Gilbert B.M., Adams D.B. 1977. A Cheetah-like Cat in the North American Pleistocene. Science 195 : 981–982.

Martinez-Navarro B., Palmqvist P. 1995. Presence of the African Machairodont Megantereon whitei (Broom, 1937) (Felidae, Carnivora, Mammalia) in the Lower Pleistocene Site of Venta Micena (Orce, Granada, Spain), with some Considerations on the Origin, Evolution and Dispersal of the Genus. Journal of Archaeological Science 22 : 569–582.

Martinez-Navarro B., Palmqvist P. 1996. Presence of the African Saber-toothed Felid Megantereon whitei (Broom, 1937) (Mammalia, Carnivora, Machairodontinae) in Apollonia-1 (Mygdonia Basin, Macedonia, Greece). Journal of Archaeological Science 23 : 869–872.

Matthew W.D. 1901 : Fossil Mammals of the Tertiary of northeastern Colorado. Memoirs, American Museum of Natural History 1 : 355–448.

Matthew W.D. 1910 : The phylogeny of the Felidae. Bulletin of American Museum of Natural History 28 : 289–316.

McCarthy J.G. 1990. Plastic Surgery. W.B. Saunders Company, Philadelphia, USA.

Morales J., Pickford M., Sora D. 2005. Carnivores from the Late Miocene and Basal Pliocene of the Tugen Hills, Kenya. Revista de la Soceidad Geologica de Espana 18 : 39–61.

Naples V.L., Martin L.D. 2000. Restoration of the Superficial Facial Musculature in Nimravids. Zoological Journal of the Linnean Society 130 : 55–81.

O' regan H.J., Turner A., Wilkinson D.M. 2002. European Quaternary Refugia: a Factor in large Carnivore Extinction? Journal of Quaternary Science 17 : 789–795.

Ortolani A. 1999. Spots, Stripes, Tail Tips and dark Eyes: Predicting the Function of Carnivore Colour Patterns using the Comparative Method. Biological Journal of the Linnean Society 67 : 433–476.

Ostrom J.H. 1969. Osteology of Deinonychus antirrhopus, an unusual Theropod from the Lower Cretaceous of Montana. Bulletin of the Peabody Museum of Natural History 30 : 1–165.

Palmqvist P., Grocke D.R., Arribas A., Farina R.A. 2003. Paleocological Reconstruction of a Lower Pleistocene large Mammal Community using biogeochemical ($\delta^{13}C$, $\delta^{15}N$, $\delta^{18}O$, Sr:Zn) and Ecomorphological Approaches. Paleobiology 29 : 205–229.

Peigne S. 2000. A Primitive Nimravine Skull from the Quercy Fissures, France: Implications for the Origin and Evolution of Nimravidae (Carnivora). Zoological Journal of the Linnean Society 132 : 401–410.

Peigne S. 2003. Systematic Review of European Nimravinae (Mammalia, Carnivora, Nimravidae) and the Phylogenetic Relationships of Palaeogene Nimravidae. Zoologica Scripta 32 : 199–229.

Peigne S. Bonis L.D. 2003. Juvenile Cranial Anatomy of Nimravidae (Mammalia, Carnivora) : Biological and Phylogenetic Implications. Zoological Journal of the Linnean Society 138 : 477–493.

Radinsky L. 1975. Evolution of the Felid Brain. Brain, Behavior, Evolution 11 : 214–254.

Radinsky L. 1977. Brains of early Carnivores. Paleobiology 3 : 333–349.

Rich P.V., Rich T.H., Fenton M.A., Fenton C.L. 1997. The Fossil Book: A Record of Prehistoric Life. Dover Publication, Inc., USA.

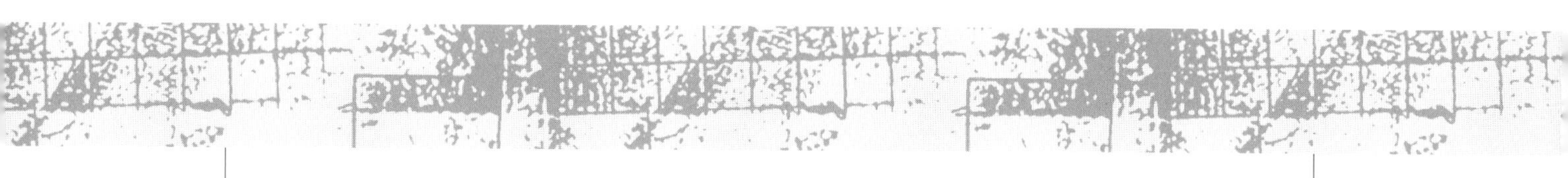

Roussiakis S.J. 2002. Musteloids and Feloids (Mammalia, Carnivora) from the Late Miocene Locality of Pikermi (Attica, Greece). Geobios 35 : 699–719.

Savage R.J.G. 1977. Evolution in Carnivorous Mammals. Paleontology 20 : 237–271.

Salesa M.J., Anton M., Turner A., Morales J. 2005. Aspects of the Functional Morphology in the cranial and cervical skeletons of the Sabre-toothed Cat Paramachairodus ogygia (Kaup, 1832) (Felidae, Machairodontinae) from the Late Miocene of Spain: Implications for the Origins of the Machairodont Killing Bite. Zoological Journal of the Linnean Society 144 : 363–377.

Server L. 1998. Lions: A Portrait of the Animal World. Todtri, New York, USA.

Server L. 1998. Tigers: A Portrait of the Animal World. Todtri, New York, USA.

Sinclair W.J., Jepsen G.L. 1927. The Skull of Eusmilus. Proceedings of American Philosophical Society 66 : 391–407.

Song J.Y. 2005. Functional Analysis of the long Saber Teeth. Journal of the Paleontological Society of Korea 21 : 1–22.

Sunquist M., Sunquist F. 2002. Wild Cats of the World. The University of Chicago Press, Chicago, USA.

Turner A. 1997. The Big Cats and their fossil relatives. Columbia University Press, New York, USA.

Turner A., Anton M., Garcia-Perea R. 1998. Reconstructed Facial Appearance of the Sabertoothed Felid Smilodon. Zoological Journal of the Linnean Society 124 : 369–386.

Valkenburgh B.V., 1991. Iterative Evolution of Hypercarnivory in Canids (Mammalia: Carnivora): Evolutionary Interactions Among Sympatric Predators. Paleobiology 17 : 340–362.

Valkenburgh B.V., 1999. Major Patterns in the History of Carnivorous Mammals. Annual Review of Earth and Planetary Sciences 27 : 463–493.

Valkenburgh B.V., Grady F., Kurten B. 1990. The Plio-Pleistocene Cheetha-like Cat Miracinonyx inexpectatus of North America. Journal of Vertebrate Paleontology 10 : 434–454.

Valkenburgh B.V., Hertel F. 1993. Tough Times at La Brea: Tooth Breakage in Large Carnivores of the Late Pleistocene. Science 261 : 456–459.

Valkenburgh B.V., Sacco T. 2002. Sexual Dimorphism, Social Behavior, and Intrasexual

Competition in Large Pleistocene Carnivorans. Journal of Vertebrate Paleontology 22 : 164–169.

Werdelin L., Lewis M.E. 2001. A Revision of the Genus Dinofelis (Mammalia, Felidae). Zoological Journal of the Linnean Society 132 : 147–258.

White R.S. 2002. Animal Skulls: A Guide for Teachers, Naturalists and Interpreters. International Wildlife Museum, Arizona, USA.

송지영. 2003. 화석, 지구 46억 년의 비밀. (주)시그마프레스.

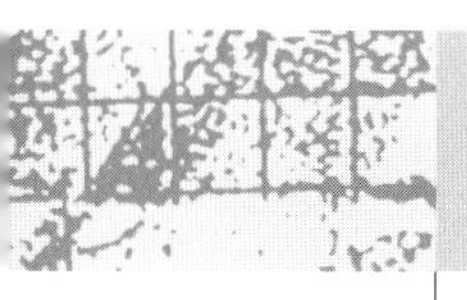

찾아보기

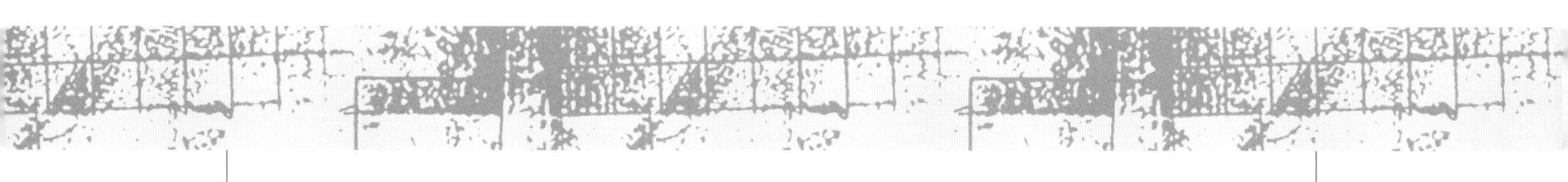

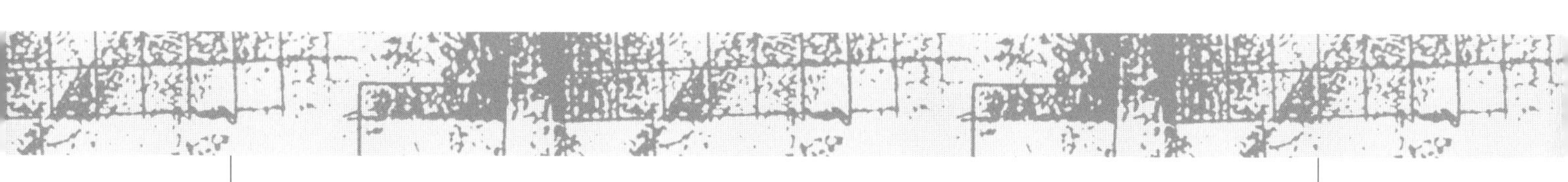

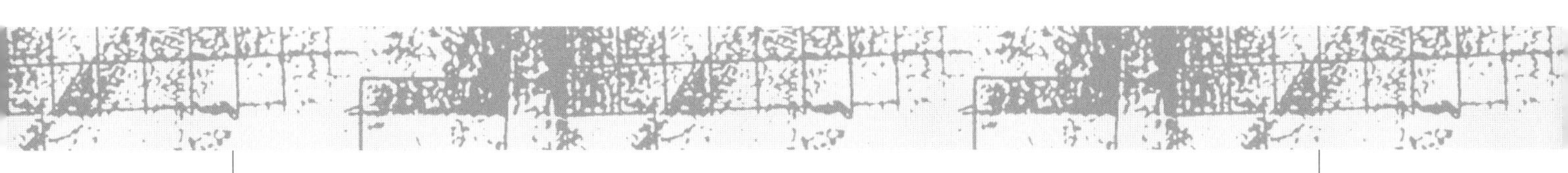

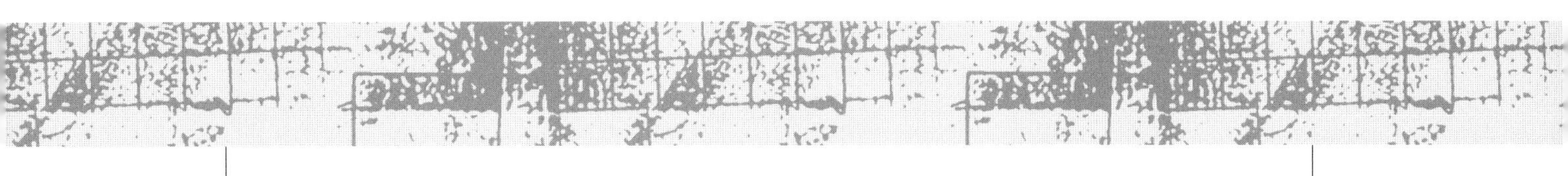

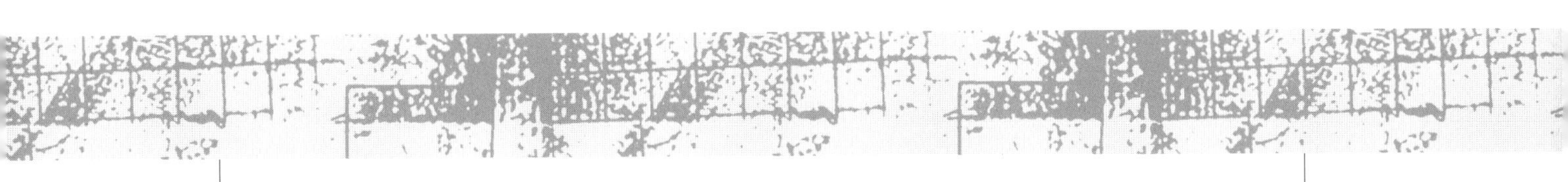

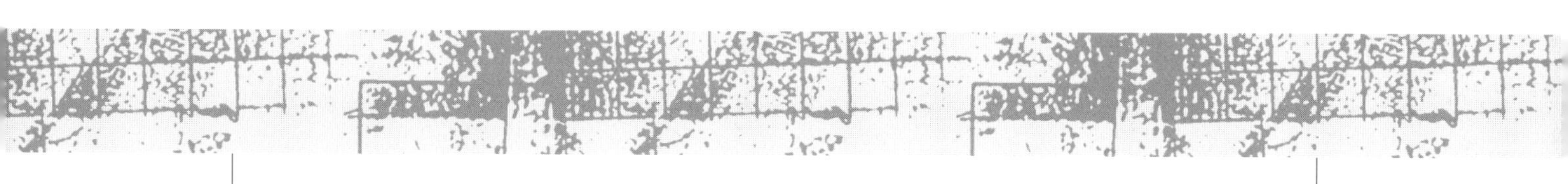

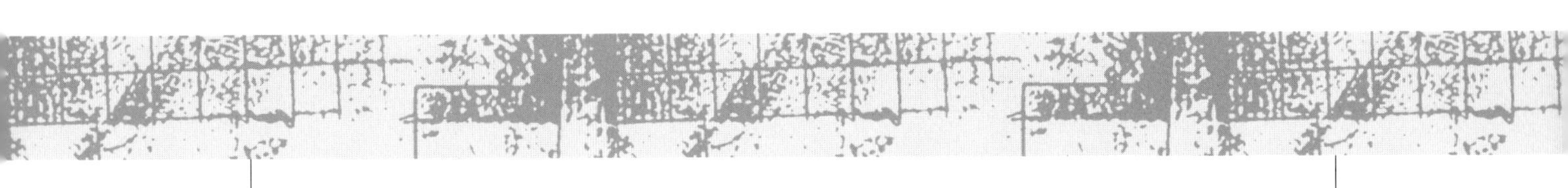

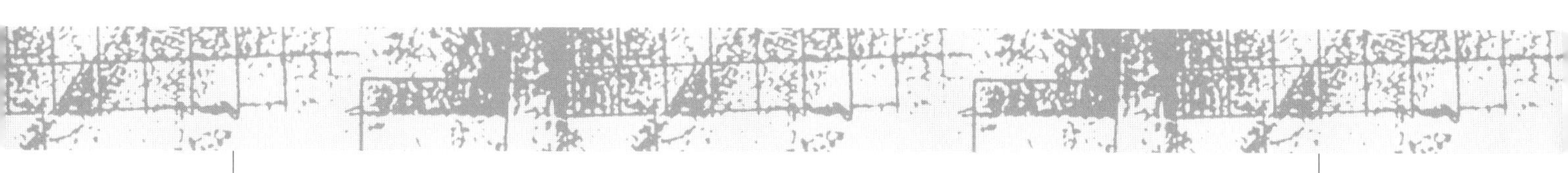

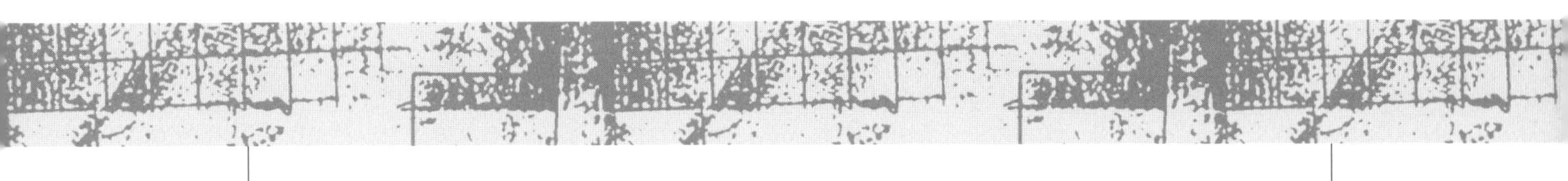

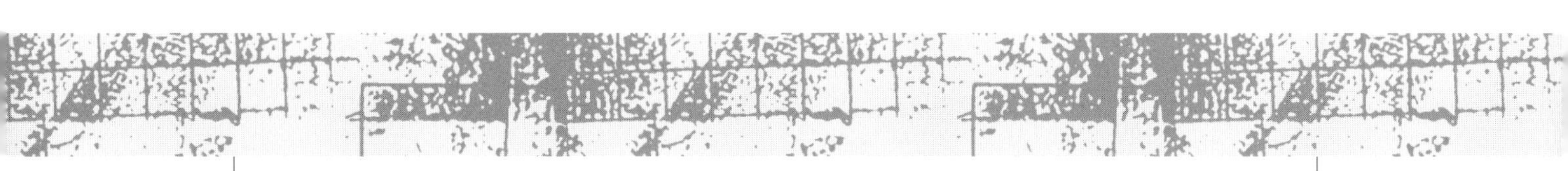

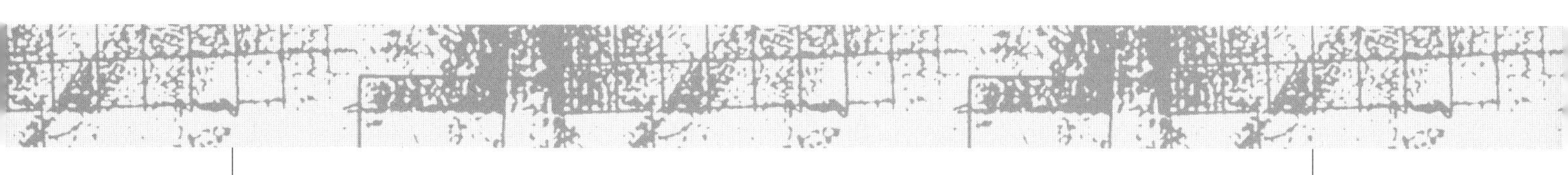

[N]

[O]

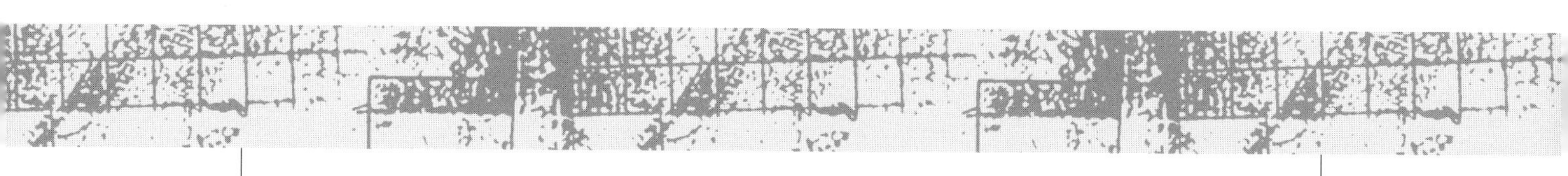

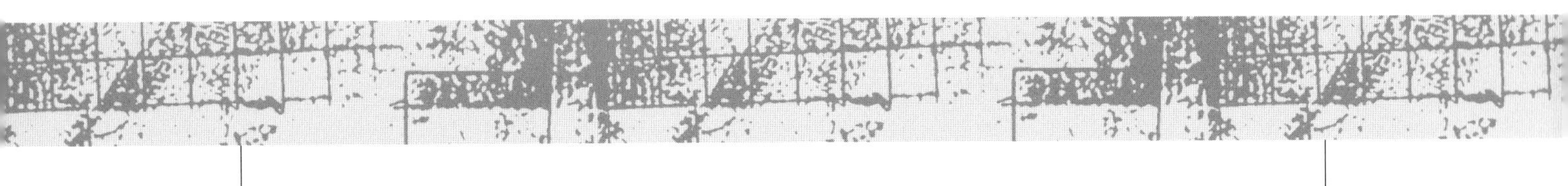

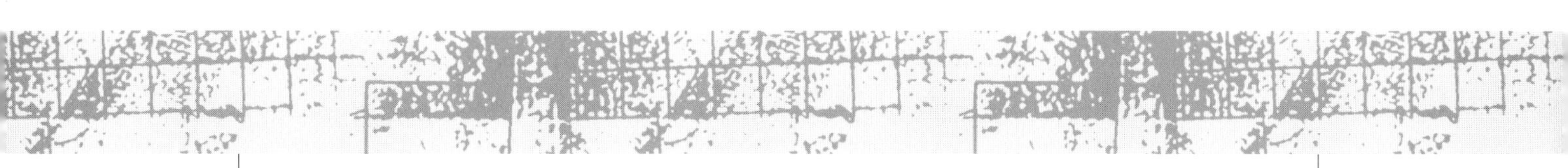

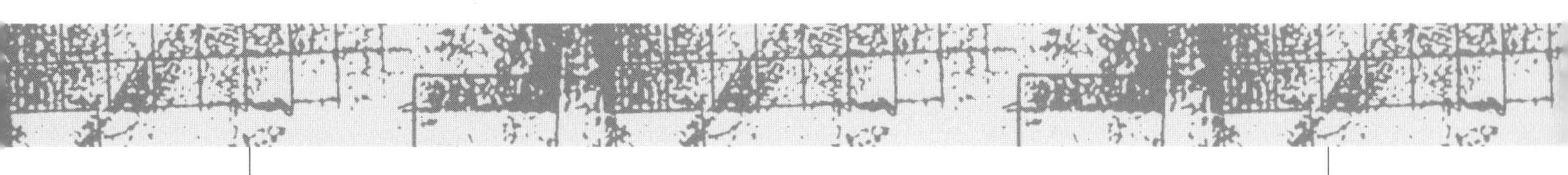

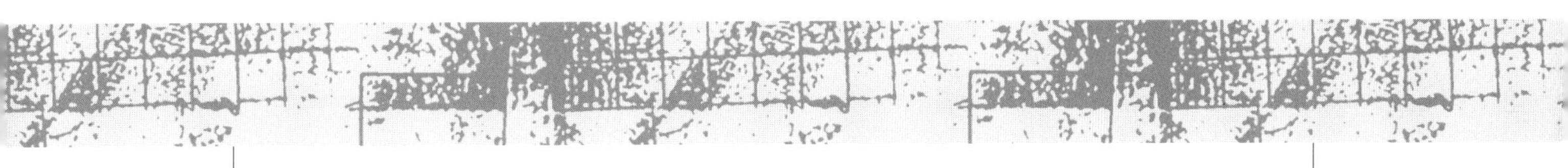

| 저 자 소 개 |

송지영宋志暎

경희대학교 의과대학 및 동대학원 졸업
텍사스주립대학교 연구교수
경희대학교 의과대학 외래교수
을지대학교 의과대학 외래교수
성균관대학교 의과대학 외래교수

미국고생물학회 정회원
앨버타고생물학회 정회원
한국고생물학회 정회원

현재 프라우메디병원 성형외과 과장

〈저서〉
성형과 미인, 21세기 코드(도서출판 다움)
화석, 지구 46억 년의 비밀(시그마프레스) – 대한민국학술원 우수학술도서